「ビッグE」

空母エンタープライズ 上巻

エドワード・P・スタッフォード　井原裕司・訳

元就出版社

前書

エンタープライズは第二次大戦中、太平洋戦域で伝説となっており、人々はその話を長い間待ち望んでいた。初めは数少ない貴重な空母の一隻であったが、終わり頃は多数の空母の一隻になった。数年間に及ぶ劇的な出来事に満ちた海戦の決定的戦力だったアメリカ海軍の輝かしい航空母艦の中で、エンタープライズは並ぶもののない存在だった。

海軍省長官フォレスタルはこう言っている。エンタープライズは「第二次大戦の海軍の歴史を象徴する軍艦である」。しかし軍艦は乗組員がいなければ、ただの鉄の塊にしか過ぎない。乗組員と艦とのほとんど神秘的な結び付きにより、スタッフォード中佐が描写する海戦の歴史の中で最も効果的な戦闘機械になったのである。

この本を読むと、私は一九四三年の一二月、ギルバート諸島とマーシャル諸島の沖において、エンタープライズの艦橋の指揮所で過ごした騒がしい風の強い日々を思い出す。この話は事実に基づいて、ありのままを伝えている。戦時下の空母の生活は他の生活とは全く異なるものである。「ビッグE」とその乗組員に関するこの話は、その生涯の絶頂のことを完璧でドラマティックに述べている。

我々は現在この偉大な艦の試練と功績から学ぶことが出来るし、また学ぶべきである。いざという時に示した乗組員の不屈の勇気は、我々国民全てにとって永遠の励ましである。
これは国民にとって必読の本であり、この本が書かれたことを非常に嬉しく思う。

元アメリカ海軍提督アーサー・W・ラドフォード
一九六二年八月　ワシントンDCにて

「ビッグE」空母エンタープライズ――〈上巻〉目次

第二部

〈下巻〉目次

「ビッグE」空母エンタープライズ〈上巻〉

この本をエンタープライズの全ての乗組員に捧げる。
特に戦いに出かけ帰ってこなかった乗組員に。

第一部

第一章——平和

ヨーロッパでは第二次大戦が始まってから三年目に入っていたが、西方の二つの大洋と一つの大陸、そして中部太平洋の島々の陽光に満ち溢れた山頂には、まだ平和な生活が続いていた。その島々は力自慢の巨人タイタンがウラジオストックに足を踏ん張って、土と岩を一緒に丸めて南米のパタゴニアに向かって投げつけたように、海原に散らばっていた。それは巨人タイタンにとってさえも長い距離であり、飛び道具を使ったに違いない。しかし緯度三〇度以上の空気の薄い空中でばらばらになって落下し、小さな破片が最初に落ち、大きな塊はさらに目標に向かって飛び続けた。

時代が新しくなってもタイタンの時代と同じように、島々——ミッドウェー、レイサン、マロ岩礁、ガードナー岩礁、フレンチ・フリゲート・ショールズ、ネッカー、ニホア、カウアイ、オアフ、モロカイ、マウイ、そしてハワイ島が、北西から南東へちぎれた鎖のように連なり、陽光の下、暢気な夢を見ていた。

一九四一年一一月にも未だ連なって存在していた。全ての島々の上空には貿易風が積雲の白い塊を吹き流し、打ち寄せる波が黒い岩と白い砂浜を激しく叩いていた。午後には積雲が積み重なって黒くなり、そして高い土地では暖かい雨が降って木々の葉を鳴らし、突然激しい風が吹いた。
オアフ島の風下側にあるホノルルは南西に向かって海へ面しており、クウラウの緑色の絶壁で守られていて、常にたなびく雲が上空を覆っていた。左手側にはダイヤモンド・ヘッドがあり、海側からは細い岬のように見えたが、実際は海岸にある火山の丸い噴火口だった。その手前にはワイキキ海岸があった。ヨーロッパが戦争のため閉ざされると、ビジネスは今までよりも活発になり、白い波はアウトリガーの付いた大きなカヌーとサーフボードで一杯になった。

またカナカのビーチボーイは、ロイヤル・ハワイアンホテルの前の砂浜を覆い隠すくらいあふれた若く瑞々しい体から好きなだけ気に入ったものを選べた。そして次に街そのものとアロハタワー（訳注：ホノルル港の埠頭にある塔のような建物、一番上の一〇階に展望台がある。船が交通の中心だった時代はホノルル港のランドマークだった）があり、そこからは太平洋を航海する客船がいつもと変わらずウクレレとレイに合わせて出港したり入港したりしていた。またパイナップル工場からは風に乗って何マイルにもわたって甘い香りが漂ってきた。

街の西には陸軍航空隊のヒッカム基地があり、多数のダグラスB－一八爆撃機とカーチスP－四〇戦闘機、少数の新鋭爆撃機ボーイングB－一七が整然とした列を作って並び、回りを歩哨が取り囲んでいた。そしてパールハーバーは灰色の軍艦で一杯になっており、甲板磨き石で磨かれた木の甲板の上には天幕が張られ、若い当直将校は手袋と眼鏡を付けて後甲板で気を付けして立ち、軍人らしくしていた。パールハーバーの真ん中にあるフォード島は海軍航空基地のコンクリートが敷かれて平らになり、波止場近くでは移動クレーンが高く聳《そび》えていた。パールハーバーから数キロ離れたサトウキビ畑の中のＥＷＡ（エワ）（〝ｎｅｖａｎ〟《ネヴァ》とほぼ同じ韻）（訳注：Ｅは〝イ〟と発音する場合と〝エ〟と発音する場合があるので、この地名は〝エワ〟と読むと説明しているのであろうか）には海兵隊の航空基地があった。

一九四一年の一一月の終わり近くに二隻の大きな船がホノルルから出港した。最初にルアラインがアロハタワーからアメリカ本土の西海岸に向けて出港した。乗客はよい香りのするレイを首に掛けていた。埠頭ではお別れにウクレレがメロディーを奏で、くちなしの花を頭の横に飾ったフラダンスチームの少女達が並んで両手を優雅に動かし、草のスカートと黒い髪を揺り動かした。甲板と桟橋は花柄のシャツと服で輝いていた。船が遠ざかり、長いかすれた耳をつんざくような汽笛が船と岸の間を隔てた後も、人々は手を振り別れの挨拶を叫び続けていた。

一週間後に二隻目の船が出港した。音楽もフラダンスチームも別れの儀式もなかった。純粋に任務のためだった。全体が灰色の中で唯一色があるのはガフ（訳注：旗を掲揚するための斜桁）の軍艦旗だけだった。その船はアロハタワーから出港したのではなく、パールハーバーから静かに滑り出て、ヒッカムとフォートカメハメハを過ぎて、防雷網を通って海に出た。そこで鋭い艦首を西に向けた。この船はアメリカ海軍の軍艦、空母エンタープライズだった。苛酷な数年間で全ての戦争におけるどこの国の海軍のどの軍艦にも負けない戦闘記録を残すことになるのだが、今はその国民と同じように若くよく訓練されていたが、実戦の経験はなかった。

長さ二五二メートル、幅三四・七メートル、基準排水量二〇、〇〇〇トンで、エンタープライズは軍艦であり飛行場でもあった。蒸気タービンは巨大な四枚の青銅のスクリューを回して船に三〇ノット以上の速度を与えた。またスクリューの後ろにある家の壁と同じくらい大きい舵は艦橋からの操作で向きを変えて、必要とする機動性をもたらした。艦長、料理係、操縦士と機関兵など二、〇〇〇人以上がこの船の中で生活し、そして戦うことになるのだった。

全ての軍艦と同様にエンタープライズも大砲を持っていた。対艦・対空両用の長射程の五インチ砲と近距離用の多数の小口径の機関銃である。そしてレーダーと呼ばれる新しい秘密の装置を備えていた。その装置を理解し信頼している者によれば、レーダーは飛行機、艦船、海岸を見分けることができ、距離と方角を正確に測定し、また漆黒の暗闇や濃霧の中でも敵を発見出来るということである。

何千トンもの石油が燃料タンクの中で跳ね回り、七五七キロリットルのハイオクタン価のガソリンが飛行機のために用意されていた。弾薬庫には大砲用の砲弾と、飛行機搭載用の爆弾、魚雷、機関銃弾が山積みされていた。また何週間も海上で過ごせるように、倉庫には衣服、じゃがいも、コッタピン（訳注：緩みを防止するため、差し込んだ後で先端を割り開く割ピン）、発動機、歯磨き、缶詰の肉、さらに靴、レンチ、紙、石鹸等あらゆるものが揃っていた。発電機は一つの都市を照らし、調理室は一つの都市を賄《まかな》うことができた。格納庫甲板では日曜日毎に礼拝の集会が催され、また乗組員は毎晩封切られたばかりの映画を楽しむことができた。

しかし、エンタープライズの存在価値は艦首から艦尾まで覆う飛行甲板と、そこから飛び立つ八〇機余りの飛行機にあった。飛行甲板は平らだが、右舷の真ん中に「アイランド」と呼ばれる構造物があり、その中に艦の指揮中枢があった。飛行甲板と格納庫甲板の前部にはカタパルトが装備され、飛行甲板後部には横にアレスティングギア（訳注：飛行機の着艦制動装置）のロープが伸びていた。また飛行甲板の前部・中央部・後部には頑丈なエレベーターがあって、飛行機を飛行甲板から下にある洞窟を思わせる格納庫甲板へ上げ下ろしした。そこは駐機している飛行機でいっぱいで、また保管、修理、再武装のための作業場が並んでいた。

飛行隊がなければ、エンタープライズは無価値だった。飛行隊が存在して初めて、エンタープライズは敏速で捕捉しにくい自信に満ちた、死と破壊の巣になる。もし机上作戦演習が正しいならば、エンタープライズは夜明けに何百キロも離れた海上から、敵の基地や艦隊に爆弾、魚雷や機関銃弾を叩きこみ、そして翌日の夜明けまでに何千キロも離れた別の敵部隊に同じことが出来るはずである。その間に敵に広い海洋でエンタープライズを発見させるようにしてみよう。またもし見付けたとしたら、戦闘機と大砲をかいくぐって、エンタープライズを攻撃するようにさせてみよう。既に建造後三年で、エンタープライズは平時の厳しい訓練の積み重ねで名声を得ていた。訓練は厳しくてきぱきとしており、伝統が幅を利かせていた。エンタープライズはアメリカ艦隊の中で実戦に役立つ有能な艦として知られていた。エンタープライズではともかくいつも物事がうまくいき、誰もが他の全ての人間とうまくやっていた。そして仕事をちゃんとこなしていた、非常にうまく。

それで「E」はエンタープライズと、優秀（EXCELLENCE）と、誰もが欲しがる能率賞（EFFICIEENCY AWARD）——この賞を目指してアメリカ艦隊の全ての軍艦は毎年競争していた——を象徴していた。エンタープライズは完成後あまり年数が経ってなく、力に溢れており、乗組員はこの船を愛していた。それで船を「ビッグE」と呼んだ。これこそ本当にぴったりのあだ名である。

一一月の朝、エンタープライズがオアフ島から西に進路を変えた時、上空からは細長い板としか見えない飛行甲板にはなにもなかった。そして午前九時頃、爆音が艦尾の方から聞こえ、数分すると飛行機が頭上を旋回し始めた。たとえ毎日見ていても、見飽きることのない光景だった。時々は恐怖で汗が背中を流れ落ち、ある時は口の中が完全に疲れた時に感じる古い真鍮《しんちゅう》のような味になりながら眺める光景である。この日はきれいなV字型の編隊を組んで、青い翼が輝きながら空を横切り、多数のエンジンの同じうなり声が響き、誇りで息を飲み、心の琴線に触れるほどだった。

編隊は長い間旋回していた。たっぷり燃料があったし、ウィリアム・F・ハルゼー中将は航空隊を艦上に収容する前に、指揮下の機動部隊を自在に行動させることに気を取られていたからである。編隊はちょうどいい高度で大きく左へ旋回し、操縦士が楽になるよう散開した。八インチ砲搭載の三隻の重巡洋艦はエンタープライズを水上艦からの攻撃から守り、六隻の駆逐艦は前方と両側面に扇状に広がって潜水艦を警戒していた。どの船も速度は早かった。

正午直前にエンタープライズの旗の袋から明るい色の信号旗が取り出され、ハリヤード（帆、旗などを所定の位置に上げる索）の上高く翻《ひるがえ》った。その信号旗は風の中で一分か二分間音を立ててはためいてから直ぐに降ろされて見えなくなり、船が向きを変えたので長いウェーキが円を描き、「ビッグE」の飛行甲板は風に対して真っ直ぐになった。

上空を旋回していた飛行隊は、その信号とエンタープライズの変針を見た。それで着艦のために編隊を密にして高度を下げた。艦尾の飛行甲板の左舷にある小さな台の上には着艦信号士官が誘導のため立っていた。その士官は操縦士のヒューバート・B・ハーデン中尉で、この日本来の任務以外の仕事を与えられたのだった。飛行隊は第六雷撃飛行隊の一八機のTBDデヴァステーター雷撃機と第六偵察・爆撃飛行隊の三六機のSBDドーントレス急降下爆撃機、それに第六戦闘飛行隊のF4Fワイルドキャット一八機のほかに、海兵隊のマーキングを付けた一二機の戦闘機も加わっていた。（訳注：エンタープライズは艦番号CV-6であり、搭載していた飛行隊はその機種、役割に応じて、艦番号を付けて第六爆撃飛行隊、第六戦闘飛行隊などと呼ばれた）

戦闘機が最初にやってきた。翼の端を四角に切っているずんぐりしたグラマンワイルドキャットである。右舷を四機のきちんとした梯形で真っ直ぐに飛び抜けて、着艦フックを降ろし、どの機も機体を大きく左に傾けて向きを変えて艦首の方へ向き、空母の左舷を反対方向へ飛行した。どの機も非常にきれいで、青い翼はほぼ垂直になってぐるっと向きを変え、そして四機のワイルドキャットは空母の進路とは反対のコースを同じ間隔で一列に連なって飛行した。空母に向かう時に、どの操縦士も車輪と着陸フラップを降ろした。そして素早い光沢のある鳥は、足の付いたのろい虫になった。

バート・ハーデンは飛行機の編隊が再度左へ旋回して自艦へ向かってきた時、その姿を捕らえ、手に持った平たい板を大きく動かして、操縦士にどういう状態で空母に着艦しようとしているかを伝えた。バートは飛行機の速度が早過ぎるか遅過ぎるか、高度が高過ぎるか低過ぎるか、翼が水平かどうか直ぐに解った（それに手に持った板は瞬時に情報を伝えた）。それで最後に合図用の板をさっと振り下ろしてそのまま進んで着艦するか、せわしなく動かして着艦を中止してやり直すかを決めた。

この日はわずか数回のやり直ししかなかった。一機また一機とワイルドキャットはドシンと音をたてて着艦した。伸ばした着艦フックがアレスティングギアに引っかかると機体は急停止し、操縦士の体は前へつんのめったが、ベルトで止まった。しかし次ぎの飛行機がＬＳＯ（着艦信号士官）の熟練した合図用の板に指示されて、絶えず着艦態勢に入っていた。それであざやかな緑色のジャージーを着た水兵が着艦フックを外すために、甲板の端にあるキャットウォーク（訳注：飛行甲板の端から突き出ている細長い通路）から飛び出した。そして黄色のジャージーを着た別の水兵が操縦士に進路をそれて、前方へタクシング（訳注：飛行機が地上をゆっくりと自力で進むこと）するように精力的に合図を送った。

次ぎにドーントレス急降下爆撃機と偵察機が降りてきた。後部座席には砲手がいて、キャノピー（訳注：座席を覆う透明の天蓋）が開いていて、連装の機関銃が後ろと上を向いていた。それから乗員三人の時代遅れの不恰好なデヴァステーター雷撃機がやってきた。その車輪は引き込んでいる時でも、翼の下から突き出ていた。

最後の雷撃機が「ビッグＥ」の航跡の上を飛んでいる間に、明るい色の信号旗が再び翻った。その雷撃機が甲板に着艦した時に、信号旗は音をたてて降ろされた。そして空母、巡洋艦、駆逐艦は一斉に西へと進路を戻した。

着艦した飛行士達が驚いたことには、乗ってきた飛行機から直ぐに各編隊の待機室に行くように命令された。エンタープライズの飛行隊は既に数日間訓練をしていた。海兵隊の飛行隊は数回の追加の着陸訓練を繰り返すことになっており、この日の夜はエヴァに帰ることになっていた。しかしその待機室で色々な汗の染み付いた飛行用品を身に付けて、――ヘルメットを脱いで横に置くか手に持つか飛行服のどこかからぶら下げるかし、黄色の救命胴衣を着たままか脱ぐかその途中のままの状態で、そして位置記入板と洗面・化粧道具と各種の軽いバッグを持って、――操縦士達は再び集まり、陸上での楽しいが余り普通とは言えない時間を過ごした後、任務に帰って来た。多くの飛行士は帰って来たことを密かに喜んでいた。

飛行士達はだんだんと静かになり、長い部屋の何列も並んだ幅の広い椅子に座っていた。まるでぎゅうぎゅう詰めのバスの中のようだった。各飛行士にガリ版刷の紙が一枚配られた。その簡潔な命令を何度も読んでいる間、汗くさい若い飛行士達でいっぱいの部屋は、黙想中の修道院の礼拝堂のように静かになった。

命令には以下のように書かれていた。

一　エンタープライズは現在戦闘状態で行動中である。

二　昼夜を問わずいつでも、直ぐに戦闘に移れるよう準備していなければならない。

三　敵の潜水艦に遭遇するであろう。

さらに簡潔に付け加えていた。「気を引き締めろ、今は勇気が必要だ」。エンタープライズのジョージ・D・マレー艦長がその命令にサインしていた。そして一番下の左に次ぎの文字があった。

一九四一年一一月二八日承認　アメリカ海軍中将　空母部隊指揮官　W・F・ハルゼー

待機室は突然ガヤガヤとし始めた。体を前に曲げたり、横や後ろに傾けたりして口を耳に近付けて、隣の席の者と低い声で疑問と推測の言葉を交わす話し声が充満した。戦闘状況説明係の士官は飛行士達に、機動部隊はウェーキ島の防衛のために海兵隊の戦闘機を載せてそこに向かっていると教えた。

ハルゼー中将は日本軍もしくは国籍不明の艦船や航空機が接近して来れば攻撃するよう既に命じていた。大砲には絶えず砲手が配置に就き待機していた。前方と両側面に対して通常の偵察が実施され、各偵察機は五〇〇ポンド（二二七キロ）爆弾を携行することになっていた。一九四一年一一月二八日にはアメリカ海軍のエンタープライズは既に戦闘態勢に入っていた。

しかし、二三年間の平和の後では戦時体制への切替えは容易ではなかった。軍艦においても然りである。それは信じられない程難しかった。ハルゼー中将の作戦参謀のウィリアム・H・ブレイカー中佐は懐疑的だった。中佐は平時に操縦士と砲手に他国の艦船と飛行機を攻撃するよう命じる権限が提督にあるのか疑っていた。中佐はその命令を持ってハルゼー中将の船室に行き尋ねた。

「これが戦争を意味することをお解りですか？」

「解っている」

「とんでもない、提督。自分の個人的な戦争を始めてはいけません。誰が責任を取るのですか」

「俺が取る」。ビル・ハルゼーは言った。「もし途中で何かに出会ったら、最初に撃つ、議論は後だ」。

二〇年以上の長い平和と訓練の時代の間、魚雷の弾頭は弾薬庫にしまいこまれ、代わりに火薬と同じ重さの水を詰めた弾頭を付けた。飛行機の機関銃には射撃訓練の時だけ砲弾が搭載された。しかも費用節約のために、数回の射撃分しか装塡しなかった。砲撃訓練は飛行に適した天気を利用し易い熱帯か亜熱帯気候のやり易い高度で行われた。飛行機は味方の目で識別しやすいように塗装がされた。船には長い休息の間くつろぐための調度品が備えられていた。士官室やその食堂兼談話室と下士官達の居住区には詰めものをした家具、絨毯やカーテンがあり、時にはピアノさえあった。

水兵達の居住区には使い勝手のいい木の机やロッカー・棚が置いてあった。

エンタープライズは既に二～三週前にパールハーバーで多くの燃え易い物を取り去っていた、談話室のピアノは除いて。士官達がこぞって置いておいてくれるように頼んだからである。しかし平時から戦時への非常に困難な切替えはすぐにしなければならなかった。本物の弾頭を取り出して魚雷に装着し、またドーントレス爆撃機の翼に五〇〇ポンド爆弾を取りつけた「ビッグE」の水兵達は、自分達の任務が新しいものではないことが解ってなかった。剣が鋤の先に苦労して付けられ、また外されてきた全ての時代の間、人類が同じようなことを行ってきたのである。またもし水兵達が解っていたとしても、なんの違いもなかったであろう。何千発もの機関銃弾を飛行機に給弾しなければならなかった。その飛行機は最近戦時の迷彩色に塗り変えられていた。機体の上部は上空から見た時に海に溶け込むように青灰色に、機体の下部は下から見た時に空に溶け込むように薄い灰色に塗られた。また明瞭な識別マークとして垂直尾翼に赤と白の線が描かれた。

今までやったことのないことをする必要があった。戦闘機には操縦士を守る装甲板がなかった。また自動防漏式燃料タンクもまだ搭載されていなかった。傷つき易い場所に一発でも弾が命中すれば、飛行機は血まみれになるか燃え上がっただろう。艦隊が敵の水上艦に一番打撃を与えられると頼みにしていたのはTBDデヴァステーター雷撃機だったが、それは旧式で速度が遅く不恰好だった。代わりにグラマンTBFアベンジャーが配備されることになっていたが、まだ設計の後半の段階で間に合いそうもなかった。

しかし、戦争が始まった時はまもなく配備される予定のものや必要としているものではなく、今あるもので戦うしかなかった。「ビッグE」は準備ができるや直ちにウェーキ島に向かって西へと進んだ。

偵察機が長い三角形のコースを飛び、偵察員が扇形の担当地区を双眼鏡でゆっくりと後方から前方まで丹念に調べた。空には飛行機が飛んでいないか、水平線には船を意味する煙か、ほとんど見えるか見えないかのような影がないか、近くと少し離れた所には潜望鏡か魚雷の航跡がないかどうかを調べた。その間、乗組員は装塡した大砲に戦時の当直配備に付いたし、海兵隊員とその乗機も戦闘の準備をしていた。

競技場のような大きい格納庫甲板ではエンジンオイルとガソリン、それに汗の匂いが充満する中で整備兵が海兵隊の戦闘機の手入れをしていた。エンジン、機関銃、制御ケーブル、着艦ギア、無線を整備しテストした。全ての不良箇所は修理するか部品を交換した。ウェーキ島には修理工場はなかったし、整備施設もほとんど無いに等しかった。だれもがそのことは知っていた。

アイランドにある第六戦闘飛行隊の少し蒸し暑い待機室では、グラマン・F4F・ワイルドキャットの学習会が開かれていた。海兵隊第二一一戦闘機中隊の隊長ポール・パトナム少佐が「ビッグE」の戦闘機の隊長ウエイド・マクラスキー少佐に、ワイルドキャットの飛行能力と戦闘方法に関して役に立つ情報を部下に教えてほしいと頼んでいた。海兵隊の操縦士は最近ワイルドキャットを受け取ったばかりで、一五時間から二〇時間しか乗っていなくて、爆撃や射撃、空母の作戦についての指導は全く受けてなかった。

ウエイド・マクラスキー少佐は自分の中隊を短期促成の空戦学校に仕立てて、全ての必要な情報を教えた。ジェームズ・F・グレイ中尉は機関銃の射程と射撃戦術を講義した。他の操縦士達は飛行特性、装置、着艦のテクニック、エンジンと巡航のやり方、航法、そして爆撃のやり方について説明した。J・C・ケリー中尉は日本軍の飛行機の機影の識別について講義した。しかしケリー中尉は自分の講義が実際に役に立つかどうか疑っていた。最近の写真でも日本軍の飛行機は全て固定脚だったが、これは事実ではないと思っていたからである。また日本軍が飛行機にどんなマークを描くかは知らなかった。

海兵隊の戦闘機中隊は用心深く知的な部隊であり、その質問は非常に多く、実際的で単刀直入だった。その〝動機〟は切実だった。操縦士達はよく解っていたのである、この授業を終えてから数日後、或いは数週間後に、得た知識が戦闘で試されるに違いないことを。

このようにして明るい大海原の真ん中での日々は過ぎていった。長い航跡が海上に広がり、毎晩太陽は真正面に沈んだ。エンタープライズは日付変更線を越えたので、日付が一一月三〇日から一二月二日に跳んだからである。エンタープライズの艦上では一二月一日という日はなかった。この日にエンタープライズは日付変更線を越えたのである。そのことを不思議がる乗組員もいた。もし船がずっと西へ航行し続けて日付変更線を逆に越えないとしたら、一二月一日という日はどうなるのだ？　西へ航海することで貴重な一日分人生を短くしたのではないのか？

日付を一日飛ばした一二月二日という特別な日は美しい月明かりの夜だった。そして灯火管制をした飛行甲板では乗組員が何百人ずつ集まって、熱帯の風を体と心に受けていた。嵐の前の小休止のようだった。乗組員達は命令を受けたかのように艦内から出て来て、グループになって静かに話したり、黙ったまま立っていたりした。また一人佇《たたず》む者もいた。

格納庫甲板や機関室、調理室の水兵達、エンタープライズが危機や困難に直面した時、最終的にはその長年の経験と強靭さを頼みとする潮に焼けた老練な隊長達、操縦士達、青春の意義やとても信じられない戦争の兆候と噂を手探りで探す大学や海軍士官学校を出てまもない士官達。そしてその上に月光が降り注いでいた。思慮深く専門知識に富む、懸け離れた存在の高級士官達も、しばし背負っている途方も無い責任の重さを忘れていた、生きがいである軍務に対する責任、遥かかなたにある祖国に対する責任、そして西へ二〇ノットで走っているこの船とその乗組員への責任。

月には全然雲がかかっていなかった。冷たい風が突然吹いてくることもなかった。しかしこの集いにも終わりの時がやってきた。徐々に飛行甲板から人がいなくなり、翌朝発進するために翼を畳んで待機している飛行機だけが残った。

夜明けに海兵隊はウェーキ島へ飛び立った。「ビッグE」の乗組員は黙って見送った。一機また一機とずんぐりしたワイルドキャットは唸りを上げて甲板を走り、空中へと飛び上がった。整備兵、兵站係、無線手、その他の海兵隊のワイルドキャットのために働いた乗組員は全員立ち止まって眺めていた。数日間で持っている全ての専門的、実戦的知識を伝えようとした空母の操縦士達もそれを見て誇りに思ったが、直ぐに悲しくなった。第六戦闘飛行隊の副隊長フランク・コービン少佐は海兵隊は優秀であると評したが、しかし一二機では、日本の全航空部隊を相手にするにはちょっと少な過ぎる、と思った。

エンタープライズの航空隊の指揮官ハワード・L・"ブリガム"・ヤング中佐は、海兵隊の道案内として数機の偵察爆撃機と共に一緒に飛行した。そして南東にまるで折れた鏃《やじり》のような形をした環礁の白い砂と黒い茂みが遠くに見える地点で、ヤング中佐と偵察機は翼を振って別れ、今にも降り出しそうな空模様の下、帰って行った。そして既にパールハーバーへ向かっているエンタープライズと護衛の艦艇を見付けた。

この日、ジョン・H・L・ボウグト少尉は自分の偵察エリアの一番先で靄《もや》を通して低い雲の間に大艦隊を見たと報告した。日本とアメリカ合衆国しか中部太平洋に艦隊を展開していなかった。もしこれが正しいなら、それは日本艦隊でしかあり得なかった。もしその艦隊がもっと近くて、ボウグトが攻撃していたなら？　その時は誰が戦争を始めたことになっただろうか？　戦争が終わって日本海軍の記録を調べることが出来るようになって数年経ってから、この目撃報告はボウグト少尉の幻影であると解った。その日、報告地点から五〜六百キロ以内には日本の軍艦はいなかったのである。

部隊が東に向かって再び一八〇度の子午線を越えた時、一二月五日が二度あることになり、乗組員は再び同じ日を過ごした。

二度目の五日に「ビッグE」の多くの乗組員は、日本との緊張が増大しているため、この日にアメリカ本土へ避難させられることになっている家族のことを考えていた。パールハーバーへ着いた時、作戦の都合のため家族は乗組員に会うためにアロハタワーの側にある波止場にはいなかったことを思い出していた。そして今回も家族が出発する時にまた海の上にいるのである。しかし二週間すれば本土の西海岸で家族と再会することになっていると思って慰められた。そして素晴らしいアメリカ本土で昼も夜も家族とどう過ごそうかと浮き浮きと計画を建てた。

一二月六日は荒れ模様で雨が降った。乗組員は朝と夕方の戦闘部署への配置と、その間の長い待機当直にうんざりしていた。機動部隊は荒れた海に翻弄されながら進んでいる駆逐艦に合わせるためにゆっくりと走った。この分では土曜の夜にホノルルに到着して充分な睡眠を取ることや、日曜の朝ゴルフコースに出ることは出来そうもなかった。大きな船では不平の声が上がった。しかしエンタープライズでは映画「ヨーク軍曹」が上映されており、格納庫甲板の観衆達はゲーリー・クーパーが射撃大会で大きい親指を唾で濡らして、銃の先端の照準を触った時は、不満を忘れていた。

飛行甲板の後部には一二月七日の夜明けに発進するために飛行機が並んでいた。

第二章——戦争

戦争が始まった日にエンタープライズから飛び立った最初の飛行機は、航空群の指揮官の乗機であった。ヤング中佐と僚機の操縦士は六時一五分に二機のSBDドーントレスに乗って発進し、パールハーバーの中にあるフォード島へと向かった。

一二分後、第六偵察飛行隊の残りの飛行機が機動部隊の前方を捜索するために飛び立ち、その後続いてフォード島へと向かった。飛行士は幸運だった。エンタープライズがまだ八時間海上にいるのに、二時間で家に帰れるのだから。ブリガム・ヤング中佐のドーントレスの後部座席にはハルゼー中将の参謀の少佐が、機密度の非常に高い無線通信書をウェーキ島へ届けた報告書を持って乗っていた。

八時二〇分までにヤング中佐はエワにある海兵隊の飛行場に接近したが、その上空を飛行機が旋回しているのに気付いた。多分陸軍の飛行機だろうと思った。それからパールハーバー上空に対空砲火の砲弾が炸裂し、黒い煙が盛んに出ているのを見て、日曜の朝に射撃訓練を行っているのかと思って驚いた。それでこの対空砲火を避けてどうフォード島に行こうかと思案し、またこの射撃訓練に際して、危険防止のために事前に警告をするという約束が無視されているなと思っている時に、陸軍機のうちの一機が編隊から抜け出てヤング中佐の機の方へ向かって来た。後部座席にいたブロムフィールド・B・ニコル少佐は、たくさんの燃えている煙草の吸いさしのような閃光がすぐ側を通るのを見た。その閃光が翼に当たり、アルミニュウムがずたずたにちぎれて、小さな破片になって吹き飛んだ。「陸軍機」が近付いて来た時、ヤング中佐は既に戦闘に巻き込まれていたのだった。その飛行機の翼と胴体には赤い日の丸が描かれていた。

二機のドーントレスはフォード島の滑走路目指して大慌てで急降下した。ヤング中佐はいつもなら後部座席に訓練を受けた銃手がいるのにと悔しがった。ニコル少佐が七・七ミリ機銃の発射準備をした。二機はどうにかこうにか日本軍機を振り切った。そしてなんとか着陸しようとした。しかし軍艦の砲手は今や何も信じられなくなっていて、飛ぶものは何でも撃っていた。奇襲攻撃を受けてから着陸する間の危険な状況では、既に近くまで来ている航空隊の残りの飛行機に警告を送る余裕はなかった。

ヤング中佐がブレーキを踏んでドーントレスの速度が落ちた時に、飛行場にいた水兵が機関銃を構えて撃って来た。その水兵は破壊・流血の事態に混乱して、パールハーバーの飛行機が全て敵とは限らないということを忘れてしまっていた。近くにいた操縦士が水兵へ近付いて、人間の頭ほどの大きさの石を使って射撃を止めさせた。

ヤング中佐にとって、夜明けに発進してから一週間もたったように思えた。しかしまだ八時三五分だった。

一〇分後、第六偵察飛行隊の指揮官ホルステッド・ホッピング少佐が飛行隊を引き連れてやって来た。厳密には飛行隊の大部分というべきか。マヌエル・ゴンザレス少尉がどうなったかは誰も知らなかった。少尉の最後の通信はエンタープライズへの最初の警告だった。オアフ島の西で日曜日の静けさを破って、エンタープライズのスピーカーから切迫した様子で、必死に訴える上ずった声が流れた。「撃つな、撃つな、こっちはアメリカの飛行機だ」。それからしばらくして明らかに後部

パールハーバー

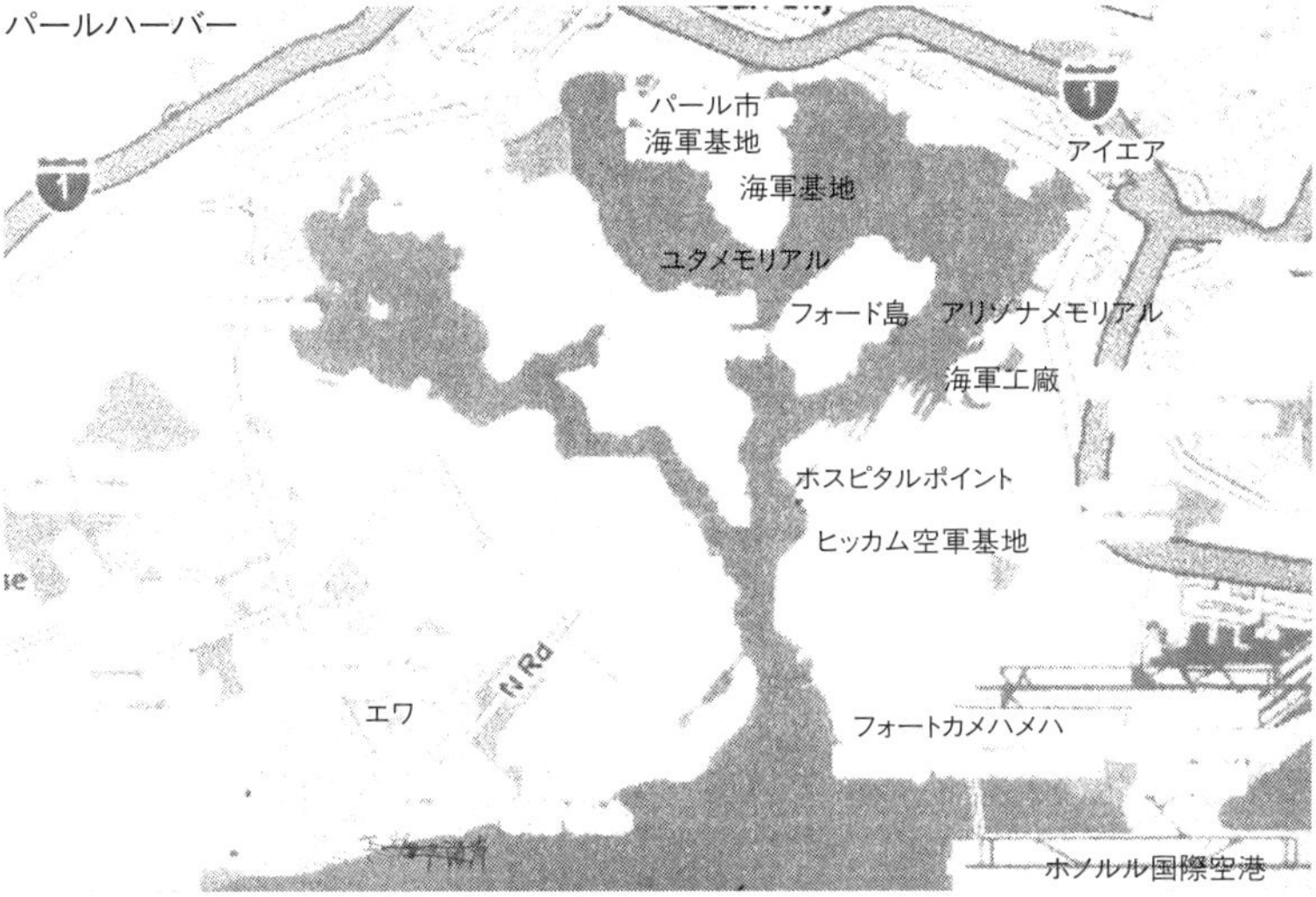

座席に向かって、「撃たれた、脱出する」と言った。そしてスピーカーからは何も聞こえなくなった。ゴンザレス少尉は帰って来なかったし、何の痕跡も見つからなかった。ウェーキ島沖で正体不明の艦隊を見たと報告したジョン・H・L・ボウグト少尉は結局、フォード島まで辿り着けなかった。

エワの海兵隊員はボウグト少尉の乗機と思われるドーントレスが二機か三機のゼロ戦と低高度で乱戦を繰り広げ、身をよじりぐるぐる回りながら、全ての機関銃を直ぐに撃ったのを見た。それが敵機の尾翼に命中し、絶え間なく発射される曳光弾はまるで曳き綱のようだった。そして突然ゼロ戦が速度を落とし急上昇したので、ドーントレスが更に攻撃するのを見た。そして燃えている金属片がさとうきび畑と飛行場の上一キロ四方にわたって降り注いできたので、それをかわすのに必死で、その後のことは何も見られなかった。

C・E・ディキンソン中尉とJ・R・マッカーシー少尉が高度四五〇メートルでいつもの朝の哨戒飛行から一緒に帰ってきた。二人ともまだ遥か離れた海上にいた時から、パールハーバーに煙が上がっているのを見た。それで最初はさとうきび畑でいつも収穫前にやっている焼却の煙だろうと思った。しかし対空砲火に気付いた時、事態を察知し、機関銃の発射の準備を行い、敵の哨戒機のように見えた機影を追い掛けた。しかし炎上している戦艦群の煙のため敵機を見失った。そしてすぐに敵の六機の戦闘機が両機を見つけた。

とても戦いにはならなかった。ドーントレスは急降下爆撃機として設計された。そして優れた急降下爆撃機だった。しかし一二月の朝、オアフ上空に溢れていたゼロ戦にはかなわなかった。それにもかかわらずディキンソン中尉の乗機の銃手ロジャー・ミラーは敵の一機を撃ち落とし、その後他のゼロ戦の射撃で戦死した。ドーントレス二機の機体は穴だらけとなり、低高度でパラシュートで脱出せざるを得なくなった。

マッカーシー少尉の片脚は、きりもみ状態になったドーントレスの尾翼にぶつかって骨折した。そのため数ヶ月間病院で過ごさなければならなかった。銃手は脱出するのが遅れて、機体が墜落した時に死亡した。ディキンソン中尉は傷一つ無くエワ飛行場の近くに着陸し、フォード島目指して歩いていった。その途中で数人の海兵隊員が見通しのいい道で立ったたまま、機銃掃射している日本機をライフル銃であざやかな手並みで射撃しているのを目撃した。また戦艦ネヴァダが戦艦の列から出て戦うために動こうとするのを見た。次ぎに敵の急降下爆撃機は自分が訓練で行ったことのある急な角度の攻撃をしていないことに気付いた。そして敵の爆弾が数百メートル離れた駆逐艦ショーの弾薬庫に命中して爆発した時、フォード島のコンクリートの敷地に叩きつけられて長々と横たわった。

一方、E・T・ディーコン少尉は数機の恐ろしいゼロ戦と望みのない格闘戦を行って、弾丸を全て使い果たし脚を負傷した。それで弾の無くなった飛行機をヒッカム飛行場へグライダーのように滑空させていった。しかしちょっと遠すぎた。滑走路の少し手前の海上に着水し、ゴムボートを広げて膨らませ、負傷した銃手を引っ張り上げて、岸へ向かって櫂を漕いだ。そしてどうにかパールハーバーの燃え上がっている混乱と喧噪の現場を通り過ぎてフォード島へ向かいながら、銃手は射撃の名手だと思った。

第六偵察飛行隊の「幸運な」飛行士達は、本来はオアフ島で貴重なおまけの時間を過ごせるはずだったのが、このような状況でとても信じられないような日曜日をハワイで迎えた。

一方、エンタープライズはパールハーバー目指して朝の低い太陽に向かって着実に進んでいた。無線から混乱した言葉が入り混じって飛び込んできたので、徐々にではあるが状況が解ってきた。あたかも苦いニュースを一回聞いただけでは信じられない人間のようだった。

ハルゼー中将は朝一番に発進したドーントレスが視界から消えるまで見送った後、長官室でシャワーを浴びて髭を剃り、清潔な制服を着用した。朝食を副官のH・ダグラス・ムールトン大尉と一緒に摂った。二杯目のコーヒーを飲んでいる時に、ムールトン大尉が無線室からの電話に出て、パールハーバーが空襲中であると報告した。

ハルゼーは仰天して立ち上がった。パールハーバーの砲手は、ちょうどその時間に着くことになっているホルステッド・ホッピング少佐のドーントレス爆撃機隊を砲撃しているに違いないと思った。

主計将校のチャールズ・フォックス中佐は暗号室で当直をしていた。そこでゴンザレス少尉の緊急事態を伝える言葉を聞き、当直していた者が〝当惑した表情を浮かべて〟座っていたのを見た。しばらくして第六偵察飛行隊の副隊長アール・ギャラハー大尉のものと解る声が聞こえた。ギャラハー大尉はベテランで緊急事態でも動揺しなかった。その口調は報告をしているように自然で平静だった。

「パールハーバーは日本の飛行機に攻撃されている」

大尉は余りにも冷静過ぎた。暗号室にいる者はこれは全て演習に違いないと思った。現実に日本軍がオアフ島を攻撃するという考えは、とても受け入れられなかった。いつものようにギャラハー大尉の通信は艦橋へと伝えられた。それでハルゼー中将が受けた連絡の裏付けとなり、その結果すぐに艦全体に警報が強く何度も鳴り響き、戦闘配置が告げられた。

暗号室では無線が通信を吐きつづけた。声は緊張しており、報告は奇妙であり得ないものばかりだった。

「二隻の敵空母、バーバーズ岬（訳注：オアフ島の南西にある岬）八五度の方角五〇キロの所にあり」

「敵の上陸部隊が弾薬庫に向かっている」

「日本のパラシュート部隊とグライダーがカネオヘに降下した」

「敵輸送船八隻がバーバーズ岬を回っている」

しかしハルゼー中将はこれは演習ではないことを知っていた。八時までに次ぎのように書かれた通信を受け取っていた。

「パールハーバー空襲中。これは演習にあらず」（訳注：これはベリンジャー海軍少将がパールハーバーから発信した有名な無電）

八時二三分にさらに次ぎの通信を受け取った。

「警報　日本軍の飛行機がパールハーバーとオアフ島の飛行場を攻撃している」

ハルゼーはこの日、エンタープライズの乗組員には何も隠さず全て伝えた。報告は拡声機を通して告げられた。ほとんど誰もが信じなかった。平和ぼけを直すのは難しいことだった。

しかし暗号室では、パールハーバー地区にいる全ての軍医に手に入る麻酔薬を全部、海軍病院へ大急ぎで持っていくように命令する通信を傍受していた。やっと事態が解り始めた。

ハルゼー中将が艦橋にやって来た。その表情は演習の時のものではなかった。信号係の水兵は手に持っていたスプリングフック（訳注：ばねで端が閉じて簡単に外れないようになるフック）をカチッと音を立てて閉め、多彩な色の信号旗を空高く帆桁に掲げた。それはこう告げていた。

「戦闘準備」

信号旗はいつもよりはずっと長い間掲揚されていた。そして撃ち落とされた鳥のようにやっと信号甲板にどさっと降ろされた時、機動部隊の二本マストの全ての船の前部マストとメインマストに同時に星条旗が、朝の太陽の中に鮮やかに輝くように揚げられた。挑戦を受けて立とう。部隊は大胆不敵な戦闘旗の下、波を切って前進しているようだった。

ハルゼーが敵を探したので、「ビッグE」は航空隊を発進させたり、収容したりで一日中大忙しだった。偵察飛行隊はフォード島に着陸するか、そこに近付いた時に撃墜されていた。残りの飛行機は敵を発見した時に攻撃するのに必要だったので、エンタープライズはほとんど盲目だった。しかし四機の戦闘機から成る上空哨戒戦闘隊（CAP）が直ちに発進し、機動部隊の周囲を偵察した。一〇時一五分に更に三機のワイルドキャットが近接哨戒のため発艦した。その任務は機動部隊の近接防衛、特に空母を守るためだった。一二時三〇分にウエイド・マクラスキー隊長の小隊がCAPの最初の四機と交代するために発進した。そして三時にこの小隊は、グレイ、メール、ヘイゼルが指揮する三つの二機分隊と交代した。

発進し、空中での哨戒活動を行い、着艦し、また発進、哨戒を繰り返した。その間ずっと無線が始まったばかりの戦争のニュースを送って来た。

乗組員は一生懸命働き、自分の持ち場をよく守っていた。熱気が渦巻く機関室では、ピカピカ光る金属とブンブンいう機械とそこから出る油の臭いに囲まれて、機関員がTシャツを汗まみれにして、染みの着いたボロ布を尻ポケットから垂らして働いていた。計器の針を注意深く見て、艦橋からのリンリン鳴る命令に応じて大きい絞り弁を調節する輪を回した。熟練した手のひらは温度と振動を調整する軸受けの感触を感じていた。その後、運転記録とベルブック（訳注：船の主機関の使用状況を記録しておく記録簿《機関操作の合図にベルを使用したことから》）に入念な記入をした。

調理室では刺青をしたコックが白いエプロンを着て染み一つない帽子を被り、フライドチキンを積み上げたスチームテーブル（訳注：配膳、調理に用いる加熱式テーブル。貯湯加熱式と蒸気保温式がある）の横を歩いていた。パン焼き係は夕食用の一かまど分のアップルパイを焼き終え、クッキーを作り始めた。二〇〇〇人もの若い乗組員に一日三度の食事を提供しなければならなかった。

機械工場と格納庫甲板の整備士と兵站《へいたん》係は労を惜しまずに特別な仕事を行った。機械の各部分の隙間と調節装置の細部、また火花・トルク（訳注：ギア、シャフトなど回転する物体が回転軸の周りで受ける抵抗に打ち勝って回転する力）・電圧の測定にそれぞれにふさわしい注意を払った。

飛行甲板はまるで海に浮かぶ競技場みたいだった。ハイオクタン価のガソリンの匂いが漂い、飛行機のエンジンの唸り声が響く中、六組のチームが昼の太陽の光と絶えず吹いている貿易風の下で、鮮やかで対照的な色のジャージーを着て、一つになったり分かれたりして前後に波が寄せるように動き、組織的にしっかりと仕事をこなしていた。足長・足早のウィリアム・〝スリム（ほっそりした）〟・タウンゼンド少佐が全甲板の作業を指示監督した。そして飛行甲板のチーフ、V・A・プレザーが実際に仕事を進めた。タウンゼンド少佐は日に一〇〇回も甲板に行き、自分自身の目で確かめた。そして青いジャージーを着たプレーンハンドラー（訳注：飛行甲板で飛行機を押して並べたり、格納庫に降ろしたりする乗組員）がどんなに早く機体を動かそうと、また緑色のジャージーのアレスティングギア係がどんなに早く着艦フックを外そうと、プレザーはその背後を大股で歩き、甲高い声でもっと早くやるようにと言った。

「そこで手を貸してやれ」「お前達、もっと急げ」「さっさとやれ、お前等」

一九四〇年「ビッグE」が飛行機の迅速な発進と収容で艦隊記録を作ったが、飛行甲板チーフにとってはそれでも充分満足できなかった。もし一〇箇所以上の作業手順で乗組員がもう少し素早く動いたなら、数十秒縮めることが出来ることを知っていたからである。

飛行甲板に高く突き出ているアイランドでは、艦長が全作戦を指揮し、艦長のじかの代理である当直士官が見張りの仕事をした。当直士官は首に掛けた紐に黒く重い双眼鏡を吊るし、胸の下の方、肘の高さぐらいの所にぶら下げていた。艦橋中を動き回り、他の船の方位と距離をチェックしていた。また舵手の肩越しに操船用コンパスを見つめ、風の向きと強さに注意し、また頭上を飛ぶ飛行機の旋回軌道も観察していた。船の全神経が当直士官の手に集中していた。

機動部隊の上空では、ワイルドキャットがペアになって、別れて哨戒飛行をしていた。自由な隊形で、操縦士はあちこちと機首の方向を変え、それから元へ戻った。青い海と空を捜索したが、島が時々地平線にぼんやりとした影を表す東の方角を特に注意した。操縦士は短い翼越しにお互いを見て、汗の染みが付いたカーキ色のシャツか白いゴーグル付きのヘルメット、そしてカーキ色のシャツの上に黄色の救命胴衣を見た。左手はスロットルの握りに置くか、スロットルをしばらくは正しくセットした後は、コックピットの端の前方で休ませた。右手は軽く操縦桿を握っていた。高度と速度、燃料の消費量と隊形を確認して、再び広い海と空を捜索した。

艦上では勿論、大声でたくさんの話が交わされていた。真剣なものが多かったが、そうでないものも多かった。しかし全部が役に立った。

「それじゃ黄色い野郎が戦争を始めやがったのか。終わらせようぜ。すぐ済むってことをやつらに教えてやろうぜ」

「やつらが戦争をしたがっているなら、戦争してやろうぜ」

グアム島出身で二〇歳のチャモロ人士官のコック、〃リトル・ベニィ〃・サブランはもっと穏健だった。

「俺は日本人を知っている。やつらは悪賢い。しかし我々アメリカ人はもっと賢い。日本人を捕まえて、地獄に送ってやろう」

戦闘機が上空を旋回してあり得るかもしれない攻撃に備えている間、ハルゼー中将は雷撃機と爆撃機に戦闘の準備をさせ、敵艦隊の位置に関する知らせが来るのを待っていた。フォード島にいたハル・ホッピングの偵察飛行隊はハルゼーのために敵を見付けようとした。ホッピングはどうにか九機の飛行機を北西から北東の偵察区域に送り出したが、何も発見できなかった。

アール・ギャラハーは帰艦する日本軍の飛行機の方向を見て、自分の判断で北西へ三〇〇キロ飛んだが、同様に何も見つけられなかった。ホッピング自身は自分の乗機に燃料が補給されるやいなや、雨あられのように撃つ〃味方〃の対空砲火の中を離陸し、バーバーズ岬の沖にいると報告のあった二隻の敵空母を捜しに向かった。そしてアメリカの重巡洋艦ミネアポリスが走っているのを発見した。

リチャード・〃バッキー〃・ウォルターズ少尉は、午後遅く陸上基地の無線方位測定機で日本の空母の位置を突き止め、敵はオアフ島の南方にありと報告した。これこそハルゼー中将が待ち望んでいた報告だった。

「ビッグE」は艦首を風上に向けて、慎重に待機させていた攻撃部隊を発進させた。第六雷撃飛行隊の全ての飛行機と、それに加えて魚雷攻撃を隠す煙幕タンクを備えた第六爆撃飛行隊の六機のSBDドーントレスと、援護の戦闘機六機である。長い偵察飛行の結果は、パールハーバーを出てハルゼーの機動部隊に合流しようとした味方の巡洋艦と駆逐艦の部隊を発見しただけだった。ウォルターズ少尉が教えた方位は全く正反対だと解った。敵の信号は北方から来ていた。

陽は沈んだが、長い一日はまだ終わらなかった。ユージーン・リンゼー大尉率いる第六雷撃飛行隊と、爆撃飛行隊から選ばれた六機の〝煙幕係〟は長い飛行から帰艦し始めていた。月の出ていない闇夜だった。熱帯の暗闇をぬって手探りで戻ってくる二〇人以上の操縦士の大多数は、夜間訓練を少し受けていたが、多くは日没後にTBDデヴァステーターで飛行したことさえなかった。全機直ぐにも必要となる貴重な二、〇〇〇ポンド(九〇七キロ)魚雷を搭載していた。

リンゼー大尉の航法は優れていた。しかし「ビッグE」のレーダーに〝たくさんの敵味方不明の飛行機〟が現れた時、照準装置は旋回してその機影を追跡し、雷撃機と急降下爆撃機が暗闇の中、母艦に近づいた時、装塡した大砲は狙いをつけて追跡した。戦争の始まった夜興奮して、神経質になっている指が引き金に掛かっていたが、危機一髪の瞬間、砲撃指揮所は接近してきている飛行機は味方であるという命令を受け取った。

搭乗員が三人乗っていて長い魚雷を抱えた重いデヴァステーターは一機また一機と、空母に対して真横から吹く風の中を重そうに降りてきて、横風の中、鈍重に旋回して姿の見えないバート・ハーデンの明かりのついた緑色の魔法の杖を見つけた。最初のデヴァステーターがドシンと音を立てて甲板に着艦して、アレスティング・ギアで止まった。これは信管の付いた魚雷を抱いたまま飛行機が着艦した最初のケースである。そして全機が無事にやってのけた。しかしヒヤッとしたことが起こった。

一機のデヴァステーターは余りに激しい勢いで降りてきて着艦したので、魚雷を吊り上げていた金属の輪が外れた。先端のTNT火薬は戦艦を沈められるだけの量がある長い恐ろしい〝魚〟は、その推進器が回転して煙を出しながら、飛行甲板を滑っていった。軽い針金の防御網の前方には収容したばかりの飛行機があった。少し右舷の方には艦の指揮中枢があるアイランドがあった。明かりを消した艦橋にはハルゼー司令官とマレー艦長がいた。

魚雷が滑る勢いをなくし始めた時、暗がりから長い二本の脚が突然現れ、その人影はさっと飛び上がって魚雷にまたがった。手足と尻で強く押しつけて方角を変え停めようとしたので、魚雷は真っ直ぐに滑って防御網の手前で止まった。それから安全になるまで転がらないように甲板にしっかりと押さえた。その人物は飛行甲板士官の〃スリム〃・タウンゼントだった。

攻撃部隊は無事に帰艦したが、護衛の戦闘機隊は帰艦するのに充分な燃料がなかったので、パールハーバーへ行くよう命じられた。午後八時四五分にヘベル大尉はフォード島の管制塔に無線電話で、自分の六機の編隊がダイヤモンドヘッドの沖に来ていることを報告し、着陸指示を要請した。着陸に先だって飛行場の上空で飛行灯を点けて自分達の場所を明らかにした。

戦闘機隊はオアフ島の海岸に打ち寄せる薄暗い波を左の翼の下に見て降下していった。灯火管制が行われていたが、始まったばかりで未だ厳密に実行されず、海岸線のあちこちに光の点や線が見えていた。パールハーバーは暗く静かだった。かって戦艦部隊が並んでいた所では赤い点が不規則な間隔で並んで光っていた。また黒い煙の名残が飛行場上空の夜の空気の中に澱んでいた。

この日は待機室と操縦席の間では全く違う、非常に長い異様な悪夢のような一日だった。この最後の飛行は既に四時間も続いていた。今プロペラの間から視界の中に飛行場が見え、また翼が暗い海岸線を通過したので、操縦士達は緊張を解き始めた。

六機の戦闘機は高度三三〇メートルできちんとした梯形の編隊を組んで、左の翼の先端に赤、右の翼の先端に緑の明かりを点けて味方識別としていた。ヘベル大尉は信号を送り、車輪を出した。編隊はドライドックチャネルを通過し、空気抵抗が増して速度が落ちた。数秒すれば最初の機が滑走路に着地するはずだった。

フォード島と狭い海峡を挟んだ向かいにある海軍工廠の中にいた、真っ暗だがまだ燃えている一群の船から、曳光弾の一筋の流れが帰ってきたワイルドキャットを襲った。一秒後、他の砲も加わり、砲弾が戦闘機隊に集中した。三〇秒足らずでヘベル隊の操縦士は健在だった全ての砲から集中砲火を浴びた。重機関銃の弾の赤い線が明かりを点けた編隊を掃射し、炸裂した砲弾の黒煙が目がくらんだ操縦士を揺さぶり、たじろがせた。多数の甲板からは大きい砲が黄色の閃光を放ち、小口径砲は一定の正確なリズムで赤い閃光を放った。陸上の砲台も砲撃に加わった。

ハーブ・メンゲの乗機は長く浅い角度の滑降をして、フォード島の上空を真っ直ぐに越えてパール市へ突っ込み爆発し、オレンジ色の火の玉を発し、それから数秒間激しく炎上した。ハーブは即死した。

ヘベルは機体を右へ急角度で傾けたが、しつこい砲撃をかわすことは出来なかった。乗っていたワイルドキャットはアエイアの北のさとうきび畑に不時着し燃え上がった。フリッツ・アレンは不時着の時は生きていたが、翌日死亡した。

艦艇が砲撃を始めた時、デイヴ・フリン、ジミー・ダニエルズ、ゲイル・ハーマンはすぐに翼の明かりを消した。ハーマンは滑走路めがけて急角度で渦を描くように降下して着陸した。着陸した後からも砲撃を蒙った。昼間数えると機体には一八個の穴が開いていた。

フリンとダニエルズは車輪をしまって、「コックピットの中の逃げるのに使えるものを全て使って」別々に海へと逃げた。砲撃がやんだ後、ダニエルズは明かりを点けずに低高度で高速で帰ってきて、最後の瞬間に砲撃をうけたが無事に着陸した。フリンも同じことを考えたが、戻る途中で損傷したエンジンが停止したので、バーバーズ岬のさとうきび畑へパラシュート降下した。

これでもまだ終わりではなかった。第六偵察飛行隊のバッキー・ウォルターズとベン・トロエメル少尉は、一日中パールハーバーの対空砲火をうんざりするほど見ていた。暗くなって午後の偵察飛行から帰ってきた時、着陸する場所に山を越えたカネオヘを選んだ。

飛行場は暗く、管制塔からは返事はなかったが、二人は疲れていて、燃料も少なくなっていたので、着陸しようとした。ウォルターズが先に着陸した。慎重に滑走路に近づき、車輪を出してフラップを降ろし、推力を上げてゆっくりと着陸マットへ降りるようにした。機首の先を目を凝らして見た時、飛行場に何かあると思ったが、建設中のものだろうと思った。それでスロットルを絞って、速度を落とし、機体を三点着陸態勢にもっていった。すぐ前方右寄りの暗闇から駐車していたトラックが突然現れた。

ドーントレスはまだ時速一〇〇キロ以上で進んでいた。ウォルターズは左のブレーキと方向舵を踏みつけた。機体は急激に向きを変えた。今度は壊れた乗用車がすぐ真ん前に現れた。ウォルターズは右足を突っ張り、つま先はブレーキを踏み過ぎてしびれた。振り回された機体は右回りに横滑りして、進路にあった移動可能なクレーンの下で停止した。

トロエメルも同じことを経験した。違っていたのは更に新たな障害物が付け加わったことである、すなわちウォルターズの機体である。ゴムタイヤから煙が出るほど、地面に急角度に曲がった二条の筋を描いた後、コンクリートミキサーの鼻先に飛行機を停止させた。ドーントレスは二機ともかすり傷も負っていなかった。

カネオへのアメリカ海軍航空基地司令官は不機嫌だった。日本軍の着陸を防ぐために飛行場を封鎖するよう命令した。そのために全ての移動可能な車両と機械装置を適当な位置に置いたのだった。それが暗くなってから二機の急降下爆撃機が無傷で着陸したのだ。ウォルターズとトロエメルは後で、明るい昼間には敢えてやろうとはしなかっただろうと言った。

午後九時三〇分になってエンタープライズにとって戦争の最初の日が終わった。「ビッグE」は異状なく護衛の艦艇と一緒にカウアイ島沖を航行していた。第六爆撃飛行隊と第六雷撃飛行隊には損害はなく母艦にいた。第六偵察飛行隊の残りはフォード島のエワとカネオへの陸上の基地にいた。

第六戦闘飛行隊は損害を被り、メンゲは戦死し、ヘベルとアレンは死に瀕していた。ワイルドキャット四機と、少なくとも五機のドーンドレスが失われ、他の機もかなりの損傷を受けていた。

北西数百キロの所には日本の機動部隊がいた。空母赤城、加賀、蒼龍、飛龍、翔鶴、瑞鶴が二列縦隊で明かりを消して進んでいた。各縦列の最後尾には戦艦が陣取っていた。両側面には重巡洋艦がいて、前方を駆逐艦が航行していた。空母には日本軍の最優秀の航空部隊が乗っており、オアフ島攻撃に三六〇機が向かったが、取るに足り無い損害しか被らなかった。

一二月八日の夜明けにエンタープライズは戦闘哨戒機を発進させた。朝食中にオアフから第六偵察飛行隊の飛行機が帰ってきた。それで乗組員はパールハーバーの被害がどれほどひどいか初めて知った。士官用食堂兼談話室でブリグ・ヤングとブロム・ニコールは、カーキ色のシャツを着て深刻な表情でテーブルに並んだ人々に、自分達がどのようにフォード島に帰ったかを語った。二人の操縦士は恐ろしい七日の日に見たことを、言葉だけでなく両手を動かして雄弁に描写した。

下の食堂と居住場所では銃手達が自分達の経験を語った。リレー競技のバトンのように、話は次ぎ次ぎと伝えられて艦全体に広がった。作業場とシャフト・アレー（訳注：軸路。プロペラシャフトの通路で、注油係の通路にもなる所。）、ボイラー室、ビルジ（訳注：船底と船側の間の湾曲部）と。艦橋から機関室まで、艦首から艦尾まで、全員が「ビッグE」があの日置かれた状況を知った。

一つのことははっきりしていた。艦隊の中核である戦艦部隊が壊滅したことである。南方のどこかに空母レキシントンが護衛の艦艇と共にいた。ハルゼー中将が指揮する部隊と大体同じような部隊である。空母サラトガはサンディエゴにいた。ここまでは四日かかった。中部太平洋で作戦可能な空母はレキシントンとエンタープライズの二隻だけだった。その二隻と護衛の巡洋艦と駆逐艦を合わせた部隊がアメリカ海軍の事実上唯一の戦闘可能な部隊だった。

日本軍は何百機もの艦載機でパールハーバーを壊滅させたが、このことから日本軍はハワイ周辺でアメリカ軍より遥かに強力な戦力を保持しているという結論を出すことは、海軍大学の卒業生でなくとも出来た。日本の機動部隊はどこにいるのか、再度攻撃してくるのか、攻撃してくるとすれば何時なのか、再攻撃の時はハワイ諸島を占領するつもりなのかどうか、誰にも解らなかった。一二月七日の後は何でも起こりそうに思えた。もし日本軍がパールハーバーを占領することが可能なら、或いは最初の攻撃の時に見逃した石油タンクと供給施設が二度目の攻撃で破壊されたなら、エンタープライズは本土の西海岸まで行くのには充分な燃料がないので、数日すれば大海原の中を漂流することになったであろう。

マレー艦長は正確な数字を持っていた。エンタープライズの残っている燃料は半分だった。巡洋艦の残存燃料は三〇パーセント、駆逐艦は二〇パーセントだった。八日の午前一一時、ハルゼー中将は機動部隊にパールハーバーへ向かうよう命じた。

午後に第六戦闘飛行隊の飛行可能な機は全機発進して、オアフ島にある陸軍のホイーラー飛行場に向かった。陸軍の戦闘機隊の援軍としてハワイ諸島を防衛するためである。

「ビッグE」がゆっくりと海峡に入った時、陽はちょうど沈んだ後だった。日没後に空母がその海峡を通過しようとしたことがあったのかどうか誰も思い出すことは出来なかった。撃沈された船の燃料タンクから流れ出した黒い石油が、艦首から艦側を通って流れ去った。飛行甲板とキャットウォーク、艦橋、艦首と艦尾は乗組員で鈴なりで、舷窓という舷窓、ハッチというハッチは顔で一杯だった。海峡の両岸にはあらゆる大きさの対空砲が大急ぎで据えられ、多数の人員が配置に就いていた。ヒッカム飛行場の兵士がこっちまで聞こえるような大声で喚いた。

「とっとと失せたほうがいいぜ、さもなきゃジャップがお前らもやっつけるぜ」

エンタープライズはホスピタル岬の左側に座礁した戦艦ネヴァダの側を通った。ネヴァダはあの恐ろしい朝、戦艦の停泊していた列から動いた唯一の戦艦だった。フォード島を回っていくと、ばらばらになって港の底の泥に横たわっている古い戦艦ユタを避けるために大きく舵を切らねばならなかった。ユタは何年も前から標的艦として使われていた。ユタは普段は空母サラトガの錨地である場所に係留されていたのであり、その大きな木造の上甲板は上空から見ると少し飛行甲板に似ていた。

その辺り一帯は嫌な臭いがしていた。いつもの陸から吹く風に乗って丘からやってくる熱帯の木々の花のようないい香りの代わりに、石油と焼け焦げた体のむかつくような臭い、火災の後の半分焼けた家の炭化した木と繊維の臭いが漂っていた。まだ燃えている戦艦アリゾナから黒い煙が上がって、空に漂っていた。

エンタープライズを覆った感情は怒りと不安だった。乗組員は日曜の朝の虐殺に欺瞞を感じ始めていた。一一月二八日に出港した時の堂々として整然とした港と、今目の前に広がる石油びたしの港を無意識に比べていた。艦橋ではハルゼー中将がぶつぶついう声を聞いていた。

「日本人の言葉は聞き飽きる前に、地獄でしか使われないようにしてやる」

狭い水域では専門の操船者は神経を周囲の全てに集中していた。一種の閉所恐怖症といってもいい。ここでは「ビッグE」は残骸の中に閉じ込められ、損傷を受け易い状況だった。もしこれが戦艦だったなら、四〇センチの装甲があるが、空母の場合は処置なしだった。方向を変えて飛行機を発進させる、自由に走って砲撃する、円を描いて走って元にもどるための広い海面の必要を感じていた。乗組員は初めてパールハーバーから抜け出したいと切実に思った。

六時にエンタープライズは暗闇の中で停泊して、燃料と食料の補給を始めた。チャールズ・フォックス中佐が監督した。フォックス中佐はエンタープライズの兵站業務の責任者だった。一般社会では雑貨商、パン屋、レストラン、衣料店、金物屋、倉庫業者、出納係、会計検査官、銀行家が行う仕事が、この二、〇〇〇人の社会では中佐に掛かっていた。中佐は毎日その手配をしていた。記録を調べて、倉庫の容量と要請に対応して収容する必要な備品はどれかを決めた。倉庫の空いてる場所は清掃して、再び収納する準備をした。冷蔵場所では時間を決めて霜取りを行い、洗って乾燥した。全部で三〇〇人以上の作業班が組織されて待機した。各班は上等兵曹が指揮した。また各班は仕事の明確な役割を持っていた。

タンカーが直ぐに艦側に来てホースが渡され、石油を大急ぎで送る態勢が直ちに取られた。「ビッグE」を狙う魚雷攻撃から守るために、タグボートがタンカーの外側に喫水の深い標的台の列を並べた。それから荷物を積んだ艀《はしけ》が海軍工廠から到着し始めた。

当たりは真っ暗闇で、燃えているアリゾナの赤い炎が明滅して、船の反対側の一部を照らし出していた。その闇の中でエンタープライズの作業班は、重くかさばった荷物を艦上に揚げた。箱、缶、ベイル（訳注：輸送・貯蔵用に圧縮して鉄ワイヤーなどで梱包した大型の荷物）などを通路に並んで手から手へ渡し、それからはしごで下へ降ろして、収納すべき場所へ収めた。甲板長の助手が叫び、倉庫管理者がラベルを読んで数を数え、汗をかいた水夫達の長い列を指示が行き交った。

日中で便利な波止場からの荷揚げでも、通常は一二時間は掛かるきつい仕事だった。しかしこの一二月の夜の灯火管制の下で、エンタープライズと海軍工廠の間の船で何度も発砲した神経過敏な見張りの兵士がいたにもかかわらず、八時間で終わった。

チャールズ・フォックスは直接マレー艦長に報告するために艦橋へ行った。艦長は一日半の間、艦橋をほとんど離れていなかった。二人は第一次大戦の前の五年間、同じ駆逐艦に勤務して以来の友人だった。

「非常に結構だ。チャーリー。立派に仕事をこなした」とマレー艦長は答えた。「直ぐに出港準備が出来るぞ」。そして午前三時過ぎにタグボートが標的台を引っ張って行き、エンタープライズの高い船首をゆっくりと流れへ引き出した。今は完全に真っ暗になった中、大きな空母はもう一度油断のならない、残骸に溢れた水路を通り抜けた。そして四時までに「ビッグE」はふさわしい場所である海へ戻った。

第三章——中部太平洋の防衛

エンタープライズがパールハーバーの残骸の中から戻った海は、以前航海した海とは全く異なっているように思えた。太平洋は目に見えない敵が潜んでいる未知の海になっていた

一二月七日の一撃で、世界中の船舶が行き来していたアーチ形の大圏航路は海図から塗りつぶされた。灯台の明かりを消し、ブイを取り除き、浅瀬には機雷を敷設した。積雲のどの膨らみにも、偵察機が隠れているのではないかと疑った。月光の銀色の輝きは船舶のシルエットを浮かびあがらせ、魚雷の的にした。日の出と日没の薄明かりは、星と水平線の両方が見えるので、空からの捜索者にとっては好機であり、軍艦の乗組員はもちろん、非武装の商船の乗組員にとっても緊張する時間となった。その時間は船舶にとっては、見えない操縦席や潜望鏡から視認される時間だった。

地球上の陸地全部の面積よりも広いほど途方もなく大きい太平洋は、日本がその触手を伸ばして抵抗にあった所ではどこでも、戦いの火が付いて燃えた。パールハーバーを叩きのめした飛行機は今や謎めいたこの大洋からやって来た。その飛行機がどこへ行ったのか、或いはまたどこへやって来るのか、アメリカ人は誰も知らなかった。

ハルゼー中将はエンタープライズを率いて北西へと哨戒に出かけた。陸軍の航空防衛態勢の中で一つの戦術単位を構成していた第六戦闘飛行隊（「水兵」というコールサインで呼ばれた）が、ホ

イーラー飛行場で一晩過した後、夜明け後に帰ってきて着艦した。ホイーラー飛行場の食堂は壊されていたので、飛行隊は灯火管制をした緊急の場所を食堂として食事をとり、空いていた個人用の宿舎で寝た。そこでのただ一つの利点は酒がたくさんもらえたことである。しかしその利点をもってしても、神経過敏な衛兵が小銃を一晩中撃ったために、眠ることはほとんど出来なかった。そして早朝に飛行場の指揮官の准将が直々に付き添って、本来の合言葉を言って徒歩で自分の飛行機に戻った。

まだむかむかさせるような煙が上がっているパールハーバーの食堂から、戦闘機の操縦士達は悲劇の七日に関する話を幾つか持って帰ってきた。操縦士達は話した。ホイーラー飛行場では陸軍航空隊はブルドーザーで飛行機の残骸を一まとめにして、そしてその残骸の中から飛行可能な飛行機を三機作った。また機関銃の整備と操作を学ぶ海兵隊の訓練に参加するためにエワに残っていたエンタープライズの砲手が、教えられたことを活かして、訓練用に支給された銃で敵機三機撃墜、不確実一機の戦果を挙げ、誉められたことも知った。

またこういう話もあった。日本の攻撃部隊がやって来た時、レーダーでかなり離れた海上で探知したが、「誰もレーダー係の言うことに耳を傾けようとしなかった」。別の話はカネオへの飛行基地に関するものである。あの日曜日の朝早くに日本人の卵売りが士官宿舎へ卵を届けようとしたが、海兵隊員の門衛が卵の下に無線送信機を隠しているのを見付けた。

一〇日の昼飯の前にハルゼー中将が士官用食堂兼談話室にやって来て、操縦士達に短いが決然とした話をした。この話の趣旨は、第六戦闘隊の日誌に記された預言的な一行の所見に要約することが出来る。「ジャップ共はハルゼーに用心したほうがいいぜ」。

同じ日にエンタープライズの操縦士は、あちこち離れた場所で三隻の敵潜水艦を見付けた。三隻とも水上を航行していた。一隻は緊急潜行して逃げた。二隻目は潜水しようとしたが、第六爆撃飛行隊のドーントレスが直撃弾を命中させた。三隻目の潜水艦は第六偵察飛行隊のディッキンソンの飛行機と水上で戦う方を選び、機関銃で数分間銃撃してきた。ディッキンソンは攻撃高度まで上昇して、爆弾を艦体中央の舷側に慎重に投下した。潜水艦が停止して水中で爆発し、平らなキールを上にして沈んで見えなくなり、石油と破片が海面に広がったのをディッキンソンは見た。「ビッグE」は第二次大戦でアメリカ軍が最初に沈めた軍艦であると確信した。

乗組員がこの戦闘を知った時、そのような軽いお返しの攻撃でさえも、結局は致命傷になると喜んだ。しかし他の潜水艦の存在に非常に神経を使うことになった。中部太平洋の温かい海では貿易風で波が立ち、一〇〇種類もの鯨、イルカ、カジキ、シイラがいるので、鋭いが経験の乏しい目の見張員は、不安な気持ちから錯覚で潜望鏡や魚雷を見付けたと思った。ずっと前に船員がうっかりと舷側越しに落とした甲板掃除用のモップが、柄が垂直に立ったまま漂流し、そのため機動部隊が高速で変針して何千リットルもの燃料を空費し、一〇、〇〇〇人の乗組員が通常の仕事から戦闘配置にと走った。

水面の直ぐ下で遊び戯れていたイルカが夜、船の船首に向かって早い速度で真っ直ぐにやって来ながら、鼻から青白く輝く泡を出して、それが後ろに長く伸びていった時、潮風に焼けた駆逐艦の艦長の口の中もしばらくカラカラになった。また鯨が近くに寄って来た時は、駆逐艦のソナーには潜水艦とほぼ同じエコーが返って来て、潜水艦と同じ速度と深度で走っているように見えた。ある白い波頭の様子は潜望鏡が起こす航跡によく似ていた。それで潜望鏡を捜す時には、白波の中でも他の波とは別の方角に流れる波にだけ警戒することを学ばなければならなかった。

このように中部太平洋の島々を防衛する任務に当たった最初の数週間に、エンタープライズの未経験だが熱心な水兵と若い士官が、実際には潜水艦のいなかった海域で、一日に一〇隻以上の潜水艦を見たと報告したことは驚くには当らない。同じことは機動部隊全部にいえることである。駆逐艦は何百もの機雷を投下した。オアフ島沖で鯨とイルカにかなりの被害が出た。機雷を投下した後で疑問に思ったが、しかし数が少なくて貴重なアメリカの空母の薄い舷側を日本海軍の直径六一センチの魚雷にさらすよりははるかに良かった。

とうとうハルゼー中将は部下の将兵を落ち着かせようとして訓示を送った。もし報告のあった魚雷の航跡が全て本当なら、敵の潜水艦は今はもう魚雷は無くなったはずで、基地に戻って補給して来なければならないに違いないと。また余りにも多くの爆雷を中立である魚に浪費したとも付け加えた。

「ビッグE」の乗組員にとって、潜水艦狩りを考えるということはいいことだった。突然未知の海となった太平洋を東へと洩れ伝わってくるニュースは悪いものばかりだった。アメリカ合衆国は戦争に負けたことはなく無敵であると、歴史の本から学んでいた乗組員にとって、この一二月における戦いで次ぎ次ぎと敗北しているのは、あり得ないことが起こっているように思えた。艦隊の主力であると信じていた強力な戦艦群が穴だらけになり、パールハーバーの泥に無力に沈んでいるのを自分自身の目で見たのである。そして沈められた船の生存者が損傷を受けなかった船に配置された後、エンタープライズの乗組員は寝ている時に彼等が悪夢を見てあげる叫び声でびっくりして飛び起きた。士官用食堂兼談話室と待機室では、空いている椅子とロッカーが死んだ仲間の若い操縦士のことを思い出させた。

「ビッグE」の哨戒任務の航海は一ヶ月続いた。乗組員は艦内の新聞でウェーキ島が攻撃されていることを知り、この間送り届けた海兵隊員の顔と声を思い起こした。一二月一〇日の一日だけで、悪い知らせが次ぎ次ぎと届いた。議会が防備を固めることはしないと決めていたグアム島に日本軍が侵攻した。マニラのカヴェテ海軍工廠が爆撃されて消滅し、敵はフィリピンに上陸した。イギリス海軍の誇りである巨大な新鋭戦艦プリンス・オブ・ウェールズは地中海でドイツ空軍を撃退し、大西洋でドイツの巨大戦艦ビスマルクの撃沈に貢献した。またニューファンドランド島の入り江に行き、その艦上でウィンストン・チャーチル首相とフランクリン・ルーズベルト大統領が大西洋憲章に署名した。そのプリンス・オブ・ウェールズは巡洋戦艦レパルスと共にマレー半島沖で日本の航空隊の攻撃で沈められた。

上海からはアメリカの小さな砲艦ウェーキが無傷で捕獲され、日本海軍の一員として使われることになったという報告が来た。敵はマニラ、香港、シンガポールを目指して快進撃していた。

その間エンタープライズはオアフ島沖の北から西を行ったり来たりしていた。操縦士は日常業務の偵察・哨戒飛行を行い、眠り、トランプゲームに興じ、なぜロシアが東京を爆撃しないのか不思議に思っていた。そしてこの活気のない状態に不満を抱いて、お互いにこう言い合った。「一体全体これでも戦争しているのか」。

機動部隊が西に向かって進んだ時、乗組員の士気は上がり、再び東の方へ進路を戻した時、士気は落ちた。ウェーキ島の海兵隊の操縦士が敵の駆逐艦を沈め、巡洋艦に損傷を与えたことを聞いた時、乗組員は大いに喜んだ。第六戦闘飛行隊のある操縦士は言った。「明らかに海兵隊の操縦士は我々の教えを真剣に聞いていた」。

燃料や物資の補給のためにパールハーバーへ短期間戻っていた間、乗組員は港の惨状を見て意気消沈した。救援軍が向かったが、一二月二三日ウェーキ島は占領された。刺青をした野卑な水兵の多くは一人きりの時に涙を流した。そして更に二度潜水艦を発見し攻撃を加え、沈めるか損傷を与えるかした。

また艦内に不安な空気が満ちた時があった。これは別々に起こったことであるが、第六爆撃飛行隊のジャック・ブリッチ大尉と、第六偵察飛行隊のカールトン・フォッグ中尉が哨戒飛行から長い時間が過ぎても帰って来なかった。一時間、或いは二時間の間両者とも行方不明になったと見なされていた。艦内には緊張と沈黙が漂った。必要不可欠なスコープが一つと、偵察地区の扇型の地図がある小さなレーダー室は、新たなニュースを知りたい操縦士でいっぱいになった。それぞれの飛行隊の指揮官は時計を見つめ、残っている燃料をぞっとしながら計算した。二人とも自分が助かるために無線封止を破ろうとはしなかった。そして結局、二人とも無事に帰艦した。ブリッチ大尉は暗くなって長時間過ぎてから帰ってきた。それで緊張は解け、からかいが始まり、〝行方不明〟の操縦士に関することは全て冗談になった。しかし二人から何の連絡もなかった間は、冗談ではなかった。

ミッドウェーの西で日付変更線を越えて進み、また戻ってくる時に再度変更線を越えたので、エンタープライズは二度クリスマスを迎えた。どちらも浮かれた気分にはなれなかったが、ハルゼー中将は最初の時に〝メリークリスマス〟の信号旗を掲げさせ、二度目も最初のと同じ信号旗を掲げさせた。チャーリー・フォックスは、焼いた七面鳥の肉を付け合わせと一緒に食卓に供した。第六戦闘飛行隊は謄写版で印刷したクリスマスカードを他の飛行隊に送り、全乗組員は完全武装したサンタクロースの絵と詩を手にした。

「待機室にもクリスマスが来たが、一人の操縦士もいない。
我々は太平洋を航海しているが、それは神とノックス（訳注：当時の海軍長官）だけが知っている。
しかしそのことは検閲して削除しなければならない、そしてそれを知らせる時がやってきた。
みんな新年おめでとう、そして楽しいクリスマスを」

二度目のクリスマスの日は、機動部隊は終日降り続いた雨の中を航行した。全ての飛行は中止になったので、退屈した操縦士は一日中ベッドに寝転がって、以前のクリスマスを思い出し、また将来のクリスマスを漠然と思い描いていた。大晦日の夜は再びパールハーバーで燃料を補給し、物資を積みこんだ。

そしてもう一度ハワイの西方海域を哨戒するために出港した。それから一九四二年一月九日にエンタープライズは敵に対する本格的な攻撃を行うよう命令を受けた。

第四章――南方の海へ

一月一〇日の朝から夜までエンタープライズは補給物資を積み込んでいた。これまでとは違うことが計画されていることは、乗組員の目には明らかだった。〃ブラックギャング〃はこれまでなかったほど大量の燃料を搭載したと報告した。砲手達は今まで使ったことのない弾薬庫を開けて、一〇〇種もの爆薬でいっぱいにした。チャーリー・フォックスの倉庫係は貯肉庫と倉庫に背丈よりも高く、食料を積み上げた。第六戦闘飛行隊の操縦士は日記に簡潔に記入した。「馬に食わせるほど積みこんだ」。

一一日の正午にエンタープライズはかなりの部隊と共に出港した。重巡チェスター、ノーサンプトン、ソールトレークシティ、艦隊随伴タンカープラットである。そして駆逐艦ダンラップ、ボールチ、モーリー、ラルフ・タルボット、ブルー、マッコールが前方に扇型に広がって航行した。ハルゼー中将とマレー艦長は艦橋を飛び跳ねるように歩き、瞳にはハワイの北西方面への長い哨戒活動の間にはなかった輝きが戻っていた。

最高司令部は日本軍の太平洋での進撃の方向を見て、次ぎはマーシャル諸島とギルバート諸島の基地から南東へと矛先を向けてサモアを占領し、アメリカ合衆国とオーストラリアの間の死活的に重要な連絡路を切断するだろうと予測した。海兵隊の増援部隊は、大西洋から到着したばかりの

「ビッグE」の姉妹艦ヨークタウンを中心とする機動部隊の護衛の下に、既にサンディエゴを出発していた。二つの機動部隊の力で、サモアのパゴパゴでの海兵隊員とその装備の上陸を助けるはずであった。そして合体してそれから……。エンタープライズでは艦長とビル・ハルゼー中将だけが次ぎに起こる事態を知っていた。

この最初の戦闘に向かっての航海の初めに、「ビッグE」は次ぎ次ぎと不運に見舞われた。一二日早く、敵の潜水艦が空母サラトガを発見して魚雷を発射し、サラトガはかなりの被害を受けたのでパールハーバーへ向かい、それからアメリカ本国の海軍工廠で修理しなければならなくなったという知らせが届いた。つまりエンタープライズ、ヨークタウン、レキシントンだけで、パールハーバー攻撃に六隻の大型空母を投入できた日本海軍に対抗しなければならなくなった。

一三日には第六偵察飛行隊の操縦士が緊急事態に直面して、動転して無線封止を破り、作戦を危険にさらした。同じ日に飛行機が吹流し型の曳航標的を牽引して飛行甲板から時速一六〇キロで発艦しようとした時に、標的がバート・ハーデンにぶつかったが、バートは奇跡的にたいした怪我を負わずにすんだ。

一四日には駆逐艦ブルーの乗組員の一人が舷側から波にさらわれて、行方不明になった。

一六日は最悪の日だった。ソールトレークの上等水兵が砲塔の事故で死んだ。着艦しようとしたドーントレスのフックが着艦ギアから外れて甲板から飛び出し、キャットウォーク（訳注：飛行甲板の横に突き出ている通路）に落ちた。ドーントレスの左翼の車輪が上等兵曹の頭に当たり、その日のうちに死亡した。兵曹の名前はG・F・ローホンで、一九三八年エンタープライズが就役した時の航空機関兵だった。しっかりした経験豊富な下士官で、艦内を一つにまとめる中心人物で、それをうまくやっていた。ローホンは飛行機がカタパルトから発艦した時に牽引ロープを回収する方法を初めて考案した。また飛行甲板のバリヤーの正確に力点の置かれたシアリングピン（訳注：飛行機の衝撃を吸収するまでバリヤー(を保持する部品)を改良するのを手伝った。ローホンの死はエンタープライズでは戦争が始まって以来、敵の戦闘とは関係のない、空母の作戦の危険性がもたらす初めての死だった。

ローホン上等兵曹が死亡した同じ日の午後、第六雷撃飛行隊のデヴァステーターが偵察任務から帰って来なかった。飛行地点が解らなくなり、また燃料が少なくなったので、この操縦士も無線封止を破り、まず初めに母艦へ戻る方角を尋ね、それから海上へ着水すると伝えた。捜索機が明るいうちに発進したが、行方不明になったデヴァステーターは発見出来なかった。三人の搭乗員を救うためにエンタープライズや機動部隊を危険にさらすことは出来ないという、戦時下の作戦行動の非情な論理のため、「ビッグE」はそのまま進路を進み続けた。しかし三人の搭乗員、機長で操縦士のハロルド・ディクソン、雷撃手のトニー・パスツーラ、銃手のジーン・アルドリッチは機体がゆるやかに着水したので、無事だった。

三人は三四日間、縦二・五メートル、横一・二メートルのゴムボートに乗って、櫂を漕いだり、漂流したり、帆で走ったりした。赤道直下の太陽に焼かれ、波に揉まれながら、時折、魚や鳥を捕まえ、流れてくるココナツや漂流している木の切り株に付いている海草、貝などを食べ、雨水を貯めて飲んでどうにか生き延びた。そして荒い波を越えて、飢えて極度に衰弱しながらプカプカ島に辿り着いた。プカプカ島は不時着した地点から直線距離で一、二〇〇キロ離れていたが、実際は一、六〇〇キロも漂流したのだった。その一日後、台風がやってきた。もし海上で台風に襲われていたなら、間違いなく死んでいただろう。

入念に艦種を組み合わせて構成された一一隻の機動部隊は地球の丸い表面をすべるように進んでいった。乗組員には地球は水で出来ているように見えた。赤道付近では暑さはきびしい。エンタープライズの乗組員の顔は汗で光り、衣服は黒ずみ、びしょ濡れになった。夜は着ているものを脱ぎ捨て、寝床は汗でべとべとになった。

昼間、上空戦闘哨戒する戦闘機の操縦士は操縦席のキャノピーを開けて、時速二五〇キロの風を入れて体を冷やそうとしたが、かえって体が乾いて脱水状態になった。風そのものがまるで火山の出す噴気のようだったからである。偵察にでた操縦士は熱帯特有のスコールが降ると喜び、偵察コースを外れて雨の中を飛んだ。キャノピーを大きく開けて頭を外に出し、イルカのように息をした。一方、ボイラー室と機関室はまるで地獄だった。

一八日に機動部隊はサモア諸島の北方一五〇キロで、東西に行き来しながら哨戒を始めた。エンタープライズは敵がいると思われる北西の方角に向かって足の長い偵察機を送った。戦闘機は上空を警戒するために飛び回り、海兵隊員はその装備と一緒にパゴパゴ島に上陸し始めた。

それから機動部隊はサモア諸島にもっと近付いた。エンタープライズの乗組員は飛行甲板からずっと遠くのスバイ島、ブリティシュ・サモア島の青緑色の雲を見た。ここは宝島やロビンソン・クルーソー、戦艦バウンティ号の反乱などの本に出て来た南海の夢の島であり、クック艦長（訳注：イギリスの探検家、航海者。一七二八年生まれ、一七七九年死亡。三回にわたって太平洋を探検航海した。タヒチ島、ニュージーランド、オーストラリア、ハワイ諸島などを探検し、新しい地理上の知識をヨーロッパにもたらした。最後はハワイで原住民と戦って死亡）とその乗艦エセックスもここを航海し戦った。また樹木の生い茂る人跡未踏の谷には、ハーマン・メルヴィルの美しいファヤウェイ（訳注：「白鯨」で有名なアメリカの作家メルヴィルの南太平洋を舞台にしたロマンス小説「タイピー」のヒロイン）が住んでいた。乗組員は海のずっと向こうをもの欲しそうに見つめた。そして上陸する海兵隊員を羨ましがった。乗組員は我が家を懐かしみ、妻を愛していた。しかし彼らは男である。しかも大半が若い男だった。ジャングルの滝のような名前をしたポリネシアの若い女性が、長い黒髪にガーデニアの花を飾り、乳房を曝《さら》している様子を思い描いていた。

「ビッグE」は八日の間、哨戒活動を行った。それから海兵隊を安全に船から降ろすと、ハルゼーは二つの空母機動部隊を一つにして、北西へと向きを変えた。攻撃計画が告げられた。

ハルゼー中将に与えられた任務は、オーストラリアの生命線であるアメリカとの連絡路に対する敵の進撃の矛先を鈍らせるために、ギルバート諸島とマーシャル諸島の日本軍部隊と軍事施設を攻撃することだった。当然ここから敵が出撃してくるだろうと予想されたから。フランク・ジャック・フレッチャー少将が指揮する空母ヨークタウンと護衛の部隊は、南マーシャル諸島のヤルート島とミリ島、北ギルバート諸島のマキン島の攻撃を割り当てられた。ハルゼー自身は北マーシャル諸島のウォトジェ島とマロラップ島の昔からある、従って強力な基地の攻撃を引き受けた。アメリカの潜水艦ドルフィンが注意深く偵察して、マーシャル諸島は思っていたよりも防備は弱いと報告した。それでハルゼーは列島の真ん中にあるクウェジャリンとロイも攻撃目標に付け加えた。

一つになった機動部隊は五日間、北西へ一定の速度で進んだ。一時間毎に第一次大戦以来、防備を固めないという協約の下、日本が支配してきた海域の奥深く入っていった。日本が支配していた間は、日本以外の船舶の往来は排除されていたので、適切な海図は手に入らなかった。

サモアを出発した最初の日に第六偵察飛行隊の〝ミスティ〟・フォグ中尉は（訳注：あだ名の〝ミスティ（かすんだ）〟は名前のフォグ（霧）に掛けたしゃれであろう）、通常の偵察飛行の途中で四発の飛行艇に遭遇した。その型の敵の飛行機がこの辺りにいることは解っていたが、その飛行艇は日本軍の標識を付けていなかった。フォグ中尉は並んで飛行して、敵味方識別信号を送ったが、その敵味方不明機からは応答はなかった。曳光弾で警告射撃を行ったが、これも無視されたので、フォグ中尉は本気で射撃を始めた。最初の弾が飛行艇の大きな胴体に命中するかしないうちに、扉が吹き飛んで開いて、ニュージーランドの国旗が流れ出て来た。反対側の左舷の窓と扉からは、明らかに白人が脅えた顔で現れ、手で勝利を意味するVの字を作って出した。味方の搭乗員の行動はかろうじて間に合ったのだった。ハルゼーの部隊は今敵に発見されるわけにはいかなかった。

一月二八日に燃料の補給を行った。朝の光が差してから夜になるまで、灰色の艦体の船はタンカープラットの横に並んで、ホースを渡してポンプが動き、黒い〝海軍特製の〟石油がからっぽの燃料タンクに注ぎ込まれた。小さな船が至急に燃料を必要としていたので、まずそっちから補給を行った。「ビッグE」の順番がきた時は夜の八時だった。暗くなっていたが、敵の海域なので、明かりを点けることは出来なかった。これまで空母や戦艦のような大きな船が夜に外洋で燃料の補給を行ったことはなかった。しかしエンタープライズは燃料を補給しなければならなかった。攻撃するために高速で進み、航空作戦中は移動し、攻撃が終わってからは大急ぎで避退しなければならなかったからである。

海を航行中の軍艦の補給作業には正確な知識と能力が必要である。二隻の船は何時間も同じ速度で走り、お互いの間隔が六メートルから二〇メートルの間で、完全に平行な進路を保つことが要求される。その間に補給物資が両者の間の狭く早い海水の流れの上を渡される。敏速で熟練した技能と的確な判断が必要である。特に補給を受け取る船には。多くの場合、艦長自身が操艦し、最高の舵手を舵に付け、命令を伝えるために一番有能な伝達手を側に置いた。機関室では選ばれた機関士がスロットルの側に待機した。甲板では主任甲板長の助手が乗組員に指示して、重い綱とホースを動かした。綱を扱う乗組員は救命胴衣を着用しなければならなかった。甲板の一番端で作業するし、海は二隻の船の垂直な舷側に挟まれて波が激しく沸き立っていたから。
二五、〇〇〇トンの空母と一五、〇〇〇トンのタンカーが一五メートルまで近付いて、八ノットから一二ノットで動く時に発生する大きな力は、計算することも想像することも難しい。時々起こったことだが、どちらか一隻の船がもう一隻をこすった場合、こすった所の鋼鉄の構造物は、まるで正面衝突したように、ちぎれて切り裂けた。外れたマニラ麻の太いロープが跳ね返って、人が死ぬこともあった。

敵の支配する南太平洋での一月の夜、ジョージ・マレー艦長は、まるでロング・アイランド海峡の夏の昼間に行うように、エンタープライズをタンカーのプラットに横付けにした。ゆっくりと、着実にマレー艦長は速度を落として二隻の船が接近して横に並ぶようにした。艦長は艦橋からタンカーの甲板を見下ろせた。それから五時間半の間その位置を保っていた。

「ビッグE」の乗組員と機関士がその後を受け継いだ。綱と補助綱を投げて、相手がそれを受け取り、その丸い輪につながれたホースを渡して固定し、二隻の船の間の波の泡立つ海の上を通って石油を注いだ。甲板の下では〝石油王〟とその助手が、空母のバランスと復原力を維持するために、石油の注入を一つの燃料タンクから次ぎのタンクへと指示した。二隻の船の距離が変わっても、綱は一定の張りを保つようにずっと見張っていた。斧と鋭利なナイフを持った水兵が、敵の攻撃や他の緊急事態が起こった場合に、綱やホースを切るために待機していた。午前一時半に「ビッグE」の燃料タンクはいっぱいになり、部隊の本来の位置に戻った。

二九日の夕方、エンタープライズとヨークタウンは別れて、それぞれの攻撃目標へ向かった。二つの空母機動部隊は視界外を並行して西へ進み、日付変更線を越えて、三一日を迎えた。いよいよ次ぎの日に戦闘が始まるのだった。

戦いの前日に、ジム・グレイ大尉が防備の強化を強く主張し、それでウエイド・マクラスキーは第六戦闘飛行隊の機関科士官ロジャー・W・メール大尉と一等兵曹長に操縦席の装甲の強化を命令した。二人はボイラーの鉄板から巧妙に作った装甲板を、飛行隊の全てのワイルドキャットの座席の背後に取り付ける作業を指示・監督した。

ハルゼー中将は機動部隊の全艦艇に曳航の準備をするよう命じた。これはかなり長く手間のかかる作業だった。重い牽引ロープを取り出して輪にし、他の装置に引っ掛からず自由に伸びるようにして、また巻き上げ機の準備もし、特殊な道具と機材がすぐ手の届く所にあるのを確認した。この準備をすることで損傷を受けた船を、危険な場所から一刻でも早く動かせるのである。

午後遅くにレーダーが敵の哨戒機を捕らえた。空は晴れていて風は穏やか、陽が照っており、視界は非常に良かった。今敵に発見されたら、敵の基地を壊滅させるという慎重に計画された緊急度の高い作戦が、空母が陸上基地の爆撃機の大群と戦うという危険な防衛戦に変わってしまうだろう。

ハルゼー中将が呼び出された。エンタープライズの小さなレーダー室で、ハルゼーはスコープの上を動く小さな輝点を見つめていた。薄暗い部屋は機械装置の光を放つチューブの熱で暑かったが、声を出す者はおらず、ただ作図係に距離と方位を告げるレーダー手の声だけが響いた。敵機は着実に近付いて来た。六〇キロ、五七キロ、五六キロ、五五キロ。敵の飛行機は今や艦尾真後ろに来た。AIR PLOT（訳注：飛行機に指令を出す指揮室）では後ろの海面に長く伸びる航跡が見つからないかと心配した。無線受信係は日本軍の周波数にダイヤルを合わせて、敵発見の報告が聞こえないか耳をすませた。それから距離はゆっくりと遠のいていった。レーダーの輝点は針路を真っ直ぐに進み、数分後にスコープから消えた。

どういうわけか敵の操縦士は機動部隊を見逃した。あり得ないことだった。すっかり安心したハルゼーは日本語の出来る情報将校を呼んで、マーシャル諸島の敵の提督宛に、偵察機がアメリカの機動部隊を発見しなかったことに感謝する手紙を口述筆記させた。その手紙の写しを書いて、翌日マーシャル諸島で投下した。

エンタープライズの真っ暗な艦橋ではマレー艦長が顔に風を受けながら、指揮する強力な艦が足の下で戦いを熱望しているのを感じていた。また近くで当直が緊張して警戒しているのに気付いており、舷側の海の上をヒューという音が過ぎるのと、大砲を動かす電気モーターが時折甲高い音を立てるのを聞いていた。艦長は、初めての戦闘に向かって全速力で走りながら、エンタープライズの能力と限界を冷静に検討していた。

「ビッグE」はヴァージニア州ニューポート・ニューズでゆっくりと注意深く、手間暇かけて建造された。適正な経費を節約しなかったし、儀装をするのに代用材料を使用することもなかった。アメリカではエンタープライズより前に空母として設計・建造された軍艦は二隻だけだった。アメリカ人は一か八かの冒険はしたことはなかった。そして更に艦長が安心できることは、乗組員と飛行隊員の双方が充分な訓練を受けているということだった。アメリカ海軍の操縦士は一般的にいって、世界で一番訓練されていると認められていた。かつこの機動部隊の飛行隊は何週間もの作戦活動ときびしい実戦さながらの演習によって更に鍛えられていた。艦長は他のどの空母にも、これ以上熟練した航空隊はないことが解っていた。また乗組員に関しては、各部署に経験を積んだ古強者がおり、その知識と模範となる行動は全ての水兵に伝わった。

乗組員は第一次大戦と第二次大戦の間に、何年もの歳月をかけて養成されたのであり、この両大戦の間は人がいやでも自己保身を学ぶということはなかった。また海軍は入隊する者をじっくり選んだし、再入隊に際して振い落とした。そして務めを続けた者は仕事をきちんとこなすことに、表には出さないが誇りを持っており、船と任務に忠誠心を抱いていた。この忠誠心は言葉にしなくとも次ぎ次ぎと伝わっていった。

艦長は知っていた、エンタープライズでは乗組員は金の地位と鷲の等級を持っていることを。また乗組員はたくさんの名声を得ていることを。一九三八年五月に「ビッグE」が就役した時、乗組員は折り目のついた、染《し》み一つない白い制服を着て甲板に整列した。もし敵を打倒したなら、幸運と勇気を備えた大勢の者が再び甲板に並ぶであろうことを。そしてもっと大きくて、もっと強力な空母が現れたら、エンタープライズは退役することを。軍艦は乗組員の力で支えられている。

ビル・ハルゼー中将は己の決然とした闘志を艦内全部に及ぼしていたが、今は眠られずに部屋で煙草をふかし、コーヒーを飲んでいた。始まったばかりの戦争で、アメリカが初めて攻撃をかけるこの時に、作戦の責任はハルゼーの肩に掛かっていた。率いる二つの非常に貴重な空母部隊はお粗末な海図しかない海を西へと進んでいた。その海には海面すれすれの高さの珊瑚礁の島が散らばり、敵が我が物顔に走り回っていた。飛行隊発進の二時間前に参謀将校が、風に乗って顔に砂が当たっていると報告した。ハルゼー中将はそっけないいつもの口調で、直ちに艦の現在位置を入念に調べるよう命令した。そして直ぐに〝砂〟はレーダー台から吹き落ちてくるのが解った。見張員がそこで砂糖をコーヒーカップに入れていたのだった。

二月一日の午前三時、全乗組員は起こされた。満月がまだ西の空高くかかっていた。風はなく、海は軍艦の暗い影の間を東へと静かに流れているように見えた。搭乗員は朝食を摂《と》りに行った。いつものように食欲旺盛な者もいたが、多くの者は食欲がなく、話し声もなく、食事が終わっても手つかずの皿がたくさん残った。

四時半までに操縦士は作戦の説明を受けて、待機室から列をなして飛行甲板へ上がっていった。そこではエンタープライズの決定的戦力の準備が整っていた。出動可能な飛行機には全てガソリンを給油し、割り当てられた任務に応じて、各種の爆弾と弾薬を搭載した。機長は暗闇の中で待機し、操縦士を席に着かせ、乗機の正確な状態を報告した。搭乗員は月明かりでぼやけてゆがんで見える飛行機の、プロペラと尾翼と畳んだ翼の間を注意しながら歩いた。

拡声機から「エンジン始動」の声が飛行機と人でいっぱいの甲板に響き渡った。この最終命令で、飛行機は発進にとりかかった。始動モーターがしぶしぶ動いた。大きなプロペラが回り、止まり、またゆっくりと回り、円盤を描いた。排気ガスは赤く燃え、それから白くなった。青い煙が駐機している飛行機の間をぐるぐる回り、そして艦尾の方へ流れ去った。

燃料や爆弾を満載した飛行機に発艦できる風力を与えるために、エンタープライズは三〇ノットまで速度を上げた。そして午前四時四三分、最初のSBDドーントレスがアイランドの横を轟音を挙げながら通過し、ゆっくりと夜の空へ上昇していった。次ぎ次ぎと唸り声が絶えることなく続き、飛行甲板は直ぐに空になった。三六機のドーントレスから成る第六偵察飛行隊と第六爆撃飛行隊は、二五〇キロ離れた長いクウェジャリン環礁の北端にあるロイ島へ向かった。第六雷撃飛行隊の九機のデヴァステーターが後に続き、クウェジャリン環礁の南端の投錨地へ向かった。第六雷撃飛行隊のほかの九機は魚雷を搭載して、出現するかもしれない大きな艦艇に備えて、予備の部隊として艦上で待機していた。爆撃機と雷撃機の合同部隊は〝クウェジャリン攻撃部隊〟と名付けられ、三七機目のドーントレスに乗るハワード・ヤング中佐が指揮していた。攻撃部隊が飛び立つと直ぐに、ワイルドキャット六機が発艦し、反撃に備えて艦隊の上空警戒に当たった。

こう書くと簡単なようであるが、実は発艦は容易ではなかった。操縦士は狭く暗い飛行甲板を重い機体を走らせて、甲板の端にある、覆いのついたほの暗い明かりを見付けるために首を伸ばした。そして甲板の先端で爆弾と燃料で非常に重くなった機体を上昇させた。それから真っ暗な空中で、先行する機の尾部の小さな白い明かりを見付けなければならなかった。どちらかの側に排気の青い輝きを見て、星ではないことを確認してから合流した。またいくらスロットルを前へ強く押すことが好きでも、速度を上げて前方の機に接近することは出来なかった。後から来る飛行機の操縦士が自分の機の尾部の白い明かりを捜してついて来ようとしているからだった。そういうことが重なれば、編隊の合流ができなくなっただろう。

爆弾、燃料を満載した飛行機は暗闇の中、円を描いて上昇していき、目標へ向かう飛行隊形を組んだ。この夜のように二個半の飛行隊が事故もなく無事に集結するのは、充分な訓練を積んだ熟練した操縦士だけができることだった。そして更に幸運も必要だった。二つのドーントレスの飛行隊が円を描いて回る線は交差し、階段状の編隊は互いに水平に進み、二機の爆撃機が、二機の偵察機

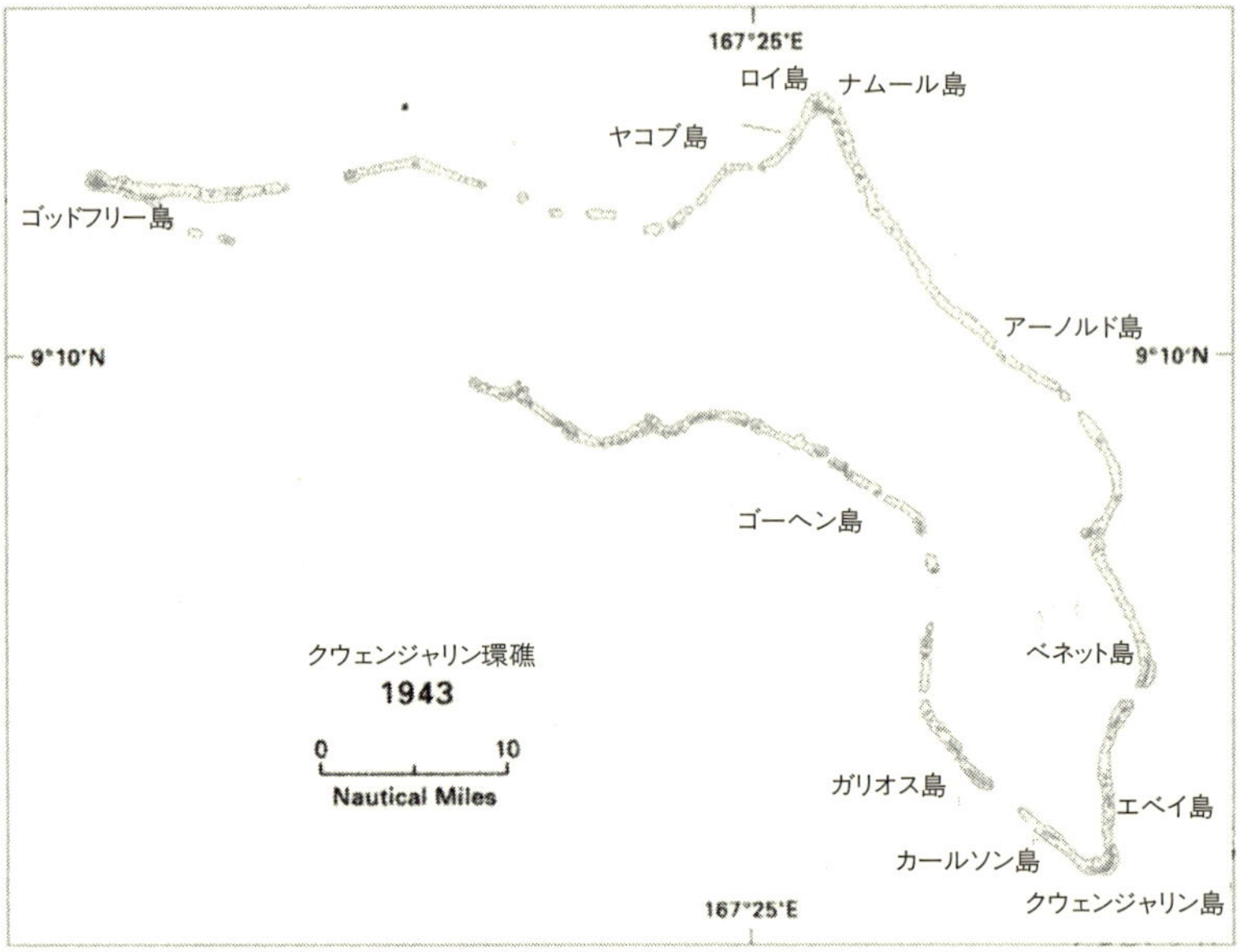

の間を通過している一機の偵察機か或いは一機の爆撃機の上と下を滑るように通過した。どうにかこうにか事故はなかった。

しかし六時一〇分にグレイが戦闘機六機をマロエラップに向かって発進させた時、D・W・クリスウエル少尉が暗闇で方向を見失い、きりもみしながら海に落ちた。第六戦闘飛行隊は敵がまだ眠っているにもかかわらず、操縦士一名を失った。

エンタープライズの第一次攻撃は、六時五八分に一斉に全ての目標を空襲するよう計画されていた。日の出のちょうど一五分前である。その時刻なら操縦士が攻撃目標を見付けるのに充分な明るさがあり、敵は朝早いのでまだ眠っているはずだった。

ヤング中佐が指揮するクウェジャリン攻撃部隊は、一番遠くまで行かねばならなかった。西の方へ向かい、沈む月に向かってゆっくりと上昇した。ドーントレスは後続の機が下に占位するV字形編隊飛行隊形を取り、さらにそのV字形編隊飛行隊形同士が重なりあって梯形飛行隊形を形作った。銃手はキャノピーを開けて、斜め上を向いた連装の銃身越しに、後方を睨んだ。操縦士は翼越しにお互いの顔を見合い、明るくなってきた空を見回した。下の方では夜遅い月の明かりで積雲の塊がいくつか照らし出されていた。海上には珊瑚礁のほっそりした輪が見えた。

攻撃部隊は高度四、二〇〇メートルで水平飛行に移り、目標に近付くにつれて速度を上げた。風のない夜明けで、クウェジャリン環礁を形作っている珊瑚礁の島は平らで変形した楕円の形をしていたが、その時は半分霧に隠れていた。五キロ南にある島の一つが敵の基地があるロイだった。時刻は六時五三分だった。攻撃目標まで五分で行かなければならなかった。

偵察飛行隊を率いるハルステッド・ホッピングと、爆撃飛行隊の先頭にいるウィリアム・ホリンズワースは手許の古い海図と、眼下に散在している小島とを見比べた。島々はかなり暗く、霧のため曖昧としており、二人は頭を振った。そして攻撃部隊の指揮官であるブリッグ・ヤング中佐のドーントレスをちらりと見た。

ヤング中佐は、二人が自分が明るい緑色をしたおぼろげな影のどれがロイ島か知っているのかと考えたのだろうと思った。しかしロイ島がどれだろうと、率いるSBDドーントレスの編隊ははっきりと見えるし、三七機のエンジンの出す音は敵の戦闘基地に明瞭に聞こえることも知っていた。ヤング中佐は間違った目標に爆弾を落として無駄にしたくなかったし、現在の状況では自分が正しい目標を自信を持って識別するのは不可能だった。それでヤング中佐の合図で、編隊は大きな円を描いて旋回して北へと向かった。旋回する途中で緊張した銃手の指が引き金を引いたので、第六偵察飛行隊の間に曳光弾が飛び散った。負傷者は出なかったが、操縦士の神経は休まらなかった。

攻撃部隊がクウェジャリン環礁に引き返した時、ロイ島の霧は晴れて、明るさが増すにつれて容易に見分けられるようになった。ハルステッド・ホッピングが指揮する第六偵察飛行隊の先頭のドーントレス六機は急に斜めに機体を傾けて、滑空爆撃の態勢に入った。アール・ギャラハー率いる第二小隊の六機がその後に続き、ディッキンソン率いる六機が更にその後ろから続いた。

敵はすっかり目覚めていて、対空砲を直ぐに撃ってきた。ドーントレスが降下した時、戦闘機が珊瑚の滑走路から上昇してきた。偵察飛行隊が急降下した時、砲火は激しくなった。黒煙が急に機体の周囲で炸裂し始め、操縦士と銃手の体を揺さぶった。ホッピングは長い水平の滑空で真っ直ぐに突っ込んだ。そして高度三〇〇メートルで海岸を越え、飛行場の上空で爆弾を投下した。敵の砲手はこの先頭の機に砲火を集中した。水平飛行をしており、狙い易い標的だった。離陸したばかりの日本の戦闘機も背後に迫ってきた。地上の対空砲火と戦闘機の機関銃弾が二～三秒間ホッピングのドーントレスの機体で交差し、ホッピングと銃手も機関銃を撃ち返した。それから機体はロイ島の向こう側の海へ落ち、直ぐに沈んだ。ハルステッド・ホッピング中佐は第二次大戦で初めて日本の占領地へ爆弾を投下したのだった。

第六偵察飛行隊のほとんどの操縦士は隊長機が撃墜されたのを目撃した。それで仕返しにロイ島を屠殺場にした。ディッキンソンは二〇〇ポンド（九一キロ）爆弾を大きな建物に投下し、ノーマン・ウエストは弾薬庫に爆弾を命中させた。弾薬庫は閃光と轟音と共に吹き飛び、飛行場の周りの建物は全てぶっ壊れた。

小型の二〇〇ポンド爆弾二個を投下したが、五〇〇ポンド（二二七キロ）爆弾で爆撃するのにふさわしい目標が見つからなかったので、第六偵察隊の飛行機は五〇〇ポンド爆弾を抱えたまま、機銃掃射をするために引き返してきた。敵の基地の上を低く飛んで固定銃で、駐機している飛行機、車両、兵員を直接攻撃した。この標的が操縦士の視野で非常に大きくなったので、操縦桿を引いて急上昇して旋回し、銃手に回転砲塔で狙うようにさせた。太陽はまだ完全に昇っておらず、曳光弾は地面に当たって、全くばらばらの方向に跳ね返った。

敵の戦闘機二機がV字型の隊形をとったドーントレス三機を攻撃してきたが、回転砲塔の射撃を集中して追い払った。それで敵の操縦士は射程外で飛行ショーを見せた。宙返りし、ゆるやかに横転し、そして連続横転に移った。見事なショーだったが、急降下爆撃機には何の効果もなく、ドーントレスは敵の基地の攻撃を続けた。

七時を過ぎて直ぐに、ちょうど太陽が昇り始めた時だったが、航空群指揮官の威厳ある声が、ロイ島の混乱した戦闘を突っ切って聞こえた。「大型爆弾にふさわしい目標発見。大型爆弾の目標がクウェジャリン島の停泊地にあり」。

第六爆撃飛行隊は直ちに部隊から離れて、大型爆弾を残していた第六偵察飛行隊の無傷の機と一緒に南へ向かった。ドーントレス四機と搭乗員をロイ島で失った。しかし非情な言い方であるが、戦闘の勘定においてはアメリカは黒字だった。日本軍は三機の戦闘機が撃墜され、地上で爆撃機七機と弾薬庫、大きい格納庫二つ、燃料貯蔵所、無線基地が破壊された。

ヤング中佐の声はエンタープライズでも受信した。それで待機していた九機の雷撃機は発進の準備をした。

第六雷撃飛行隊の隊長ジーン・リンゼー大尉が爆弾を搭載した九機のTBDデヴァステーターを率いてクウェジャリンの停泊地にやって来た時、敵の艦船が何隻か停泊していた。機体が大きくて低速のデヴァステーターにとって幸運なことに、敵の戦闘機の迎撃がなかった。リンゼー大尉は他の飛行機も呼び寄せた後、部下に船のマストの高さまで降下させた。低高度での奇襲攻撃で敵の砲手は慌てふためいた。対空砲火は激しかったが、全く狙いが外れて命中しなかった。それどころか低い角度で混乱して砲撃したので、味方の船や施設に損害を与えた。

ドーントレスはロイ島からスロットルを必死で前へ押して、ずっと上昇しながらやって来た。そしてクウェジャリン上空に到着した時、軽巡洋艦一隻、潜水艦五隻、大型の商船二隻、それにタンカー三隻がいるのを見た。またもっと小さな船が十何隻もいた。リンゼー隊の攻撃により、多くの船が煙を出したり、傾いたり、座礁したりした。

ホリングスワースは自分の編隊を梯型に組み替えて攻撃を命じた。ドーントレスは次ぎ次ぎに速度を落として、ダイブフラップ（訳注：急降下の時に限界加速度を超えないようにするために取り付けたフラップ）を開いて、七〇度の急降下に入った。そして夜明けの空から急降下して爆弾を投下した。逆上した敵は砲を上に向けて、撃てるものは何でも撃った。対空砲火は上空で広範囲に炸裂したが、慌てて照準したのと、信管を特定の高度にセットしていなかったため効果はなかった。ドーントレスは対空砲火をくぐり抜けて飛びかかり、爆弾を投下した。敵の船の周囲には水柱が立ち上がり、爆発が船体を揺さぶった。また機銃掃射が甲板を襲った時、乗組員は海へ飛び込んだ。

攻撃が終わった後、クウェジャリンの日本軍は施設を修理し、死体を片付け、負傷者の手当てをし、また大砲へ弾薬を補給した。すると五〇分後にレム・マッシー率いる予備だった九機の魚雷装備のデヴァステーターがやって来た。マッシーは梯型の編隊の右側にいて、高度二〇〇メートルから攻撃を掛けた。マッシーの機は対空砲火を避けるために急角度で方向転換して、ジグザグに進んだ。空中には無線電話が満ち溢れた。「ジャック、その巡洋艦に手を出すな。そいつは俺のものだ」「やったぜ」「見ろ、あの大きなやつが燃えてるぜ」。

マッシーの雷撃隊はタンカー二隻と大型輸送船一隻を見付けた。この輸送船は近付いて調べてみると定期旅客船を改造したものと解った。この三隻の船全てには既に少なくとも五〇〇ポンド（二二七キロ）爆弾一発が命中していた。軽巡洋艦がラグーン（訳注：珊瑚礁の輪に囲まれた海面）の出入口へ向かっているのが解ったので、パブロ・リリー中尉は自分の三機から成る分隊と共にそちらへ送られた。巡洋艦には魚雷二発が命中して停止して大きく傾いた。大砲が間をおいて砲撃の音を響かせた。九機の雷撃機の投下した魚雷のうち、六発が命中したと報告があった。そして鈍重で攻撃を受け易いデヴァステーターは全機無事にエンタープライズへ帰艦した。

航続距離の長い編隊がロイ島とクウェジャリン島の停泊地を攻撃している間、マクラスキーの指揮するワイルドキャット隊は母艦の近くで警戒に当たっていた。ジム・グレイ率いる五機の戦闘機は南の方、マロエラップへ向かった。ヤング中佐がクウェジャリンで困ったように、グレイも地図と航法の不備に直面した。そのためマロエラップ環礁のテジャンという、ほとんど人がいなくて軍事施設も全くない島に、どの機も二つの一〇〇ポンド（四五キロ）爆弾のうち、一つを落として無駄にした。その後、上昇して直ぐに本来の目標であるタロアの敵の飛行場を発見した。

飛行士達はタロアには珊瑚の仮設の滑走路、格納庫それに六機くらいの飛行機があるだろうと予想していた。しかし眼下に見たものは、フォード島の基地に引けを取らない一級の基地だった。新しく出来たばかりの長さ一・五キロのコンクリートの滑走路が二本、早朝の日の光に輝いていた。そして滑走路の間に三〇機から四〇機の双発の爆撃機が駐機していた。そのすぐ傍らに小さい海軍工廠、美しい石造りの事務所用建物と無線基地があった。そしていつの間にか敵の戦闘機が上空に来ていた。

グレイのワイルドキャット隊は残っていた爆弾を急いで海軍工廠に投下し、駐機していた爆撃機の上を二～三回往復して機銃掃射した。この時が本当の危機だった。もしこの日本軍の爆撃機が爆弾や魚雷を積んで発進したらエンタープライズがどうなるか、ワイルドキャットの操縦士達には解っていた。機銃掃射で敵の爆撃機の機体に多数の穴を開けたが、焼夷弾は装備していなかった。ラルフ・リッチの機だけが装備しており、敵機を炎上させることが出来た。それから日本軍の戦闘機との戦いが始まると、「ビッグE」の操縦士は機関銃の故障に直面した。一一月の初めから第六戦闘飛行隊は機関銃が故障する問題を解決しようとしてきていた。翼の弾薬筒に弾を限度いっぱい詰めた時は何時でも、この故障は起こっていた。飛行しては修理を繰り返して、故障の発生は減ってきていたが、この大事な日に全てのワイルドキャットの機関銃が次ぎ次ぎと故障を起こし、直らなかった。

それをものともせずにローウィーは二回目の機銃掃射から急上昇して、敵戦闘機の編隊へ突っ込んでいった。そして敵機が正面から向かってきたので、プロペラを敵機にぶつけようとしたら、敵の操縦士は怖気《おじけ》づいて上昇して逃げた。

グレイは日本軍の戦闘機の存在に気付くのが遅れた。三度目の機銃掃射を終えた後、敵の戦闘機が一機前方に上昇してきて初めて気付いた。機関銃のうち一丁がまだ作動していたので、見事な射撃を行った。敵機は追い風で着陸しようとしたが、失敗して墜落して爆発し、飛行場に四〇〇メートルにわたって火災と煙を撒《ま》き散らした。この時までにリッチ、ローウィー、ヘイセル、ホルトは爆弾がなくなり、機関銃も故障したので、母艦へと帰っていっていた。それでグレイが一人だけ敵機と共にタロア島上空に残された。他に重巡洋艦チェスターから飛び立った四機の観測機がいた。チェスターはちょうど砲撃を始めたところで、その弾着観測のために飛んできたのだった。

グレイは危険な立場にいた。自分一機で一二機くらいの敵の戦闘機と戦わなければならない。そして真下では巡洋艦の八インチ砲弾が曇り空に砲弾の弾片と残骸を吹き上げているのである。グレイはどうにか雲を見付けて、その中に逃げ込んだ。しかし方向舵は効かなくなり、燃料タンクの一つには弾の穴が開いていたので、ガソリンが全てそこから流れ出した。

グレイが無事着艦した時、飛行機の収容に当たった者は機体に三〇から四〇の穴が開いているのを見た。プロペラにも一つ穴が開いていた。グレイの機はブレーキが撃ち飛ばされ燃料もなかったので、アレスティング・ギアから手で外して押して運ばなければならなかった。操縦士を守るための手作りの装甲板には一五ものへこみがあった。チャーリー・フォックスはグレイの飛行機はまるで〝夏の間中ずっと屋根裏部屋を飛び回っていた蛾〟のようだと言った。

ウェイド・マクラスキーは六機の戦闘機を引き連れてウォトジュへ向かった。自分のワイルドキャットの車輪を格納すると直ぐに、目標の上空に達した。ずんぐりした四角い翼のグラマン独特の形をしたワイルドキャットは敵の飛行場と港に猛スピードで急降下し、攻撃する価値があるとして注意を引いたものは何でも爆撃し、また機銃掃射した。エンタープライズの甲板から乗組員は命中した目標から煙が上がるのを見ることが出来た。ワイルドキャット隊は敵基地上空で二度急降下した。それで敵の大砲と注意が全て上空を向いている時に、重巡洋艦ノーサンプトンとソールトレークシティからの最初の一斉射撃が海上から轟いた。そしてコンクリートと珊瑚を朝の空高くふっ飛ばした。

全ての攻撃部隊からの報告が届いた時、ハルゼー中将には自分の機動部隊への脅威は、タロワ島の新造の大きい飛行場にいる一二機の爆撃機であると解った。それで重巡洋艦チェスターと護衛の駆逐艦がタロワの敵を釘付けにしている間に、ロイから帰ってきた第一次攻撃隊の急降下爆撃機はタロワ攻撃のため、整備を受け、爆弾と弾薬を搭載した。

ビル・ホリングスワースがこの第二次攻撃部隊を指揮した。七機は自分の爆撃機隊の、二機は偵察飛行隊の飛行機である。目標までずっと上昇し、太陽を背にして流星のように急降下した。ホリングスワースが爆弾三つで駐機していた七機の爆撃機を吹き飛ばした。そして僚機が格納庫に爆弾を命中させた。恐らくガソリンがいっぱい置いてあったのだろう、格納庫は激しく炎上した。三番目の爆撃機は別の格納庫に爆弾を命中させ、三機の戦闘機を撃破した。他の爆撃機も同じように、並んでいた敵の飛行機と、もっと敵機がいるかもしれない格納庫に攻撃を集中した。

母艦へ帰る途中でホリングスワースの編隊は同じ目標へ向かう九機のドーントレスとすれ違った。指揮していたのはリチャード・ベスト大尉だった。このドーントレスの部隊はタロワで敵の戦闘機の群れと嵐のような対空砲火に突っ込んだ。前の攻撃で敵は奮起していたのだった。ドーントレスは駐機している飛行機目掛けて恐れずに急降下し、その間、銃手はずっと敵の迎撃機と戦った。

ペリー・トレフは日本軍のナカジマの戦闘機（訳注：隼のこと）との長い戦闘で撃墜されずに、奇跡的に任務を果たした。エド・クロージャーは敵の飛行機を一機撃ち落としたが、別の敵機から足を撃たれた。しかしその敵機を銃手のアキリーズ・ジョルジオが撃ち落とした。オアフ島のカネオへ基地でコンクリートミキサーとブルドーザーの間に着陸した経験があるバッキー・ウォルターは、爆弾三つを投下して、無線塔を倒し、燃料貯蔵庫を吹き飛ばし、また新造の事務所用建物を破壊した。編隊の最後部にいたジャック・ドーティー少尉は敵の戦闘機を味方の飛行機に近付けまいとして戦った。その後攻撃を行ったが帰艦できなかった。少尉のドーントレスが三機の隼に囲まれて、もがいてのたうち回っている時に、最後の通信があった。「このいまいましいジャップは俺を撃墜できないぞ」。

最後の攻撃部隊がエンタープライズに帰ってきたのは午後一時だった。機動部隊は九時間もの間幅九キロ長さ四〇キロの長方形の範囲で行動していたのだった。そこはウォトジェ島の視界内で、敵の六つある航空・艦隊基地の間近だった。エンタープライズはこの間二一回、攻撃部隊を発進させ収容した。艦底のボイラー室で絞り弁やバブル弁を調節する機関員は汗を滴《したた》らせていた。格納庫甲板で損傷した飛行機をせっせと修理する整備員の青く薄いシャツも汗で汚れた。腋《わき》の下から背中の真中へ染みが広がり、体にぴったりと張り付いた。飛行甲板では遮《さえぎ》るもののない太陽の下で、飛行機を手で動かすプレーンハンドラーの明るい色のジャージーも、プロペラが巻き起こす風や甲板と飛行機のカウリング（エンジンカバー）の埃と油で湿り汚れた。機関銃の銃座と五インチ砲の砲塔では、灰色のヘルメットの下から汗が滴り落ちてきて、目に沁《し》み鼻の端からぽたぽた流れ落ちてきて、皆困った。

「ビッグE」は大海原の一角を行ったり来たりし、爆弾や弾薬を搭載して重くなった飛行機をゆっくり発進させ、軽くなり敵の砲火で穴の開いた飛行機を大急ぎで収容した。乗組員は拡声機を通じて戦闘の様子を聞いた、上級士官の操縦士が目標を割り当て、攻撃と避退を命じる声を。死を送り込む者の叫び、悪罵やすすり泣きを。また穴の開いた飛行機と負傷した飛行士をみて呆然とした。地平線にはウォトジェの砲火と火災が見えた。帰ってきた操縦士は自分の編隊の待機室に大急ぎで走って行き、仲間が最後の攻撃から無事に帰ったかどうか確認した。記録係の将校は飛行士から話を聞き、敵に与えた損害を見積もるのが仕事だったが、汗まみれのカーキ色の制服を着た興奮した若い飛行士にずっと囲まれて、起こったことを手をうまく動かして正確に説明した。

ビル・ホリングスワースが艦橋でハルゼー中将とマレー艦長に報告した時、意見具申を行った。

「提督、そろそろここから去った方がいいのではないでしょうか」

ハルゼー中将も幸運が何時まで続くのかと思っていた。その頃、潜望鏡発見の報告が届いていた。またエンタープライズの飛行機がこの地域の敵の航空兵力全てを撃破したと思うのは余りにも楽観的だった。ハルゼーはホリングスワースに言った。「本官も同じことを考えていた」。それで「ビッグE」は直ちに向きを変えて、パールハーバーの方角へ三〇ノットで進んだ。

基地への進路を辿り始めたので、緊張は少し緩んだ。飛行機は全て艦上で休んでいた。いつもの上空戦闘哨戒任務の機だけが上空を飛んでいた。二時二〇分頃、日本軍の五機の双発の爆撃機が散開したV字の隊形で、低い雲からエンタープライズの右舷の艦首方向に現れて、浅降下で攻撃を掛けてきた。

数秒後、機動部隊の全ての砲が射撃を開始した。しかし初めて本当の動く目標を射撃したので、砲手は興奮して、攻撃してくる飛行機の予測飛行地点に照準を合わせずに、今いる地点を真っ直ぐに狙った。ハルゼーは後にこう書いている。「わが部隊の対空砲火は水鉄砲も同然だった」。

敵の編隊はエンタープライズを真横から攻撃しようとして、一直線にやって来た。飛行甲板にいた「ビッグE」の乗組員は、敵機の爆弾倉が開いて爆弾が投下されるのを見ることができた。大型の爆弾が周囲の海に落ちて爆発し黒い水飛沫を吹き上げた時、艦体は震え飛び跳ねた。

水線下の機関室では機関員が仕事を続けていたが、爆弾が爆発した時は巨大なハンマーで艦体を強く叩いたような音がしたので、おもわず上を見上げ耳を澄ました。一五個の爆弾が投下されたが、全て艦体を越えて左舷側へ落ちた。一個の爆弾は左舷後部甲板から僅か一〇メートルの所に落ちて炸裂した。破片が艦に襲来してガソリンのパイプを切断し、こぼれたガソリンが燃え上がった。また左舷のキャットウォークで機関銃を操作していた二等航海士ジョージ・H・スミスの片脚をこなごなにした。スミスは戦闘が終わるまで射撃を続けた。その後、仲間が診療所まで運んでいった。スミスはそこで二時間後に死んだ。エンタープライズの艦上での最初の戦死者だった。ダメージコントロール班が直ちに火災を消した。

「ビッグE」の上空にいた最後の敵の爆撃機は上空哨戒戦闘機のため既に損傷を被っていたので、エンタープライズの甲板で自爆しようとして、突然編隊から離れて左へ急降下して、円を描くように回ってきた。マレー艦長は事態を察知したので取舵いっぱいを命じた。狙える砲は全てこの狂信的な攻撃機に射撃を集中した。何発も弾が命中したが墜落せず、翼の縁から機関銃を撃ちながら、エンタープライズに向かって絶望的な体当たりを試みた。マレー艦長の急速な右への転舵指示と、ブルーノ・ピーター・ガイド二等航空機関士の機敏な行動がなければ成功したであろう。「ビッグE」が眼下で急に針路を変えたので、その敵機も飛行甲板に突入するように方向を変えようとした。ブルーノ・ガイドはキャットウォークの戦闘場所から敵機の操縦士がエンタープライズへ体当たりしようとしているのを見て取った。艦橋の指揮所にいたハルゼー中将はヘルメットとジャージー姿のガイドが飛行甲板を矢のように走って行き、一番艦尾寄りにあったドーントレスの後部座席によじ登って入るのを見た。それからガイドは敵機と真正面から向き合って、回転砲塔の機関砲を射った。

戦いはまるで飛行機の操縦席にいる東洋人と、ドーントレスの一二・七ミリ連装機関砲の砲塔にいるやせこけた地中海人種風の顔をした人間との一対一の決闘になったみたいだった。敵機の操縦士は最後に右旋回を行って、甲板へ体当たりしようとした。右の翼の先端がガイドのドーントレスの機体を切り裂き、射撃をしているガイドから一メートルの所で尾部を切断した。敵機の右翼は胴体から外れて、左舷のキャットウォークへ飛びこんで横へ滑った。壊れた燃料タンクからガソリンが雨のように降り注ぎ、艦の前方へ飛んでアイランドを濡らした。ぶつけられ、損傷したドーントレスは飛行甲板の左舷の後ろ端ぎりぎりの所まではじき飛ばされた。後部座席ではガイドが立ち上がって銃を下に向けて、艦尾近くの海へ落ちた敵の爆撃機の残骸を撃ちまくっていた。この日の午後、ブルーノ・ピーター・ガイドは一等航空機関士に昇進した。

機動部隊はさらに二時間航行して、敵との距離を一〇〇キロ広げた。午後四時に新たに二機の敵機が現れた。この二機は速度が早くて賢明で、高い太陽を背にしてやって来て、雲の中にいたマクラスキーの戦闘機を巧みにやり過ごした。上空戦闘哨戒に当たっていたワイルドキャットは悲しいくらい遅い速度で追いかけた。マクラスキーは爆弾投下前に捕捉できないと解ったので、下の対空砲火に指示を与えた。

「炸裂地点が低過ぎる。もっと高くしろ。そう、良くなった。今度は少し高過ぎる。今のはほんの少し低過ぎる。やったぞ、やったぞ、命中したぞ！」

一機は命中弾を被ったが、そのまま爆撃進路を保った。両機とも大型爆弾を二つ投下したが大きく外れた。この時までにワイルドキャットが追いついたので、隊長の声が再び上空から降ってきた。

「対空砲は射撃を中止しろ。こいつらは俺達がやっつける」

艦隊の対空砲は射撃を止めた。マクラスキー、ダニエルズ、メールは一機に両側から襲い掛かって、機動部隊の見ている前で海へ撃墜した。もう一機は煙を出しながら逃げ去った。ワイルドキャットにはそれを追いかける燃料はなかったからである。

日没直前にメーヒは二つのフロートを付けた水上機がうろついているのを見付けた。それでメーヒは二度攻撃を掛けた。初めは高空から機体をひねりながら急降下して機関砲を撃ち、さっと下まで降りて、そこで機体を直ぐに立て直してもう一度攻撃を掛けるために急上昇した。腕が突然重くなり、全身の血が下に集まった。最初の急降下の攻撃で後部座席の銃手を殺し、次ぎの射撃で水上機を撃墜した。

夕暮れになってワイルドキャット戦闘機は全て母艦へ呼び戻された。夜間戦闘機はまだなかった。晴れ渡った空に月が昇った。三〇ノットの速度が起こすウェーキは敵にとって絶好の目印だった。未だ陸上基地から発進する航空機の飛行距離内にいたので、戦闘機の護衛はなく、対空砲火も効果を挙げない状況では、エンタープライズは非常な危険に曝《さら》されていた。さらに日本軍は機動部隊がパールハーバー目指して北東へ進んでいると確信していたので、熱心にその航跡を探していた。

部隊がマーシャルの環礁から離れるやいなや、ハルゼーは北西への変針を命じた。それから直ぐにレーダーは、パールハーバーのある北東へ向かって飛行する一群の飛行機を捕らえた。その飛行機群はまもなくスコープから消えた。

エンタープライズはその夜は幸運だった。司令部付きの参謀の一人、ウィリアム・H・アシュフォード大尉が遠方に雲の塊を見付けた。その雲の塊はきれいな前線で、雲高は低く、雨と霧のため視界は極度に悪かった。その中に入ると、部隊の船同士でもはっきり見分けられないほどだった。エンタープライズの乗組員は戦闘配置を解き、機動部隊は前線の護衛の下、ホノルルへと戻った。

翌日の正午直前に第六戦闘飛行隊のR・J・ホイルがエンタープライズの右舷真横三、〇〇〇メートルの所に潜水した潜水艦がいるのを発見した。ホイルは攻撃高度まで上昇し、警告を発した時、潜望鏡が後ろに小さな航跡を引きながら海面を割って突き出てきた。ホイルは潜望鏡のすぐ前に爆弾を投下した。潜水艦は急速潜行を行い、スクリューが陽光の下で濡れて回った。ホイルは機体を激しく傾けて急旋回して戻ってきて、一二・五ミリ砲弾を潜水艦の艦尾目掛けて六〇〇発撃った。駆逐艦もやって来て、浅深度で爆発するよう調整した爆雷をその辺りに投下した。その爆発が部隊の船の艦体を揺さぶり、何本もの水の柱を噴き上げた。石油の大きな塊が出てきて、海面上に広がり、空気の泡が間を置いて噴き出した。二度と触接はなく、その潜水艦は「撃沈確実」と戦果リストに載った。

二月五日にエンタープライズは大きい戦闘旗を翻しながら、パールハーバーへ入る水道を進んだ。フォートカメハメハとヒッカム基地からは二ヶ月前に「ビッグE」は「やられてしまうだろう」というぶしつけな警告を受けたが、今度はカーキ色の軍服を着た兵士達が岸に集まって、声援を送ってきた。ホスピタルポイントでは医者、看護婦、雑役夫、患者達が手を振り、歓声を送った。港に停泊している軍艦の乗組員は手すりに整列して、男性的な叫び声を何度も挙げて喝采を送った。基地のずっと離れた所にいる船は祝福の合図としてサイレンと汽笛を鳴らした。エンタープライズ乗組員は白の軍服を着て艦尾甲板に並び、歓声には歓声で答えたが、最後には声がしわがれ、喉がかれるほどだった。

旗艦の艦橋では潮に焼けた厳格で老練なビル・ハルゼーの目が輝いていた。大したことではないが、戦後の調査ではマーシャル諸島に与えた損害はヤング中佐の操縦士が見積もっていたよりは少なかった。ハルゼーとエンタープライズは初めての勝利をパールハーバーに持って帰ってきたのだった。

第五章——再びウェーキ島へ

エンタープライズはパールハーバーに八日間停泊していた。毎日午後には乗組員の四分の一に午後五時半までの休暇が与えられた。海上に二ヶ月もいた後なので若い水兵は二時間の上陸時間を一秒も無駄にしないように励んだから、海岸警備員はエンタープライズが再び出港する日が早く来るように望んだ。

操縦士は全員ロイヤルハワイアンホテルで数日間「社会復帰」に努めた。そこは今は〝海軍バンド〟がギターを新らしいものに代え、米国慰問協会が昔からある高い行き当たりばったりの「探し物」の代わりに、一緒にダンスを踊る女性を置いていた。徴募された男達が受付に並び、客は自分で荷物を運んでいた。海軍の普段の食事を食堂で給仕が出した。ジュークボックスとピンボール遊具機が丸天井のロビーに置かれていた。しかし精巧に作られた家具が配置され、ワイキキの浜辺とダイヤモンドヘッドが見え、海から吹くやさしい風でカーテンが膨らみ、また眠りへと誘う波の音がする客室は変わっていなかった。我知らずに緊張し神経をすり減らした戦闘哨戒勤務から帰ってきた操縦士と潜水艦乗りは、気難しい不機嫌さがなくなり、怒りの言葉を口にする度合いが減ってくるのを感じていた。

ホノルルには上等のウィスキーはなかった。またあったとしても非常に高価だった。物資を保って分配するために、軍はウィスキーを一人当たり一週間一本の割で配給していた。「ビッグE」の操縦士は数日間の休暇に影響するので、制限されていらいらし、原則と実際の適用の両方に対して怒った。この時期に空母搭載の飛行士に一番必要な訓練は陸上を飛行し、飛行場をよく知っておくことであると即座に決めた。従ってエンタープライズの飛行隊のドーントレス、ワイルドキャット、デヴァステーターは島の全ての飛行場で知られるようになった。エワ、ホイーラー、カネオへ、ヒッカム飛行場へ行った。またモクレイア、ハレイワ、ベローズ飛行場の孤立した滑走路を調べた。どの飛行場でも一週間分の食料の支給を受けた。

工場で製造された装甲板がやっと到着したので、戦闘機に装着した。自動防漏式の燃料タンクを備えた戦闘機もあった。エンタープライズのワイルドキャットのうち八機が陸軍に譲渡され、ホイーラー飛行場で待機任務に就いた。

二月一〇日にハルゼー中将は次ぎの任務に関する命令を受け取り、司令部に受領の旨返電した。ハルゼーは新しい任務を喜んで引き受けたが、自分の率いる艦隊を第一三機動部隊と名付け、一三日の金曜日に出港することはためらった。それで機動部隊の名称は第一六機動部隊に、出港の日も一四日バレンタインデーに変更された。

一四日の午後早くエンタープライズは再び海へ出た。甲板からは昔馴染《なじ》みの信頼できる仲間で、よく知っている灰色の軍艦の姿が周囲に見えた。巡洋艦ノーサンプトン、ソールトレークシティが側にいて、前方に駆逐艦マーレー、バルク、ダンラップ、ブルー、ラルフタルボット、クラヴェンが半円形の警戒陣を布いていた。マーシャルとギルバート諸島を奇襲攻撃した時の機動部隊から巡洋艦チェスターがいなくなり、代わりにクラヴェンが新しく加わった。またタンカーのサビーネがプラッテに交代した。

一週間機動部隊は北西の方向へ進んだ。その間司令部は戦闘に備えて乗組員を訓練し、飛行隊は標的の吹流しを射撃し、戦術を何度も予行演習した。その間ずっと乗組員は〝配置について待機〟していることの必要を知っていた。マーシャル諸島に対する攻撃が成功したので、士気は高揚していた。しかし乗組員はあの攻撃は急襲に過ぎないことが解っていた。敵の脇腹への一刺し、日本軍が南方へ進出するのを妨害し、牽制する試みだった。

ヨーロッパでも事態は悪化し続けていた。一一日にはドイツの巡洋戦艦シャルンホルスト、グナイゼナウと重巡洋艦プリンツ・オイゲンが、フランスのブレスト港からドイツのウィルヘルムスハーフェンまで、敵機四二機を撃墜しながら英仏海峡を走り抜けた。イギリスの鼻先であり、飛行機、艦艇、沿岸砲やレーダーを全て集められたにもかかわらず。

そして一五日にはシンガポールが占領された。はっきりしているのは、マーシャルでの勝利が戦争の趨勢を変えなかったことである。三日後、二機のＰＢＹカタリナ飛行艇が北東の方角から低空でやって来て、一機が「ビッグＥ」の飛行甲板に包みを投下した。その包みは直ちにハルゼー中将の許へ届けられた

同じ日に第六雷撃飛行隊のトーマス・エバーソール中尉は午後の偵察から帰る途中に、風が吹く方角があちこち変わったのと、寒冷前線のため視界が悪くなったため方向を見失った。そして燃料切れのため母艦からおよそ一〇〇キロの所で不時着水せざるを得なかった。翌朝、偵察機が発進し、エバーソール中尉は直ぐに発見された。その時、中尉は東へ四〇〇キロの所で、鮮やかな黄色の救命ゴムボートに乗って、慎重にミッドウェーの方へ舵を取っており、二人の搭乗員がアルミニュウムのオールを漕ぐために拍子を取っていた。エバーソールは無事に母艦に帰ってきた後、からかいの対象になり、〝エバーソールの初めての指揮〟という題の下手な漫画が船の告示ボードに掲示された。

ハルゼー中将は一四日にエンタープライズの今回の任務はウェーキ島に対する攻撃であると告げ

た。乗組員はその名前を聞いて奮い立った。ウェーキ島は「ビッグE」の乗組員にとって個人的な思い入れのある島になっていた。マロエラップやクウェジャリンのような太平洋の地図上の今まで聞いたことのない地点ではなく、実感を伴った合衆国の領土であり、つい最近にそこへ良く知っている仲間を送り届けたばかりだった。海兵隊の操縦士がワイルドキャットに乗って、「ビッグE」の甲板から発進した日のことをよく覚えていた。その海兵隊の操縦士が敵の最初の攻撃を撃退し、敵の船を沈めたので、乗組員は戦闘の推移を非常な興味をもって追いかけた。そしてウェーキが陥落したと知った時は悲しみ落胆した。今そのウェーキを占領した日本軍を攻撃するために向かっている。東京を別にすれば、これ程ふさわしい目標はなかった。

攻撃計画はこうだった。レイモンド・A・スプルーアンス少将指揮下の二隻の重巡洋艦が駆逐艦マーレーとバルクを伴って、迂回して最も気付かれにくい西の方からウェーキに近付く。エンタープライズは残りの駆逐艦と共に南へ進み、一六〇キロ北の地点から飛行隊を発進させる。巡洋艦と駆逐艦は二四日の夜明けに艦砲射撃を行う。〃砲撃開始〃の合図は小説「誰がために鐘は鳴る」の中にある橋の爆破のように、最初の爆弾が目標で爆発した時の閃光と音である。海兵隊のカタリナ飛行艇が「ビッグE」の甲板に投下した包みの中身は、ウェーキ島の最新の写真だった。

エンタープライズは真っ暗な中、午前五時に攻撃予定地点に着いた。そして発進のために湿り気を帯びた東風の方へ向きを変えた。月はなく、低く厚い雲が星の光を遮っていた。舷側では夜の海の水が高く渦巻いて上がって、バシャバシャと音を立てていた。

スピーカーからの機械的な声が待機していた多数の飛行機の上に響いた。プロペラを摑んで回した。プロペラは回り始めた時、湿った空気中の水分を凝縮して、水滴が羽根の先からプロペラの中心軸に滴り、さらに機体へと流れて行った。中心軸の水滴には排気の炎が反射していた。エンジンが始動した時、どの飛行機も電気の青い光に包まれた。操縦士はそのため何も見えなくなった。

平時なら発進は延期されたであろう。しかし南方一六〇キロではソールトレークシティとノーサンプトンがウェーキ島の射程距離内にいて、約束した砲撃開始の合図と上空援護を待っていた。ウェーキでは敵は夜明けに偵察機を送り出すと予想された。それで飛行隊には発進が命じられた。

第六偵察飛行隊が先頭をきった。ドーントレスは何も見えずふらつきながら飛行甲板を唸りを上げながら走った、不気味な青い光の輪をまだ着けたまま。数機のドーントレスが発艦して直ぐに低い雲の中に消えた。次ぎはペリー・ティーフの番だったが失敗して、ティーフのドーントレスは左舷の方に走った。左の車輪がキャットウォークに落ち、左の翼が五インチ砲塔に衝突した。そしてティーフ自身は海に落っこちた。

発進作業は中断した。駆逐艦ブルーが駆けつけて来て、サーチライトを点ける許可をもらった。数分後、ブルーは荒波の中で揺れ動いているティーフを見付けた。ティーフの頭は血で真っ赤だった。通信士兼銃手のE・P・ジンクスは暗闇の中でしばらく叫び声がしていたが、次第に声もしなくなり、結局見付からなかった。ペリー・ティーフは左目をなくした。

徐々に明るくなってきたので、操縦士は前方がよく見えるようになってきた。それでも薄暗さと厚い雲のため集合は簡単ではなかった。六時五〇分に攻撃部隊は編隊を組んで攻撃目標へと向かった。

ウェーキ島の敵の占領軍に対する「ビッグE」の奇襲部隊は、五二機の飛行機と一〇六人の搭乗員から成っていた。アール・ガラハーが第六偵察飛行隊の一八機のドーントレスを率い、ビル・ホリングスワースが第六爆撃飛行隊の一八機のドーントレスを率いていた。ジーン・リンゼーは九機のデヴァステーターだけを連れて行き、飛行隊の残り半分の九機はマーシャルの時と同じように、予備隊として残していた。魚雷を撃つのに相応《ふさわ》しい目標が現れた場合に備えてである。ウェイド・マクラスキー率いる六機のワイルドキャットが爆撃機の援護に当たり、航空群隊指揮官ハワード・

ヤングが自分のドーントレスから直接四つの飛行隊を指揮した。

ウェーキへ向かう途中で飛行部隊は明るくなってきた空を攻撃高度へと上昇した。急降下爆撃機と戦闘機は五、五〇〇メートル、水平爆撃機デヴァステーターは三、五〇〇メートルだった。目標まで一時間かかった。

ウェーキ島はぎざぎざの裂けた鏃《やじり》の形をしており、白い砂と緑色の雑木林があり、先端は南東の方向を指していた。先端のすぐ次ぎの所が一番幅が広く、ここに飛行場の滑走路があった。この滑走路がウェーキに重大な価値を与えていた。飛行場の北西は鏃が矢の軸に嵌《は》まる部分に当たるが、そこにはラグーンがあり、ラグーンを挟んで両側に鏃のかえしのように細長い土地が続いていた。この二つの土地の先端は細い水路で本島から切り離されており、おまけのような島になっていた。北の島はピールという名前で、パン・アメリカン航空が水上機の施設と新しいホテルを作っていた。南の島はウィルクスという名だった。ピールのホテルには、来栖三郎大使が〝外交交渉〟のためワシントンへ行く途中に滞在したことがあった。その時は既に日本の奇襲部隊がパールハーバー目指して進んでいたのだったが。

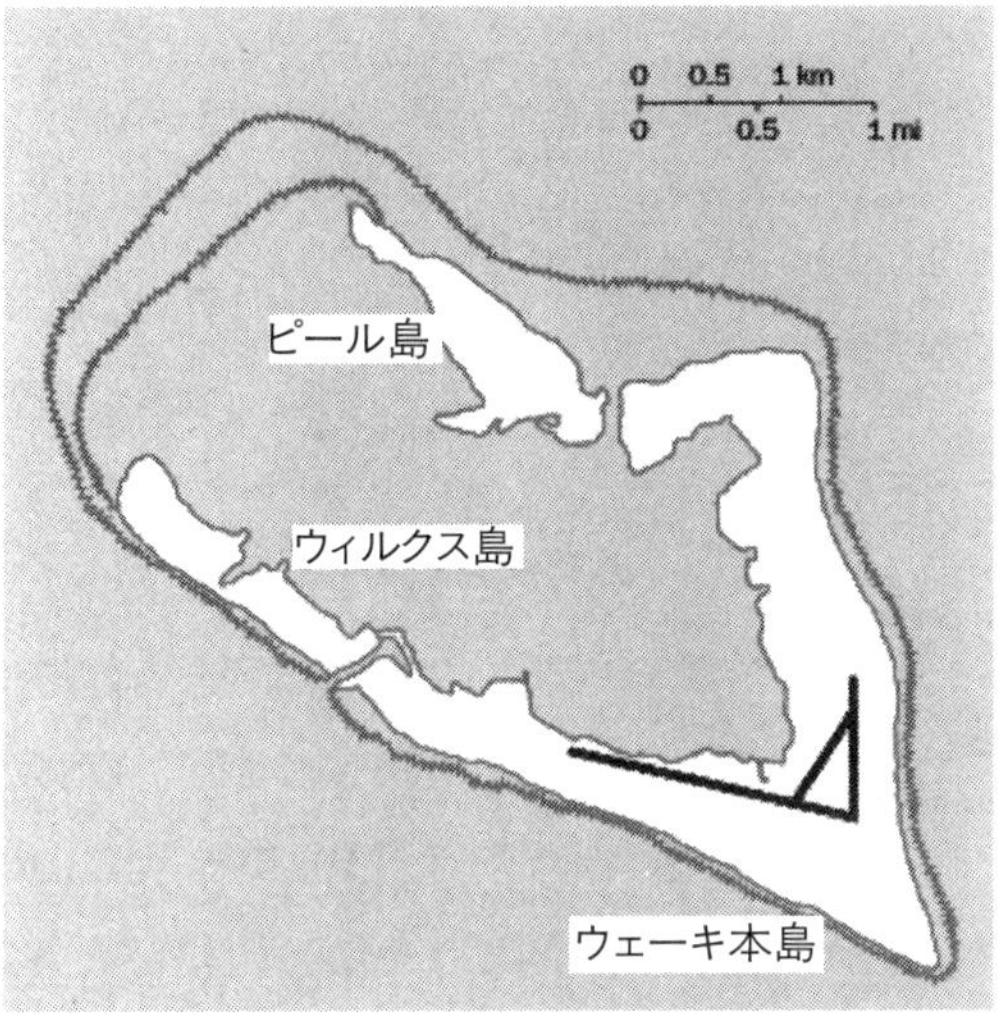

ウィルクスは重要な場所だった。水路を渡った所にガソリンタンクがあり、海側の海岸には沿岸砲台と対空砲台があった。二ヶ月前に海兵隊のH・M・

プラット大尉――形式張らない南カロライナ人だった――が六〇名の色々な砲科の砲兵隊員を率いて、数百人の敵の特別上陸部隊を撃破し、本島が陥落するまで長さ一・五キロの砂浜を守ったのだった。

ハワード・ヤング中佐は攻撃を命じる少し前に、飛行場の近くの南海岸に敵の駆逐艦と大型駆逐艦が擱坐し、損傷しているのを見た。海兵隊の砲撃で艦体に穴が開き、沈没を防ぐために岸に乗り上げたのだった。（訳注：ウェーキ島の第一次上陸作戦で日本の駆逐艦疾風と如月が沈没したが、どちらも轟沈であり、海岸には乗り上げていない。これは第二次上陸作戦の時に、強行上陸して海岸に乗り上げた哨戒艇のことであろう）。ヤングはピールの向こう岸にある請負業者の幾つかのテントを見つめ、降伏した海兵隊員と民間の志願者がまだあそこに捕虜として収容されていないかどうか考えた。ヤングは万一を考えてテントは攻撃しないよう命令した。それからマイクを取り上げた。はるか後方にいたエンタープライズでもヤングの命令は聞こえた。「攻撃せよ、繰り返す、攻撃せよ」

ホリングスワースは六機からなる自分の小隊を率いて最初に急降下した。ドーントレスは穴の開いたダイブフラップを翼の後縁で広げて、ほとんど垂直に近い角度で突っ込んだ。操縦士は前のめりになり、シートベルトに引っ張られながら、目標を捜した。眼下では島が急激に大きくなってきた。銃手はあお向けになり、連装機銃は空を向いていた。六機のドーントレスは縦にジグザグに並んで巧みに急降下に入った。そして爆弾を投下し、機体を引き上げた。地上では対空砲が火を吹き、島の上空に黒煙が次ぎ次ぎに上がった。

ホリングスワースが投下した大型爆弾が炸裂すると同時にガラハーは六機のドーントレスを率いて攻撃に移った。このようにして偵察隊と爆撃隊は調整して小隊ごとの攻撃を続けて掛けた。上空での迎撃はなかったので、爆撃部隊が目標を巧みに攻撃している間、マクラスキーの戦闘機隊はいわば「リングサイド」で観戦していた。

以上の巧みな爆撃の間に、攻撃部隊の指揮官機と写真撮影機三機がデヴァステーターの分隊と合流して、ウィルクスの対岸にあるガソリンタンクにじゅうたん爆撃を行った。一〇個のタンクのうち七個が爆発し、オレンジ色の閃光と黒煙を噴き上げた。

水平爆撃機のもう一つの分隊が、ピール島のパンアメリカンの桟橋の直ぐ南に停泊していた四発エンジンの水上機を炎上させた。また第六爆撃飛行隊のL・A・スミス大尉が滑空攻撃で近くの艀に積んでいた水上機を破壊した。

デルバート・W・ハルゼー少尉（ハルゼー中将の親戚ではない）は敵の数個の砲台に大型爆弾を投下して機銃掃射を行い、また二個の小型爆弾にふさわしい標的を捜し求めた。すると代わりに一機の四発エンジンの水上機が島の東海岸から離水して上昇しているのを見付けた。それで背後の下から攻撃を加えたが、敵機はスロットルをいっぱいに開けて、ドーントレスを振りきった。ハルゼーはワイルドキャットが上空で旋回しているのを思い出して、無線電話で叫んだ。「こちらハルゼー、こちらハルゼー、島の東八キロの所でカワニシを発見。真っ直ぐに東へ向かっている。本機は捕捉できない」。

爆撃隊、偵察隊、雷撃隊が攻撃している間、マクラスキーの戦闘機隊は高度四、五〇〇〇メートルで三〇分間警戒に当たっていた。ハルゼー少尉の連絡が終わらないうちに、戦闘機隊はきりもみしながら海面目掛けて突っ込んだ。最初の旋回で突っ込んでいったのはウェーキを砲撃していた二隻の巡洋艦の方で、対空砲が撃ち上げてきた。ワイルドキャット隊は方向を変えて、降下を続けた。そして高度三〇〇メートルで水平飛行に移り、敵の飛行艇の背後の右側方に付いた。絶好の攻撃位置だった。隊長のマクラスキーが最初の射撃で敵の銃手を沈黙させ、左翼の外側のエンジンから煙を挙げさせた。B・H・バイヤーが次ぎに攻撃し、曳光弾は胴体を貫き別のエンジンから出火させた。それからやせた攻撃精神豊富なロジャー・メールが何度も遠距離射撃を繰り返し、機体に穴を開けた。メールの目の前で大きい飛行艇はばらばらに吹き飛んだ。メールは残骸を避けながら、敵の操縦士が海へ落ちていくのを見た。後で敵機の蝶番の破片がメールの機の右翼の前縁にくっついているのが見つかった。その破片には日本風ではない「一九三八」という数字が刻印されていた。

九時四五分までに攻撃部隊の五二機の飛行機のうち、五一機が上空戦闘哨戒機が警戒する母艦に帰ってきた。その夜エンタープライズの乗組員は戦果を数えた。ジンクスが海に落ちて死んだ。フォアマンとウィンチェスターは、もし生きていれば、敵の捕虜となったであろう。ティーフは右目だけで生きていかなければならなかった。日本軍は飛行艇と哨戒艇を乗員諸共《もろとも》失った。また四発エンジンの飛行機が二機地上で破壊され、人数は不明であるが守備兵は損傷を受け、数千キロリットルのガソリンも失われ、ウェーキ島は基地としての機能を何ヵ月間も失った。

二月二五日の夕方、エンタープライズが駆逐艦ラルフ・タルボット、クラヴェン、ダンラップ、ブルーと共に、スプルーアンス少将の巡洋艦部隊とタンカーサビーネとの会合地点に向かって北東へ進んでいた時、ビル・ハルゼー中将は太平洋艦隊司令長官から緊急無線を受け取った。

「もし実行可能と思うなら、南鳥島を攻撃すべし」

南鳥島はウェーキの西一、〇〇〇キロにある小さな三角の形をした島である。東京の東一、六〇〇キロの所に位置し、一九四二年には小笠原諸島とマリアナにある日本軍基地からは一、〇〇〇キロから一、一〇〇キロの距離だった。

ハルゼーは部隊をミッドウェー沖で再集結させ、西へと向かった。予報では南鳥島へ向かう途中はずっと荒天だった。敵から発見されるのを避けるためには高速が必要だった。ハルゼーはタンカーを守るために駆逐艦を後ろに残して、空母一隻と二隻の重巡洋艦だけで二〇ノットで西へと突っ走っていった。三隻だけの灰色の軍艦からなる小さい部隊が敵の支配する海域の奥深く急襲に向かうということは、ビル・ハルゼーの大胆さの表れであると同時に、アメリカ海軍の戦力の薄弱さを示してもいた。二七日の夕方にニュースが届いた。日本軍がジャワに上陸し、アメリカの重巡洋艦ヒューストンと、アメリカ海軍最初の空母である老齢のラングレーが沈没したということである。

三月二日朝の偵察に出た飛行機を呼び戻すために無線封止を破った。日中には潜水艦二隻が視認され、爆弾を投下して追い払った。南鳥島を奇襲攻撃できるかどうか疑わしくなった。

三月三日、「ビッグE」は一日中全面警戒をしていた。防水扉を堅く閉ざし、大砲や機銃には砲手が配置に付き、飛行機には操縦士が乗って暖機運転をしていた。日没後、目標に突進するためにタービンとスクリューが全力で動いて速度を上げた時、乗組員は今やお馴染みとなったが、足元で甲板が振動するのを感じていた。エンタープライズは北東の方角から斜めに真っ直ぐに南鳥島へ高速で接近した。

午前四時三五分に強烈で神経に響く警報が艦全体に鳴り響いた。一一分後に第六爆撃飛行隊の最初のドーントレスが夜空に飛び上がった。五時四分までに三八機の攻撃部隊が発進し、エンタープライズはその帰艦を待つために速度を落とした。飛行隊にとっては初めての夜間発艦・集合であり、まもなく「暗中模索」として知られることになる戦術の進歩だった。

厚い雲が高度一、〇〇〇メートルから二、五〇〇メートルの間に何重にも重なって広がり、その下の暗闇を「ビッグE」の飛行隊は薄暗い飛行灯を点けて旋回して集合した。南鳥島に対して一撃離脱の強襲攻撃を掛けるため、ハワード・ヤングは爆撃飛行隊から一七機、偵察飛行隊から一四機、戦闘機隊から六機選んだ。自分が乗るドーントレスは三八番目の飛行機であった。

全機が集合するのに二〇分を要した。そして厚く荒れ狂う雲を突き抜けて上昇する間に、小隊・分隊は離れ離れになった。攻撃部隊が全くばらばらにならなかったのは驚きである。単発機が編隊を組んで夜間に、幾重にも重なり荒れ狂う雲の間を上昇するのである。そして同じ雲の中を三〇機から四〇機の飛行機が時速一五〇キロ以上の速度で、同じく視界不良のまま飛んでいることを知っているのである。これは平時では神経と技能を試す過酷な試験である。

戦闘開始前の一時間多くの操縦士は口の中が渇き、胃が痛くなりながら、一番近い友軍の基地からでも三、〇〇〇キロから五、〇〇〇キロも離れた敵の支配する海域の上を飛行したが、そのためには特に最高の勇気と集中力が必要だった。操縦士はやがて起こるであろう戦闘と、姿は見えないが近くにいる飛行機のことは考えずに、暗闇を流れてくる霧の中ですぐ前の飛行機の灰色の機影を見失わないように接近していなければならなかった。同時に近付き過ぎて衝突しないようにもしなければならなかった。また計器を見て、エンジンの状態、速度、方向、機の姿勢、高度もチェックする必要があった。

エンタープライズのレーダーには攻撃部隊は小さい光の粒で出来た房のように映っていた。あるものは他の粒と合体したり、重なったりしていた。グレイの戦闘機のように、房から離れているのもあった。レーダーの光っている棒がスコープを一周する度に、攻撃部隊を示す房は少しずつ位置を変えて目標に接近していた。

レーダー担当の士官ジョン・バウマイスター大尉は編隊を組んだまま、積雲を突きぬけて上昇するという厳しい飛行には参加できなかったし、その雲の上で輝いている月光も見ることはできなかったが、エンタープライズの飛行部隊が夜明け前の闇の中で二〇〇キロの彼方で、一五平方キロの広さの島を見付けねばならないことは解っていた。それまではやったことはなかったのだが、飛行隊を助けられると思った。レーダーのスコープの上に南鳥島へ通じる線を引いた。するとヤング中佐指揮する飛行隊はその線から六キロか七キロ左へそれているのが解った。高周波で暗号化されたモールス信号が送られた。航空群指揮官のドーントレスの後部座席にいた無線手兼銃手はその通信を膝当ての上で書き留めた。そして内部通話装置で伝えた。その通信はヤングに飛行コースを変更して目標への正しい針路をとるように指示し、また正確な距離も伝えていた。

このように「ビッグE」の長い目に見えない電波は、目標への道筋を指し示した。暗い飛行機の中の操縦士は自分達がいる正確な位置を知って安心して、攻撃高度まで上昇し、月光が輝く高さで飛行することが出来た。新しくてまだ完全には信頼できないレーダーの使用方法が、エンタープライズの乗組員の手で発達しつつあった。

六時半に雲の切れ目からぼんやりと南鳥島の孤立した三角形の姿が現れた。それは大海原に浮かぶ小さな飛行場にしか過ぎなかった。攻撃部隊は短い海岸線と平行に並ぶ珊瑚で出来たぼんやりと光る三本の滑走路を見た。滑走路は黒い土に刻まれた白い三角の形をしていた。

ヤングは高度五、〇〇〇メートルから、第六偵察飛行隊のカメラを装備した飛行機を左右に率いて降下した。三機のドーントレスが急降下している時に、雲が流れてきて瞬間的に目標が見えなくなった。部隊指揮官の分隊は高度二、〇〇〇メートル近くで雲の上から爆弾を投下した。そしてもう一回爆撃コースに入るために急上昇した。しかしこの爆撃は運が良かった。薄暗がりの中、爆弾の落ちた場所からガソリンの燃え上がる独特のオレンジ色の閃光が湧き上がった。

残りの飛行機も後ろから近付いてきて、六時半から四五分にかけて雲と暗い空から敵の島へ爆弾を注いだ。

第六爆撃飛行隊のジャック・ブリッチ大尉は、二つ並んだ無線塔の近くのL字型をした建物目掛けて爆撃した。エンタープライズの艦上では、通信兵が日本語の警告が突然飛び込んでくるのを聞いた。それからブリッチの爆弾が送信機を粉々にした時、その警告は中途で突然に途切れた。

ハワード・ヤングは上昇しながら、滑走路に戦闘機がいるのを見たと思った。それで冷静な命令がワイルドキャット隊に送られた。「やつらの戦闘機をやっつけろ」。ヤング機の無線は調子が悪かったので、グレイだけがその命令を聞いた。グレイは滑走路の上に舞い降りた。引き金に指を掛けたが、何も見つからなかった。

最初の数機が爆弾を投下した後、敵は目が覚めた。滑走路と砂浜の間にある飛行場の防衛陣地の周囲に散在している銃座から、敵は重機関銃を撃ち揚げてきた。その射撃は「ビッグE」の操縦士がマーシャルやウェーキで経験したものよりも、遥かに激しくずっと正確だった。帰艦するためにずっと海上遠くに行っても、曳光弾の長い筋がぞっとするほど近くで飛行機を追い駆けて来た。何機かは穴だらけになった。偵察隊のダール・ヒルトンは撃たれたので不時着水すると連絡してきた。ディキンソンはヒルトンの機が下の方を滑っていくのを見た。エンジンと翼の一つは炎に包まれていた。ディック・ベストはヒルトンの飛行機が着水するのを見て、その上を旋回した。ヒルトンと銃手のJ・リーミングはゴムボートに這い上がり、親指を立てて二人とも無事だという合図を送った。それからオールを出して、南鳥島から離れるように漕いだが、結局二人は日本軍の捕虜になった。

八時四五分までに全機帰艦した、グレイの機を除いて。グレイの機の無線はヤングの乗機のように周波数が外れていた。(これがグレイだけがヤングの敵戦闘機をやっつけろという命令を受領した理由である)。それでグレイはエンタープライズからの帰艦命令を受信できなかった。グレイは最良のデータに基づいて操縦して、母艦の近くまで戻ってきた。ジョン・バウマイスターはレーダーで近くを通り過ぎる一機の敵味方不明機を見付けた。その時エンタープライズは発見されるのを防ぐために、スコールの中に入っていた。

バウマイスターはその飛行機はグレイの機ではないかと推測した。前の日の夕方にハンサムで有能なグレイが無線の具合が悪いと言っていたのを思い出したからである。バウマイスターは帰艦指示装置を本来の周波数から外れた場合に考えられる周波数に合わせた。記憶、推測、思考が全てうまく働いた。グレイは新たな周波数の無線を受信し、四時間半飛行した後着艦した。ガソリンは三〇リットルしか残っていなかった。

「ビッグE」がハルゼーと共に進路を変えて立ち去る間、第六戦闘機隊は八機のワイルドキャットでこの日ずっと空高く二重の上空戦闘哨戒を行った。

南鳥島へ与えた損害を評価するのは難しかった。皮肉にもレーダーの手助けで目標への飛行がはかどったので、攻撃は予定していた夜明けよりも早くなり、薄暗闇の中で行われたので、写真を撮ることが出来なかった。雲が厚く、また対空砲火が激しかったので、攻撃後の偵察は代償が高くつくので出来なかった。しかし最後の戦闘機が南鳥島を離れる時、まだ視界は五〇キロ近くあったので、大きい火災が二つと小さな火災が幾つか燃えているのを見た。ヤングがガソリン貯蔵庫を、ブリッチが通信施設を破壊したことは解っていた。その他には中心と南海岸にある格納庫、他の貯蔵タンク、小さな建物を破壊した。それに加えて珊瑚で出来た滑走路は使えなくなり、対空砲の銃座も沈黙した。この長い遠征での最も重大な事は、この急襲が東京に灯火管制を強いたことであり、また日本帝国海軍の防衛の絶対さについて日本人の心に疑問を生じさせたことである。

一九四二年三月一〇日にエンタープライズはパールハーバーの停泊地に戻った。操縦士達はロイヤルハワイアンホテルでくつろいだ。

港に停泊している間に、飛行甲板に白の軍服を着た者が並ぶ中で印象的な儀式が行われた。ウィリアム・ハルゼー中将に殊勲賞が授けられた。その夜、乗組員は映画を見るために格納庫甲板に集まった。映画が始まる直前にビル・ハルゼーが現れた。椅子とベンチをこする音と脚のズシンという音がして、乗組員は静かになり起立した。「そのままでいい」とハルゼーは言った。乗組員は再び腰を降ろした。がやがやいう声がまたし始めたが、止んだ。提督が立ちあがって、スクリーンの下の最前列を見ていたからである。

ハルゼーの目は数秒間自分の方を向いている最前列の者の顔をざっと見渡した。そして乗組員も同様に、その決断が自分達に決定的な影響を及ぼす提督を数秒間熱心に期待を込めて見つめていた。

五〇代後半のがっしりした体形で、顔と口は大きく、頑固そうな顎をしていた。ぴんと伸ばした背筋と外見は指揮することに慣れていることを示していた。ハルゼーは未だ、裕仁の白馬に乗って東京を一周することを望む英雄ではなかった。三〇年の経験と、大胆で誠実だという評判を持つ海軍の中将でしかなかった。

何秒間か黙っていた後で、ハルゼーは話し始めたが、その声ははっきりして力強く、後ろの列で姿を見ようと首を伸ばしている水兵にもよく届いた。ハルゼーは朝もらったばかりのメダルを取り出して言った。「諸君、このメダルは諸君全員のものである。私は諸君を代表して、これを身に付ける栄誉に浴している」。そして考えを短くまとめるかのように、言葉を切った。そして手短に言った。「諸君のことを非常に誇りに思う」。それから向き直って座った。

言葉が胸に染み込む間、しばらく沈黙が続いた。乗組員は何週間にも及ぶ戦いの緊張と抑制を打ち破り、最近来たばかりの少年水兵も、古参の乗組員も、突然椅子やベンチから立ち上がって喝采を送った。喉の奥から熱いものがこみ上げてきて喝采をし、お互いをちらっと見て、再び喝采を送った。長い洞窟のような格納庫甲板に丸五分間喝采が響き、その後映画の上映が始まった。

第六章――ドゥーリトルの東京初空襲

四月八日の夜明け前にフィリピンのバターン半島の最後の土地が日本軍に占領された。この日の昼にエンタープライズ、ソールトレークシティ、ノーサンプトンは四隻の駆逐艦とタンカーサビーネを伴って、一列縦隊でパールハーバーの防雷網を抜けて、直ぐに北西へ針路を変えた。出発から二時間後に航空隊が艦上に飛来して、戦力は揃った。

戦闘機隊は新型のワイルドキャットに乗っていた。F四F－四型である。自動防漏装置付燃料タンクを備え、コックピットは装甲され、また格納と艦上での取扱いが便利なように翼は折り畳めるようになっていた。操縦士以外はこの折り畳み式の翼を喜んだが、操縦士にとっては、この翼は不安の種だったのである。あたかも取り外しできる船底を持った船で航海したり、折り畳める車輪の車でドライブするみたいだったからである。

エンタープライズの飛行甲板の様子も変わっていた。キャットウォーク（訳注：飛行甲板の端から突き出ている通路）と銃座には、古い水冷式の一二・七ミリブローニング機関砲に代わって、新型の二〇ミリエリコン機関砲が据えられていた。砲身に巻き付いた重いスプリングと、かたつむりの形をした弾倉の中の弾の大きさが強い印象を与え、士官・水兵を問わず対空砲火への新たな信頼が広がった。

三日と半日の間、灰色の軍艦は北西へ一定の速度で進んだ。毎日冷たいじめじめした天候だった。「ビッグE」の乗組員は薄いカーキ色の制服を着ていたので、寒さで震え熱帯で日焼けした肌に鳥肌が立った。

四月一二日の午前六時前にエンタープライズは北太平洋の指示された地点でゆっくりと大きな円を描いていた。その地点は北緯三九度、経度一八〇度の所で、東西はカムチャッカ半島とオアフ島の中間で、また南北はミッドウェーと西アリューシャン諸島の中間だった。早朝の光の中で、黒い頬と赤い目をしたエンタープライズの見張員は、寒さに震えながら右舷に空母が見えると報告した。その空母は中に収容できない大きい飛行機を飛行甲板に搭載していた。

ハルゼー中将とマレー艦長には直ぐに報告がいった。二人が艦橋の外側部に到着した時は、低い灰色の雲の下に他に数隻の船が見えた。その空母はマーク・ミッチャー艦長が指揮する、西海岸から来たばかりの新鋭のホーネットだった。そして実戦用の灰色がかった黄褐色のホーネットは一緒に重巡洋艦ヴィンセンス、軽巡洋艦ナッシュヴィル、駆逐艦グウィン、グレイソン、メレディス、モンセン、そしてタンカーのシマロンを伴っていた。シマロンは二六、五〇〇キロリットルの石油を搭載していたために、船体はかなり沈んでいた。

二つの部隊は合体して一つになり、艦首を西に向けた。一二月七日以来この海域を航行するアメリカ海軍の最強の部隊だった。

エンタープライズの飛行甲板では、全ての双眼鏡と望遠鏡がホーネットの方を向いた。飛行甲板の両側には八機ずつ飛行機が並び、機首は真ん中の方を向いていた。主翼の端は重なっており、尾部と尾翼は海の上に突き出ていた。二つの垂直尾翼と二つのエンジンを備えていたので、識別に熟練した者は直ぐにそれが陸軍のノース・アメリカンB－二五ミッチェル中型爆撃機だと解った。それで様々な憶測が飛び交った。明らかにこの大きさの飛行機は爆弾を搭載したままで空母からは発艦できなかった。またもし発艦できたとしても、着艦フックが見当たらない以上着艦は不可能だった。だからその任務は陸上基地への増援に違いなかった。しかしどこの基地なのか？　アリューシャン列島に新しい基地が出来たのか？　一番もっともらしい説は、将来の日本への作戦に備えて、カムチャッカ半島にあるソ連の飛行場に飛行機を送るというものだった。

Ｂ－二五爆撃隊とこの合同した機動部隊の本当の任務の可能性すら誰も思い付かなかったという事実は、この作戦を考え出した者の積極果敢な想像力と、それを実行する者の勇気と優れた能力を雄弁に物語っている。

ハルゼー中将は機動部隊を東京から八〇〇キロ以内に近付け、そこでジェームス・Ｈ・ドゥーリトル中佐の指揮する一六機のＢ－二五ミッチェルを、日本の首都と他の大都市に対する奇襲攻撃のために発進させなければならなかった。ドゥーリトル隊は攻撃が終わったら、日本列島と黄海を横断して二、二〇〇キロ飛び続けて、中国の株州（訳注：中国湖南省東部、長沙の南南東にある都市）にある国民党軍の飛行場に着陸することになっていた。ドゥーリトル自身は焼夷弾を搭載して、他の飛行機よりも三時間早く午後二時に飛び立ち、先導機の役を勤めて、暗闇で焼夷弾を投下して大火事を起こし、それを目印に他の飛行機が空襲に向かうことになっていた。このようにして敵の本国を探知が一番難しい夜間に横断して、昼間にずっと遠くにある見知らぬ飛行場に着陸する予定だった。

簡単で単刀直入な作戦だった。機体に一部手直しされたので、Ｂ－二五は燃料を満載すればかなりの量の爆弾を積んだ状態で三、二〇〇キロ飛行できた。だからもし東京の八〇〇キロ東で発艦すれば、東京上空を通過して爆弾を投下して、更に二、四〇〇キロ飛行することが出来た。また一六〇〇キロ乃至《ないし》四〇〇分の予備さえもあった。海上から接近すれば、ほぼ確実に奇襲攻撃できるであろう。しかしこの作戦の成否は参加した人員全てと、飛行機、艦艇が最大限の能力を発揮するかどうかに掛かっていた。初めにビル・ハルゼーはホーネットを敵の優勢な艦隊といつ遭遇するかもしれない日本本土近くまで、探知されないようにして連れていかなければならない。そして直ぐに自分の部隊を避退させなければならない。戦争のこの危機的な時点ではこの貴重な部隊を失うわけにはいかないからである。

ドゥーリトル隊のB－二五は一週間以上も露天に曝《さら》されていたので、発艦と長距離飛行に備えて整備は完璧にしておかなければならなかった。そして陸軍航空隊の操縦士はB－二五を、慣れている滑走距離九〇〇メートル・時速一六〇キロではなく、距離二四〇メートル以内・時速一一〇キロで発艦しなければならなかった。発艦した後はナヴィゲーターは、これまで陸地の上ばかりを飛行していたにもかかわらず、何もない大海原の上を八〇〇キロも横断して、敵の都市へ前もって決められていた針路で進入しなければならなかった。もし迷って旋回したりすれば、敵の防衛態勢に警報を出させることになるからである。

爆弾は、一般市民の居住地区を避けて、軍事施設に正確に投下しなければならなかった。もし一般市民の居住区に爆弾が命中すれば、まだ中立を保っている国に「残虐行為」という非難の声が湧き上がるからである。爆弾投下後、搭乗員は、目覚めて戦闘機と対空砲火を充分備えた敵国の上空を数時間飛行しなければならない。そして捕虜になるということは、死を意味するといってよかった。そしてそれから更にもう一つ海を越える必要があった。燃料が少なくなった状況で、異国で見たことがない飛行場を見付けなければならなかったが、そこは敵がかなり大きな地域を占領していたのである。

任務は信号で簡潔に伝えられた。

「**我が部隊は東京へ行く**」――この言葉がエンタープライズ内を駆け巡った時、大きな鐘を鳴らしたように喚声が湧き上がり、各区画を通り抜けて響いた。指揮艦橋にいたハルゼーはそれを聞き、胸の中が熱くなり微笑《ほほえ》んだ。

ビル・ハルゼーは始まったばかりの戦争で最も大胆な作戦の指揮を取りながら、微笑することが出来た。「ビッグE」の乗組員は自分達の艦と艦長を誇りにしていた。また老練で戦闘に慣れているという自分達の評判も自慢に思っていた。そして自分達を戦闘に率いていく肝っ玉と、そこから無事に連れ出す能力を持った提督も尊敬していた。フィリピンのバターン半島は少し前に占領されたが、ここ太平洋で「ビッグE」の乗組員が出来ることは何かありそうだった。

機動部隊は一日五〇〇キロから六五〇キロのペースで真西へ三日間進んだ。ホーネットの飛行甲板は使えなかったので、エンタープライズが偵察機を飛び立たせて、前方と両翼三〇〇キロの範囲内を偵察した。また戦闘機は上空で警戒に当たった。

四日目の朝は寒く天候は悪かった。東京の東約一、六〇〇キロの地点で、空母と巡洋艦は燃料を補給した。そして南鳥島の時と同じように、タンカーと駆逐艦を背後に残して発進地点へ向かって突き進んだ。四日の午後と夜の間、南から強風が吹き付ける中、荒天の海を揺れながら二三ノットで、霧雨の中でお互いの姿がかろうじて視認できる状態で進んだ。四月一八日の午前三時一五分、この六週間で初めて戦闘配置のベルの烈しい音が艦全体に響いた。エンタープライズのレーダーが一五キロ前方に二つの物体を水上に捕らえたのである。発見されるのを避けるために、ハルゼーの命令で機動部隊は北へ進路を変えた。そしてレーダーで捕らえたものがスコープから消えた後、西へ進路を戻した。

夜明け前にレーダーが何かを捕らえたということは、敵の哨戒艇がいることを示している。西にさらに進まなければ、B-二五にガソリンを余分に使わせることになる。ハルゼーはかけがえのない空母への危険が限界に達するまで、陸軍の航空隊を連れていくつもりだった。

七時一五分に第六爆撃飛行隊のドーントレスが飛行甲板の上に低く、ゆっくりとやって来た。フラップは降ろしていたが、車輪と着艦フックはしまったままだった。操縦士は手袋をした手を突き出して何かを投下した。通信文が結び付けられたクッションが落ちてきた。黄色のジャージーを着たやせた水兵が左舷のキャットウォークから飛び出してきて、上手な内野手がゴロをさばくように真っ直ぐに走って行って拾った。そして一〇秒後には艦橋に届いた。

ドーントレスの操縦士は八〇キロ前方で敵の哨戒艇を発見した。そしてもっと重大なことは、自分も敵に見られたに違いないということだった。

それから三〇分間ハルゼーは西へ進み続けた。あと一八キロ進まなければB‐二五は飛行すべきではないのである。その間、信号用サーチライトの開閉板がガチャガチャと音を立てた。また各艦の灰色の上部構造物の中ではモールス信号が次ぎ次ぎと受信された。それから「ビッグE」自身の見張員が左舷艦首方向に小さい船の二本のマストと低く黒い船体を見付けた。もはや疑う余地はなかった。警報は既に発信されたのである。ナッシュヴィルはその敵の哨戒船を撃沈するよう命じられた。そして空母は発艦のため風上へ向きを変えた。

ホーネットの艦上ではジミー・ドゥーリトルが艦橋から急な梯子を勢いよく降りてきた。ポケットにはたった今受け取ったばかりの緊急命令電報が入っていた。その電報にはこう書かれていた。「飛行機を発進させせよ。ドゥーリトル中佐と勇敢な部下に、幸運と神の恵みがあらんことを。ハルゼー」

ドゥーリトルは陸軍航空隊員の待機室へ上半身を突っ込んで言った。

「さあ、みんな、行こうぜ」

上空ではロジャー・メールが八機の戦闘機と共に高度一、五〇〇メートルを旋回し、無線封止の状態で監視していたが、他の船が進路を変えているのに、ナッシュヴィルが大砲を全て使って砲撃を始めたのを見てびっくりした。海が荒れており、まだ陽の光が弱かったため、何を撃っているのか解らなかったが、ナッシュヴィルの砲弾が上げる水しぶきを見て解った。黒い二本マストの哨戒船で、長さ四〇メートルくらい、船首と船尾が高くなっており、後部に薄い灰色の甲板室があった。

ワイルドキャットは機関砲を装填して、機体を傾けて真っ直ぐに攻撃に移った。しかしその途中で第二小隊の隊長ローウィーはもっと近くに別の船がいるのに気付き、八機のワイルドキャットは向きを変えて、初めにそれを攻撃しに行った。その船は一二・七ミリ機関砲の小さな水飛沫に囲まれて一分後に停止し、沈んでいった。それでメールの戦闘機隊は最初見付けた目標に戻った。ナッシュヴィルは激しい砲撃を加えていたが、半分の時間は高い波の谷間に隠れていて、命中させるのは難しかった。ワイルドキャットは低く降りて接近して攻撃したので、ナッシュヴィルの砲弾が上げる水飛沫がかかった。八機のワイルドキャットはどれも長い機銃掃射を行い、銃弾を注いでから上昇した。その間、操縦士にはナッシュヴィルの弾が海に落ちる時にあげるバシャという音が聞こえた。（訳注：これは日本軍が漁船を徴用して、武装して監視艇として哨戒に当たらせていたもので、敵空母発見の無電を打ったのは「第二三日東丸」〈約九〇トン〉、もう一隻は長渡丸である）。

手のあいている乗組員はエンタープライズの甲板からこの戦いを見ていた。これは戦争の初めの一年間で唯一見ることができた水上戦闘だった。左舷の水平線近くでナッシュヴィルの砲弾が白い水飛沫を上げ、飛沫は三つに分かれて落ちた。そしてだいぶん経ってから大砲のドッカンという音が、風に乗ってちぎれゆがみながら聞こえてきた。上空ではずっと向こうに小さな点のような戦闘機が群がり、一番下に降下すると見えなくなり、急上昇してまたその姿を現した。二〇分間攻撃した後、メールは弾がなくなったので、操縦士に戦闘を止めるように言った。敵の船はかなり浸水し、深く沈んでいた。船上には動く者の気配はなかった。ナッシュヴィルは直射砲撃をするために近付いた。

ホーネットの混み合った甲板に駐機しているB－二五のコックピットの中では、操縦士、副操縦士、機関士が最後の点検を行っていた。エンジン計器の小さい針は四分円の形のスロットルに付いた操縦桿と一緒に前後に動き、大きいプロペラが回った。爆弾倉の中に並んだ爆弾は、飛行機の整備を行った乗組員から裕仁と東条に当てた印刷できないメッセージを持っていた。一つの爆弾の先端には戦前の日本の勲章が幾つか針金で結ばれていた。これを付ける時には、ミッチャー艦長とドゥーリトル中佐がちょっとした儀式を行った。

台湾の北では日本の空母赤城、飛龍、蒼龍が護衛の戦艦、巡洋艦と共に祖国へ向かっていた。南シナ海、ベンガル湾、インド洋から敵を一掃して凱旋する途中だったが、新たな命令を受け取った。それで煙突から褐色の煙を勢いよく音を立てて吐き出し、タービンは甲高い音を出して速度を上げ、北東へと進路を変更した。

「アメリカの空母を発見して撃沈せよ」

本州、北海道、千島列島にある基地から、ガソリンと爆弾を満載した爆撃機が飛び立った。海上にいた敵の潜水艦も突然進路を変えて、ある地点を目指して水上を全速力で走った。

「アメリカの空母を発見して撃沈せよ」

八時二〇分、東京から一、〇〇〇キロ以上離れた海上では、艦艇は激しく縦に揺れ、大波が艦首にかぶさってくる状況で、ドゥーリトルは部下の搭乗員を発艦させようとしていた。ホーネットの飛行監督官は発進のタイミングを計算し、艦が波の頂上に乗ったちょうどその時に限度いっぱいの爆撃機が艦首を越えるようにした。そうすれば一番必要な時に、少しでも高度と上方への推力が得られるからである。アイランドがあるため、B-二五は甲板のちょうど真中は走れなかった。しかしホーネットの乗組員は走る目印となるように、甲板に幅広い白線を引いていた。B-二五が揺れる短い甲板の狭い区画を唸りを上げながら走った時、左の翼の先端は海の上に突き出ていた。

機動部隊の乗組員で仕事に差し障りのない者は全員、一六機のB-二五が発艦するのをひやひやしながら見ていた。どの飛行機にもそれぞれ別の危険が振りかかった。例えば二番目の機は余りにも急角度に機首を上げたので、エンジンが最高出力で唸り狂い、一キロ近く失速ぎりぎりで飛行し、波の頂上が機尾に届きそうだった。

尾翼が二つあるB‐二五は一時間で全機発進し、灰色の海と雲で覆われた空の間をあまり整然とはしていない一列縦隊で東京への道を進んだ。それから二～三分後、機動部隊はPTボート（訳注：魚雷艇）の艇長ジョン・D・バルクリーが引き合いに出した「一番よく知られた戦術運動、つまり反対を向いて、地獄から逃げ出す」を実行した。

ハルゼーは任務のうち、半分は達成したので、今は残る半分に集中していた。すなわちこの貴重な部隊を無事にパールハーバーへ帰還させるということである。進路は真東、速度は二五ノット。ホーネットの飛行隊はずっと格納庫甲板に閉じ込められていたが、やっと解放されて空を飛び回った。エンタープライズの飛行隊は敵が待ち構えていないかどうか、敵国に近い海上を捜し回っていたが、ホーネットの飛行機も加わった。

この日一六隻の日本の哨戒艇を見付け攻撃した。何隻かは沈め、さらに多くの船に損傷を与えたが、荒れる海で木の葉のように動き回る小さな船は、爆弾や砲弾を当てるのは難しく、命中弾は少なかった。一番有効だった兵器は巡洋艦の六インチ砲と、ワイルドキャットの六丁の一二・七ミリ機関砲だった。ナッシュヴィルと第六戦闘飛行隊の操縦士は、砲撃で大きな成果を挙げた。

午後二時過ぎにドゥーリトル爆撃隊に関する最初のニュースが届いた。チャーリー・フォクシーの無線暗号室の当直はラジオ東京の英語放送に周波数を合わせていた。日本のアナウンサーはオックスフォード風に抑揚を付けた英語で、この四月の日本がいかに安全で落ち着いているかを述べていた。そして反対に日本の占領下の国で、日本軍に抵抗している者を非難していたが、話の途中で日本語が突然流れ込んできて中断した。そしてカチッという音がして、ラジオ東京は切れた。ドゥーリトル隊が上空に現れたのである。

エンタープライズは任務を果たした。今は次ぎの任務に就くために、基地へ帰らなければならないだけである。レーダーが北東五五キロに敵の偵察機を捕らえた。レーダー係が注意して見つめる中、五〇キロまで近付いてきた。そして艦長と機動部隊の指揮官が北西へかわそうとする前にスコープから消えた。

午後五時半までに飛行機は全て収容して、好都合な雲が出てきて、太陽の光が薄れていく中を、灰色の艦隊は東へと走った。夜になって一時間経つ毎に、復讐に燃えて暗中模索している敵との間に三〇キロずつ距離があいた。四月一九日の夜明けに前方の海から駆逐艦が現れて合流し、潜水艦の脅威は減った。

敵が追撃してくる可能性が減るにつれて、乗組員は緊張を解き始めた。そして東京を爆撃した飛行機の出発地点に関して、世界中のニュースメディアがきりのない推論をするのを楽しんで聞いていた。また敵の報告と説明の混乱ぶりも聞いて喜んだ。

こんな雰囲気の中である氏名不明の水兵が日本の東条首相宛に〝ビジネスレター〟を書いた。

アメリカ株式会社

アメリカ合衆国　一九四二年四月二〇日

不名誉な閣下。

これを貴兄にお知らせするのは、私にとって大きな喜びです。もしこの手紙が貴兄の許に届かなかった場合、一九四一年一二月七日結ばれた貴兄との契約条項に従って、くず鉄を初めての委託貨物で貴兄の都市へ送ります。

勿論ご存知でしょうが、現在の船便の状況からして、航空便で送ることが必要です。この配送方法が貴兄の気に入らないということは、我々はよく解っています。それにもかかわらず契約条項を全面的に守らざるを得ず、どんな方法を使ってでも契約したくず鉄を全て処理して配送を続けるつもりです。しかし譲歩事項として、貴兄が充分な材料を受け取ったと我々に通知するまでは、支払いを要求しません。これに関しては我々は次ぎの何年間も配送を続ける立場にいるということを貴兄に思い出してほしいのです。

配送を果たすことを望む条項を貴兄が要求しないというのであれば、貴兄がこの優れた材料から充分な利益が得られるように、将来の配送は可能な限り広い範囲に広げるように努力する所存です。

貴兄が抱くかもしれない心配を和らげるために、もう一度保証致します。我々の会社はどんなに費用が掛かっても責務を果たします。もし必要なら我々の世代が結んだ契約を次ぎの世代が引き継ぐでしょう。

ご参考までに申し上げますが、我々は貴兄の倫理に悖《もと》る仕事のやり方に気付いていますので、艦隊で勤務している者に基地へ帰るようにさせています。そのような非倫理的な行為は今も将来も許されないことです。貴兄の意思でこの契約を結んだので、その代価を全額支払わなければなりません。

細部に関しては近い将来に貴兄の都市で会った時に、納得するまで打ち合わせましょう。

アメリカ合衆国　アメリカ株式会社代表　ジョン・Q・シティズン

（訳注：日本風に言えば「日の丸太郎」といったところであろうか）

第七章――珊瑚海クルーズ

約五ヶ月間にわたって日本は小規模だが、充分計画され、時期を調節した一連の水陸両用攻撃を行った結果、オーストラリアに至る南西太平洋の島々にかなり進出していた。一二月には日本はフィリピンを攻撃していた。一月と二月には資源豊かなオランダ領東インドのボルネオ、スマトラ、セレベス、チモールを占領した。それから東方二、七〇〇キロ先のニューブリテン島のラバウルに強力な部隊を上陸させた。三月にはジャヴァとニューギニアの東の端を占領した。四月には日本軍部隊はラバウルの新しい基地から南東に、鎖のように連なっているソロモン諸島に進出した。日本軍はオーストラリアと北アメリカを繋《つな》ぐ決定的に重要な空と海の連絡ルートに近付き、ニューカレドニア、フィジー、サモアを占領して、このルートを完全に断ち切ろうとした。五月の初めに敵の更なる動きが予想されたので、それを防ぐために空母レキシントンとヨークタウンが珊瑚海へ派遣された。

四月三〇日にエンタープライズはホーネットとレイモンド・スプルーアンス少将指揮下の四隻の巡洋艦を伴って、パールハーバーを出て再び南西へ進んでいた。一二日前にドゥーリトル爆撃隊を日本に向けて送ったのと同じ機動部隊で、アメリカ合衆国が太平洋で動員できる空母戦力の半分で建制されていた。

艦隊は南西へと進んだ。海は穏やかで、太陽はだんだん熱くなっていった。甲板の下では乗組員は汗をかいて、悪態をついた。

五月四日にエンタープライズは前日ソロモン諸島のツラギ（訳注：ガダルカナルの北にあるフロリダ島のすぐ南にある小さな島）に上陸した日本軍部隊に対して、ヨークタウンが奇襲攻撃を行ったという報告を受け取った。乗組員は戦闘が近いことを感じた。強力な日本軍部隊がツラギに上陸した部隊の支援を得て、珊瑚海で作戦行動をしていることは解っていた。また別の攻撃部隊がニューギニアの東の端のポートモレスビーを目指して、海上を進んでいた。アメリカの空母部隊の指揮官フランク・ジャック・フレッチャー少将と、日本軍の指揮官がお互いを発見する時はまぢかに迫っていた。

ハルゼーの機動部隊が一週間航海した時、フィリピンのコレヒドールが陥落した。五月七日にフレッチャー少将が敵と接触して珊瑚海海戦が始まった時、エンタープライズは未だ丸二日離れた地点にいて、フェニックス諸島の南の鏡のように穏やかな海面を航行していた。

「ビッグE」の無線手は戦いがどのように展開しているか解るだけの充分な通信を傍受していた。ハルゼーの機動部隊の艦上では、乗組員がお互いに最新のニュースを尋ね合っていた。無線室には乗組員が詰め掛けたが、責任者が立ち去るように命令したので、無線室の当直者は仕事することが出来た。エンタープライズの乗組員は数百キロ前方で、アメリカと日本の空母部隊が初めて相まみえようとしていることを知っていた。両者がまみえた時に起こることが、海上での戦闘がどうなるのかを示す初めての指標となるのである。勝利か敗北か、生か死か。

珊瑚海では二隻の空母が行動中だった。レキシントンとエンタープライズの姉妹艦ヨークタウンである。二つの機動部隊の全ての艦の乗組員と、飛行隊の搭乗員はここ何年間も一緒に働き、一緒に遊んできた。海軍は平時には規模が小さく、古参の者は全てお互いに顔見知りだった。エンタープライズの操縦士はほとんど皆、大学、海軍大学もしくはペンサコラ（訳注：フロリダ州の海軍航空基地のある町）時代の同級生がレキシントンとヨークタウンの飛行隊にいた。

最初のニュースは午後早くまでに飛び込んできた。フレッチャーの機動部隊の九三機の攻撃隊が敵の軽空母祥鳳を発見した。そして二〇分後、第二偵察飛行隊のロバート・E・ディクソン少佐が不朽の報告を行った。「名簿から空母一隻を消せ」。

これ以上素晴らしいニュースはなかったであろう。何ヶ月もの間、日本の機動部隊は太平洋と南方の海を暴れ回り、出会ったものは全て撃破していた。この日まで失った軍艦のうち、一番大きいのは駆逐艦だった。それがとうとう「ビッグE」の姉妹艦の飛行隊の爆弾と魚雷により、日本の空母が沈んだのである。敵が宣伝している無敵神話は祥鳳と共に死んだのである。

五月七日の午後から夕方にかけてはフレッチャーの燃料補給部隊、タンカーのネオショーと駆逐艦シムスが激しい攻撃を受けたことに関する混乱した報告が届いただけだった。ハルゼーは毎時三〇キロの速度で戦場に向かって進んでいた。まだ一日半も掛かるのである。

八日の午前中には知らせが直ぐにやって来た。日本の大型空母翔鶴・瑞鶴と交戦しているということだった。エンタープライズとヨークタウンと同様に、この二隻の空母も戦争前に建造された一線級の空母で、一級の操縦士を擁していた。両空母ともパールハーバー奇襲に参加していた。エンタープライズの乗組員にとっては、〝翔〟と〝瑞〟は日本帝国海軍そのものだった。良く解らない日本という国の背信行為、熟練、狂信、勇気だった。

両艦の参戦は直ぐに成果を挙げた。レキシントンには魚雷を二発命中させ、ヨークタウンは爆弾が命中して、炎上した。アメリカの航空部隊は重大な損失を被った。

もしビル・ハルゼーが国への長い滅私奉公により、何か一つだけ願いをかなえてやろうといわれたら、ハルゼーは五月のこの日に翔鶴と瑞鶴を航続距離内に捕らえる場所にいきたいと願ったであろう。しかし翔鶴がかなり被害を受けて、珊瑚海海戦は終わったという知らせを受けた時は、ハルゼーの機動部隊は未だ北東に二四時間離れた所にいた。日本軍のポートモレスビー攻略部隊は呼び戻された。沈没したり手ひどい損害を受けた空母の代わりが来るまで、日本のソロモン諸島への進出は阻止された。

夜遅くレキシントンが沈没したという報告が届いた。敵の飛行機が引き揚げた後何時間もたってから、内部で爆発が起こり、沈んだのである。

エンタープライズの乗組員はレキシントンが沈没したことを知って、言葉もなく茫然とした。レキシントンの頑丈な艦体、積み木のようなアイランドを思い出した。爆弾や魚雷でレキシントンを壊すことは不可能なように見えた。若い乗組員（そして若い搭乗員）は戦いに関して抱いていた自分は死なないという確信を少し失った。もし不死身のように見えたレキシントンが沈むのなら、自分達の乗っているエンタープライズも沈むはずである。多くの者が初めてこの思いに直面し掌が汗ばんだ。

この日の夜ワシントン、パールハーバー、そして南太平洋の洋上では、たくさんの頭脳が簡単な算数の問題を考えていた。五隻の空母からレキシントンを引けば残りは四隻となる。四隻の空母からサラトガ（現在ブレマートン〈訳注：西海岸のワシントン州にある都市。海軍造船所がある。〉で修理中）を引けば三隻になる。すなわちエンタープライズ、ホーネット、ヨークタウンである。誰もその次ぎの問題の答えを出したくなかった。三隻マイナス一隻はどうなる？　ヨークタウンの被害はどれぐらいか、修理にどれくらいの期間が掛かるのか、ヨークタウンの乗組員以外の者は誰も知らなかった。果たして二隻の空母だけで日本軍から太平洋を守れるのだろうか？

史上最初の空母同士の戦いに間に合わなかったけれど、エンタープライズには果たさねばならない任務があった。ニューヘブリデス諸島のエフェテへ届ける海兵隊の戦闘飛行中隊を搭載していた。

「ビッグE」はそのまま航海を続けた。

数日後、マクラスキー中佐が海兵隊の新しい飛行場を調べるために、エフェテへ飛んだ。見るとワイルドキャットには不充分だった。もっとも半ズボンをはいたフランスの娘が二人近くをぶらぶらと歩いているという利点はあったが。それで午後に海兵隊の戦闘機はニューカレドニアの南東の端にあるヌーメアへ向けて飛び立った。

海兵隊の飛行機を飛び立たせて、ハルゼーは空母と駆逐艦に燃料を補給した。そして北へと方向を変えて、一七〇度の子午線に沿って北上した。敵の空母がフレッチャーの機動部隊を大きく迂回したなら捕捉できるのではないかという期待を持って、ドーントレスは東西三〇〇キロの海上を捜索した。

しかし日本軍は北西へ避退していたので発見できなかった。しかし、マーシャル諸島とギルバート諸島を奇襲攻撃するため南方の海に行った時に起こった悪い出来事が、再び三〇日に発生した。

二機のドーントレスが午後の飛行から帰艦することが出来なかった。第三偵察飛行隊のT・F・ダーキン少尉と、第六爆撃飛行隊のウォルターズの乗機だった。ダーキンは不時着水すると報告してきたが、ウォルターズからは何の連絡もなかった。五月一日の夜明けに出動可能な偵察機は全機飛び立ったが、何も発見できなかった。しかしだいぶん後になって、ダーキンと銃手は友好的な島民に助けられて帰ってきた。（訳注：一四九ページでダーキンが帰ってきたことが記されているが、そこでは銃手は死んだと書いてある。記述に矛盾があるが、多分銃手は死亡したのが正しいのであろう）。暴れん坊〝バッキー〟・ウォルターズ、――投下管制中のカネオへ飛行場のクレーンとブルドーザーの間に強行着陸し、タロア島の無線搭を壊し、全ての攻撃、偵察、上陸許可の時のパーティー、バックギャモンで自分の役割をきっちり果たしていたウォルターズは帰ってこなかった、永遠に。銃手のP・S・ジョンソンも。

暗くなって直ぐに駆逐艦ベンハムのソナーに反応があり、機雷を浅い深度で爆発するよう調節して投下した。晴れた夜の海にTNT火薬の詰まった缶が爆発して泡を噴き上げた。その爆発が動いている艦体を激しく叩いて金属的な音が上がった。

五月一六日、エンタープライズとホーネットの機動部隊はオアフ島へ戻るよう命じられた。一七日に二語だけの連絡が来た。「帰還を急げ」。

この通信は艦内に知れ渡った。艦内には何かを期待する雰囲気が広がった。水兵達は食堂のテーブル越しに、飛行機の開けたエンジンカバーを挟んで、並んだベッドの間の狭い通路越しにお互いに想像を口にし、その理由を話した。列をなして鏡の前でひげを剃りながら、洗濯物と雑貨物のカウンターで、そして点呼のために後甲板に集まった時、疑念を大声で話した。水兵が休養と気晴らしを取れるように母港へ早く着くために、司令官が大きな機動部隊を指揮している中将に「急げ」という命令をすることはなかった。機関兵はよく解っていた。一隻の軍艦でも長い航行に数ノット速度を上げれば、何千キロリットルも余分の燃料を消費することを。何か大きな風雲が起ころうとしているに違いなかった。その風は日本からオアフ島の北方に吹いていた。

パールハーバーを出てからのある日、南方の海のしつこい不吉な呪いのため、ゲイル・ハーマン中尉が死んだ。ハーマンは第六戦闘飛行隊に属し、熟練した技量と冷静さを備えていた。一二月七日の夜、砲火の炸裂する場所の外からフォード島の滑走路にきりもみ降下を行った。またあの日以来全ての戦いに参加し、また退屈な日常業務をこなした。コックピットにいる時はくつろいで自信に満ちていた。ハーマンは発艦した後、まだ速度が遅い時に余りに急に機体を傾けたので、失速してきりもみ状態で落下した。壊れたワイルドキャットから離れて漂っていたが、飛行機救難の駆逐艦がやって来た時、穏やかな波の上で無意識にバチャバチャとしていた。救難隊の少尉がハーマンを助けようと海に飛び込んだ時、浮力を与えていたパラシュートが外れて沈んだ。第六戦闘飛行隊とエンタープライズはゲイル・ハーマンの死亡によって弱体化した。そして敵は何の代償もいらなかった。

「ビッグE」が母港にいたのは丸一日だけだった。それでその日は非常に忙しい日にならざるを得なかった。一番大事なことは勿論、南方への長いむなしい航海の後の補給だった。インド産の綿の服を着た労働者の一団が汗をかいてあらゆる種類の物資を積み込んでいる一方で、飛行隊員は白の制服を着て飛行甲板に整列し、軍楽隊が太鼓を鳴らし、海兵隊の儀仗兵が捧げ銃をし、甲板長の吹く笛がかん高く響く中、肩章に四つの星を輝かせて、チェスター・W・ニミッツ太平洋艦隊司令長官が航空隊員に勲章を授けるために艦に上がってきた。その勲章は以後数年間エンタープライズの飛行隊員の胸に留められることになった。そのうち先ず空戦殊勲十字章が第六戦闘飛行隊のウェイド・マクラスキー、ロジャー・メール、ジェームズ・ダニエルズに授与された。ニミッツ大将がメールの服に勲章の紐を付けた時、ニミッツの青い瞳はしばらくメールの褐色の瞳を見つめていたが、やがて静かに言った。「君は数日後に再び勲章をもらえる機会があると思う」。

しかしメールにその機会が廻ってくるとしても、それはウィリアム・ハルゼーの指揮の下ではなかった。

エンタープライズの水兵は深く考えることなく、ハルゼー提督が旗艦を去る時がくるのは、戦闘で火傷を負うか負傷して運び出されるか、或いはハルゼーの下で日本へ向かって進撃中に、どこかで沈められて甲板を去る時だろうと感じていた。水兵達は太平洋で先任の提督が大胆で攻撃的であり、マーシャル、ウェーキ、南鳥島を攻撃し、東京空襲を指揮した古強者であることを知っていた。それで当然他の大きな戦いも指揮するだろうと思っていた。そして大きな戦いが近付いていると乗組員は日毎に確信を強めていた。

しかし痩せて怒りっぽくなったビル・ハルゼーは後甲板を歩いて行き、甲板長の甲高い笛の音と左手の敬礼に送られて、舷門を降りて海軍病院に運ばれた。そこで全身の皮膚炎で重病になり疲労困憊したハルゼーは、悪態をつき体を掻きながら、「ビッグE」がマストの頂上にレイモンド・A・スプルーアンス少将の二つ星の将旗を掲げながら、ミッドウェーへ出港するのを見ていた。

第八章——ミッドウェー海戦

一九四二年の五月の後半には日本海軍の参謀は、アメリカ太平洋艦隊の全ての戦艦は一二月七日、浅深度魚雷によって行動不能になったことが解っていた。二隻のアメリカの空母が珊瑚海で沈んだと報告があった。そして別の二隻の空母がこの地域で目撃された。日本の情報部は太平洋にはそれ以上空母はいないことを知っていた。それでこう結論を出した。「アメリカ軍はオーストラリアに特別の関心を向けている。今がミッドウェーとアリューシャンを攻撃する時だ」。

連合艦隊司令長官山本五十六大将は極めて知性的な提督だった。アメリカ合衆国の巨大な工業力が動き出す前に、太平洋艦隊の残存勢力を一九四二年に撃破しなければならない、さもなければ戦争に負けると知っていた。またパールハーバーにいるニミッツ大将は、日本がミッドウェーを占領するのを絶対許さないことも解っていた。圧倒的な戦力でミッドウェーを奪取し、速やかに基地として強化すれば、反撃してくるアメリカ軍を全滅させられる有利な地歩を築けるだろう。

奇襲攻撃が絶対必要だった。そしてそれはほとんど確実だった。アメリカは守勢に立たされていた。日本はアラスカからソロモン諸島までどこでも、出動可能な全太平洋艦隊を上回る充分な戦力で攻撃できた。アメリカ軍が攻撃を探知して、散らばっている艦艇を集めて迎撃するということは、とてもありそうになかった。ミッドウェー攻撃の命令が発せられた。

大日本帝国海軍のほぼ全艦隊が五つの部隊に別れて、グアム、サイパン、大湊、瀬戸内海から出撃した。このうち二つの部隊はアリューシャン列島へ向かった。機動部隊は日本海軍の最優秀空母、赤城、加賀、蒼龍、飛龍から構成されていた。いずれもパールハーバー空襲に参加した古強者であり、経験を積み戦闘に習熟した飛行隊を擁し、ミッドウェーへの道を開くために、最初に攻撃することになっていた。そして二隻の高速戦艦、二隻の重巡洋艦、一二隻の駆逐艦を伴っていた。機動部隊の後から高速戦艦三隻、軽空母一隻、一二隻の駆逐艦から成る山本長官の率いる主力部隊が続いていた。その背後にミッドウェー攻略部隊が航行していた。上陸戦闘員を搭載した一二隻の輸送艦と、多種多様な艦艇―水上機母艦、修理船、掃海艇、給油船、哨戒艇が戦艦二隻、軽空母一隻、重巡洋艦八隻、軽巡洋艦一隻、そして約二〇隻の駆逐艦に護衛されていた。一六隻の潜水艦が前方とミッドウェーの東側に散開して警戒していた。

ミッドウェーに集中してくる無敵艦隊を阻むために、ニミッツは集められるものは全てかき集めた。ホーネット、その飛行隊は実戦の経験はなかった。ヨークタウン、その内部は珊瑚海海戦の時の爆弾で損傷していた。エンタープライズ、無傷でその飛行隊は経験を積んだベテランだった。この空母を護衛し、敵の空母と駆逐艦に護衛された高速戦艦群に立ち向かうために出動可能なのは、六隻の重巡洋艦、一隻の軽巡洋艦、数隻の駆逐艦、潜水艦部隊だった。ミッドウェー島自体は長距離飛行ができる大型飛行機が作戦可能な不沈空母であり、海兵隊によって厳重に守られていた。そしてニミッツは他に目に見えない、敵には知られていない武器、空母部隊一つ分に相当するものを持っていた。それは暗号解読班である。引退したウィリアム・F・フリードマン中佐の指揮の下、戦争前に日本の暗号を破っていた。暗号通信の解読と伝統的な知的手段によって、ニミッツは山本の攻撃計画の重要な要素を知っていた、一番重要な何時《いつ》・どこへも含めて。

パールハーバーではエンタープライズとホーネットは昼夜兼行で燃料や物資を補給し、戦闘の準備をしていた。狭い港の反対側ではヨークタウンが乾ドックに入り、大勢の労働者が九〇日は掛かると見積もられていた爆弾の被害を二日で修理しようとしていた。

五月二八日木曜日午後三時頃、「ビッグE」はミッドウェーに向かって出港した。午後四時に海上で機動部隊は航行配備隊形を取り、六隻の巡洋艦と九隻の駆逐艦がエンタープライズとホーネットの周囲に円陣を張った。またマクラスキーが指揮下の飛行隊を連れて飛んできた。

最初に着艦しようとしたのは第六雷撃飛行隊の隊長ジーン・リンゼー少佐だった。リンゼーは空母の着艦には馴れており、いつも通りに正確な着艦信号士官のパドルの合図に従った。しかし艦尾を越えた時、何か間違いが起こった。突然出力が低下したのか、速度計が故障したのか、煙突からでる煙が渦を巻いていたのか、操縦の失敗か、とにかく何か間違いが起こった。ドーントレスは失速し、甲板にきりもみ状態で落下して横滑りして壊れ、左舷から海に落ちた。飛行機救助駆逐艦のモナハンが三人の搭乗員を救助した。爆撃手のチーフ・シェイファーと無線手のC・T・グレナットは振り落とされただけだった。しかしジーン・リンゼーは顔と胸に切り傷と打撲傷を負った。三人は翌日、母艦に帰ってきた。

機動部隊が迎撃のために北西へ進み、敵の艦隊が東へ向かっている間、エンタープライズの乗組員は新しい司令官に関して、密かに検分し公然と推測を口にしていた。レイモンド・スプルーアンスは背が低く痩せ型で強靭な体型をしており、精力的な人間で毎日何時間も飛行甲板を歩き回ることを好んでいた。水兵達は直ぐにその散歩が運動のためだけではないことに気付いた。いつも士官が司令官と連れ立って歩いており、二人で熱心に話し合っていた。話が途切れると、別の士官が代わって一緒に歩き、また話が始まるのである。大抵スプルーアンスが話を聞き、質問し、また耳を傾けた。スプルーアンスはハルゼーのように飛行士の経験はなかったが、ハルゼーの有能な参謀をそのまま引き継いでいた。散歩中の話合いによってスプルーアンスは参謀達と親しくなり、重要で専門的な問題にも詳しくなった。

　五月の終わりの日までにエンタープライズとホーネットはミッドウェーの北東地点に到着した。その地点は北西からミッドウェーに接近する敵の艦隊の側面を思いがけない方向から攻撃できる場所だった。そこでシマロンとプラットに会同し、燃料を満タンにした。また潜水艦の報告によれば、敵は予想通りに進んで来ているという連絡があった。天候は日本軍に好都合で、雲は低く視界は悪く、守る側にとって接近する敵艦隊を発見し攻撃することを困難にしていた。

　六月一日に昔馴染みの乗組員の消息が届いた。サンディエゴの海軍病院から「ビッグE」に最近連絡があり、ある医者が毎日書く容体報告書の中で、片目の士官がどんなに任務に復帰することを望んでいるか、その機会が与えられれば、十分役目を果たすことが出来ると言っていると書いていた。そしてその士官が第六偵察飛行隊の隊長に宛てた手紙が載っていた。

　それにはこう書いてあった。「私は休みが欲しかった。しかし今は一ヶ月間の休暇は充分長かったと思っている。……まだ皆と一緒にいられなくて、本当に申し訳ない。……戦うことは職業上の義務だと考えていた。しかし今ではそれだけではないと解っている。我々がこの国で持っているものは全て、あらゆる犠牲を払って守る価値がある。……快適で安全な病院から戦いへの意気込みを叫ぶことは簡単である。しかし私は真剣である。軍務に復帰したいと願っている」。

　ペリー・ティーフの手紙だった。ティーフはウェーキ島への攻撃で夜明け前に発進する時、回転しているプロペラに光が当たって反射したために目が眩んで方向を見失って事故を起こし、片目を失ったのである。

　同じ日遥か離れたもう一つの戦場から知らせがあった。一、二五〇機のイギリス空軍の爆撃機が、戦争が始まって以来最大の空襲をドイツのケルンに行った。

　スプルーアンス少将は六月一日に自分の部隊に信号を送り、敵が「四隻か五隻の空母を含むあらゆる種類の艦艇」でミッドウェーを攻撃すると予想されると伝えた。そして「ミッドウェーの北東の地点から、敵の空母部隊に横合いから奇襲攻撃を掛ける」という自分の作戦計画を説明した。「今まさに始まろうとしている戦いの勝利は、我が国にとって掛け替えのない価値がある」と伝統に則って述べた。

六月二日は寒く雨が降っており、雲が低く垂れ込めて、視界は時々三〇メートルまで悪くなった。ヨークタウンは奇跡的に修理が出来て任務に復帰し、フレッチャー少将の指揮の下スプルーアンスの待伏せ部隊に加わった。

先任将官として二つの空母部隊を指揮するフレッチャー少将は、六月二日までに太平洋艦隊の実戦に役立つほぼ全ての部隊を指揮下に収めた。実際のところ、これがパールハーバーから六ヶ月過ぎた時点でのアメリカ合衆国太平洋艦隊の勢力だった。三隻の空母(一隻は戦闘の経験がなく、一隻は間に合わせの修理をしたばかりだった)、七隻の重巡洋艦、一隻の軽巡洋艦、一五隻の駆逐艦が。

フレッチャーとスプルーアンスは大急ぎでかき集められた部隊を率いて、六月の二日と三日はずっと待機していた。日中は(この時期は昼が長かった)ゆっくりと北東へ進み、夜になると速度を上げて引き返し、朝にはミッドウェーの北東約五六〇キロに戻った。要するに敵がミッドウェーへ夜明けの攻撃を掛けるために航空隊を発進させる時に、気付かれないようにしながら、敵の空母を航続距離内に捕らえようということである。

六月三日の午後早くにアリューシャン列島のダッチハーバーが空母搭載機の陽動攻撃を受けたという知らせがあった。またPBYカタリナ飛行艇がミッドウェーの南西一、一〇〇キロで、ミッドウェー目指して進んでいる、輸送船、巡洋艦、駆逐艦からなる大部隊を発見したという知らせも飛び込んできた。輸送船はあらかじめ航空攻撃を行ってからでなければミッドウェーには近付けないので、これは敵の空母がもっと島の近くにいる証拠だった。恐らくミッドウェーの北方に横たわる前線の下辺りであろう。

六月四日が決戦の日になることがはっきりした。

エンタープライズの待機室はいつもより騒がしかった。雷撃機隊員は訓練を積んできた結果を示す日が近いと思った。またあと一週間もすれば新鋭で倍近く性能の優るアヴェンジャーが配備される予定なのに、時代遅れのデヴァステーターに乗って攻撃しなければならない皮肉を感じていた。

操縦士達は興奮のため眠られなくて夜遅くまで起きていて、来るべき戦闘について話し合った。自分達が困難な局面に立ち向かっていること、また戦いに勝つも負けるも自分達次第であることも解っていた。艦首から艦尾まで、飛行甲板から艦橋まで、全ての部署で、全ての甲板で、「ビッグE」は戦闘に備えていた。

チャーリー・フォックスは補給部署の準備ができているかどうか、最後の点検を行った。下の倉庫は全て戦闘中は防水を完全にするために鍵を掛けて入れないようにする。それで二、七〇〇人の乗組員の面倒を見るために必要な物は取り出して使えるように準備しておかなければならなかった。飛行機の部品、大砲の部品、石鹸、潤滑油、コーヒーなどがそうだった。

フォックス中佐は朝の総員配置の前に朝食を配り、総員配置が解除されてから夕食を支給する考えだった。そうすれば戦闘配置に付いている乗組員に配る食事は一回だけで済んだ。この戦闘食はサンドイッチを予定していた。今コックが準備をしており、新鮮な果物とコーヒーも付いていた。コーヒーは一〇リットルの缶で運んで、紙コップに入れて飲むことになっていた。

同じように航空士官、機関士、甲板士官、砲術士官は六月三日の最後の時間に、人員と装備を点検した。飛行機、爆弾、魚雷、そして飛行機と艦の大砲・銃で使う弾薬、ダメージコントロールの道具、機械部品、緊急用ポンプ、アレスティングギア、エレヴェーター、大小全ての砲を本来あるべき状態に準備した。艦全体に必勝の信念が漲《みなぎ》った。パールハーバーは記憶から薄らぎ始めており、エンタープライズの乗組員はレキシントンが沈没するのを実際には見ておらず、敵の基地への最近の攻撃を一番良く覚えていた。この攻撃の時は「ビッグE」自体への攻撃はほとんどなく、あったとしても全て失敗だった。

午前三時三〇分にエンタープライズの艦内に起床ラッパが鳴り響き、運命の六月四日木曜日が始まった。

食堂兼談話室の一つの長いテーブルでは、チャーリー・フォックス、ジーン・リンゼー、パブロ・リリーが他の者も交えて早い朝食を摂っていた。リンゼーの包帯は最近やっと取れたばかりだった。フォックスはテーブル越しに、リンゼーの額の治りかけている深い切傷と、左目と頬の青いあざを見た。リンゼーは未だ肋骨に重い紐を巻き付けていたので、動きがぎこちなかった。また出血したため、日焼けした肌は青白くなっていた。

フォックスはリンゼーの様子を眺めている時に、リンゼーがこの日の朝乗るために予備の雷撃機が取り出されたと聞いてびっくりした。パブロ・リリーも同様に驚いた。「隊長、未だ怪我が治りきっていないように見えますが、今日本当に飛行できるのですか？」リリーは言った。ジーン・リンゼーは食物を突き刺したフォークを口の前に止めたまま、頭をまわしてリリーを見た。「パブロ、今日は本当に大事な日なんだ。我々が訓練をしてきたのも、この日のためなんだ。私は中隊を率いていくよ」。

朝食後リンゼーとジム・グレイは打合わせをした。グレイのワイルドキャット戦闘機隊はリンゼーの雷撃機隊を援護することになっていた。ワイルドキャット隊は機敏なゼロ戦に上空から襲い掛かる有利さを持つために、高々度で飛ばなければならない。それでリンゼーの援護を求める合図があれば、急降下して攻撃することになるだろう。

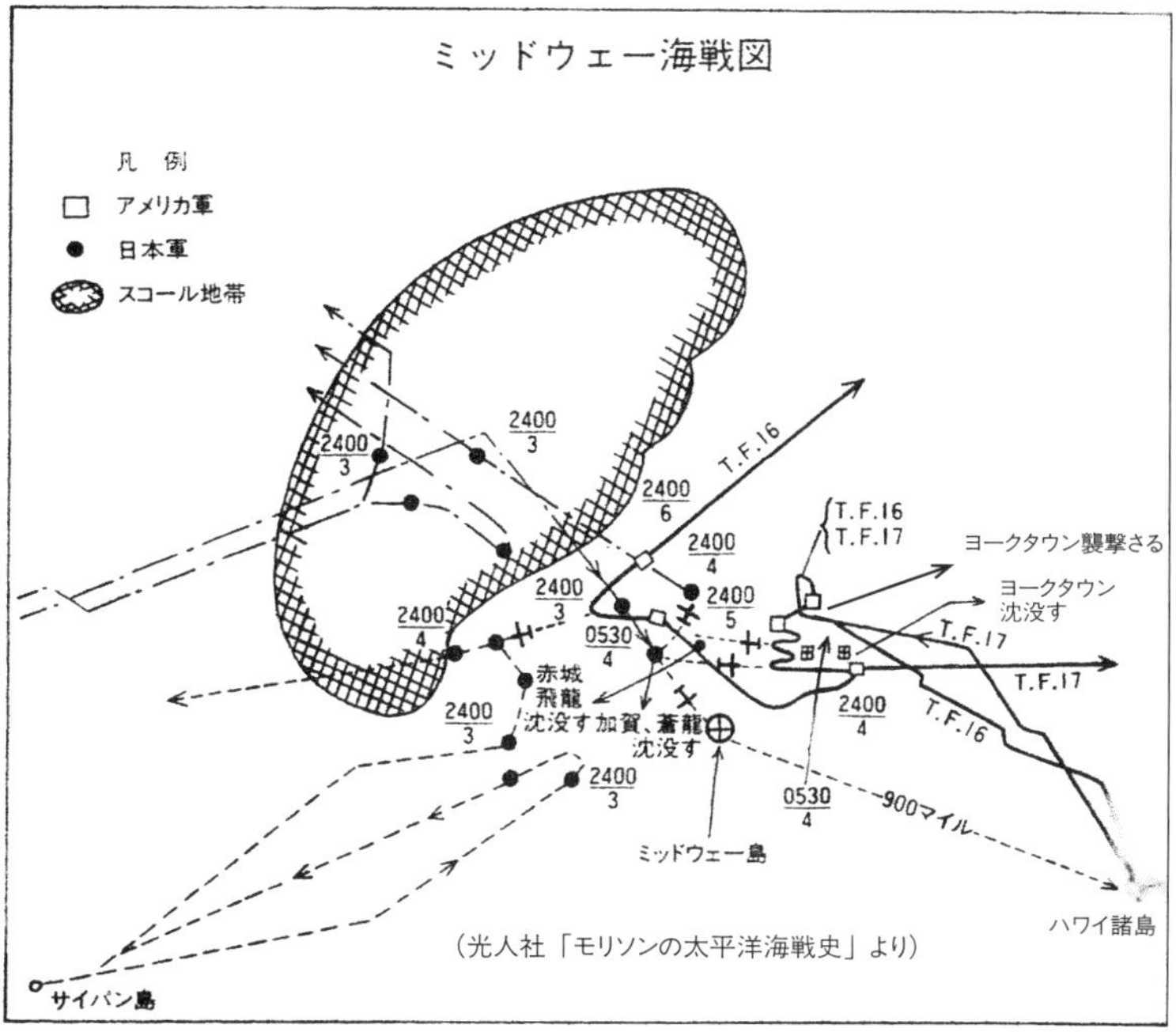

(光人社「モリソンの太平洋海戦史」より)

午前四時半までに操縦士は全員それぞれの待機室に集まり、風や天候のデータを書き留め、戦術について討論した。ただ二つのことだけが足らなかった、敵の空母の位置と攻撃命令である。

七時三分前に陽が昇った。晴れた穏やかな日だった。南東から強い風が吹いていた。一、二〇〇メートルから一、五〇〇メートル上空に白い小さな雲が幾つか掛かっていた。

エンタープライズはミッドウェーの四六〇キロ北の少し東寄りにいた。海戦の歴史の中で最も重大な待伏せ攻撃は準備ができた。その結果によって、地表の三分の一を占める広大な太平洋をどちらが支配するかが決まる。

ミッドウェーから飛び立ったＰＢＹカタリナ飛行艇が最初に敵の機動部隊を見つけた。七時三四分、「ビッグＥ」の無線手はカタリナ飛行艇が基地へ送った簡単な通信を傍受した。「敵空母発見」。

場所は？　何隻か？　今何をしているのか？　操縦士達は飛行隊にとって必要不可欠な情報を伝えるテレタイプライター（訳注：印刷電信機の一種。タイプライターに似た機械のキーを打って信号を送り、これに似た機械で受信して文字を自動的に印刷する）の周りに集まってきた。

「あの飛行艇の操縦士はぼけなすにちがいないぜ」

「ひどい接触報告だぜ」

「多分ゼロ戦に狙われているので、これ以上報告できないのだろうぜ」

一一分後、カタリナ飛行艇の報告はもっと具体的になり、テレタイプライターはカタカタ音を立て、見えない指で書く文字を吐き出した。

「多数の敵機がミッドウェーへ向かう、方位三二〇度、距離二四〇キロ」

直ぐに操縦士達はその方位と距離を地図に記した。敵の編隊の位置はエンタープライズの南西三七〇キロだった。しかし空母はどこにいるのだ？

八時三分過ぎになってやっと待ち望んでいた知らせが届いた。「二隻の空母と戦艦発見、方位三二〇度、距離三〇〇キロ、進路一三五度、速度二五ノット」。

四分もしないうちにフレッチャー少将からスプルーアンス少将へ命令が来た。「南西の方向へ進み、敵の空母の位置がはっきりすれば攻撃する」。大きな艦首が敵の方へ向き、艦尾にはウェーキが白く波立った。

九時三～四分前にスピーカーからの耳障りな声が待機室と艦全体に響いた。「操縦士は自分の機に乗れ」。午前四時以来この命令は三度発せられ、二度取り消されていた。しかし飛行士は今度の命令は間違いないと解った。少なくとも一つの中隊では周りの者全員と握手した後、狭いドアをくぐり抜けて、甲板へ通じる梯子を上がっていった。

ジーン・リンゼーの乗機のプレーンハンドラーは、リンゼーが古めかしいデヴァステーターの前の席に乗り込むのを手伝わなければならなかった。その胴体の下には大きい魚雷がしっかりと吊り下げられていた。

飛行甲板がエンジンの始動と共に活気を帯び始めた時、機動部隊は二つに分かれた。旗艦のエンタープライズは重巡ヴィンセンス、ノーサンプトン、ペンサコラと五隻の駆逐艦を伴って、そのままの進路で進んだ。ホーネットは重巡ミネアポリス、ニューオーリーンズ、新鋭の防空軽巡洋艦アトランタと三隻の駆逐艦で別のグループを作って進路を変えた。

九時六分に最初のワイルドキャットが飛び立った。ホーネットも同時に飛行機を発進させ始めた。攻撃部隊の全ての飛行機を飛行甲板と格納庫甲板から発進させるのに四〇分掛かった。スプルーアンス少将は上空を警戒する数機の戦闘機の外は、全機攻撃に向かうよう命じていた。

九時四五分に機動部隊の周りに何段にも重なって騒がしく旋回していた青い編隊は、敵に向かう進路を取り始めた。

ジーン・リンゼーは一四機のTBDデヴァステーターを率いて、燃料を節約しながら攻撃位置を維持するために、高度五〇〇メートルで飛行した。

ジム・グレイは攻撃部隊を護衛するための一〇機のワイルドキャットを率いており、長い上昇飛行をした後、雷撃機隊の上空を高度六、〇〇〇メートルで進んだ。

ウエイド・マクラスキーはディック・ベスト率いる第六爆撃飛行隊とアール・ガラハー率いる第六偵察飛行隊の合わせて三二機のドーントレスを指揮して飛行した。重い爆弾を抱えていたが、こっちもゆっくりと高度六、〇〇〇メートルまで上昇した。ホーネットの飛行隊も同時に出発した。

長い飛行だった。敵のミッドウェー攻撃部隊が母艦に帰ってきて、再び燃料や爆弾・砲弾を補給しているところを攻撃しようと企図したので、ほぼ限度いっぱいでの距離からの発進になったのである。リンゼーのデヴァステーターは今や空の半分近くを覆っている白い積雲の下を飛んだ。リンゼーは時々、雲の切れ目を見上げて、護衛の戦闘機隊の影を捜した。

一一時一〇分、ジム・グレイは敵空母を発見した。グレイは下を見て雷撃機隊を捜した。そして広く散開した小さな楔形の編隊が標的に向かって雲の中に消えるのを見た。グレイは思い出した、この戦術は珊瑚海海戦で使ったものであると。あの時はヨークタウンとレキシントンのデヴァステーターは標的へ接近する時に、うまく雲に隠れていった。

戦闘機隊は機関砲の安全装置を外し、リンゼーの攻撃開始の合図を待ちながら、敵に向かって突っ込んで行った。しかしその合図は来なかった。グレイが約六、〇〇〇メートル下に見ていた機影はホーネットの第八雷撃飛行隊であった。長距離の飛行で、雲が間に挟まっていたため、戦闘機隊は別の編隊の上空を飛んでいたのだった。

一一時三〇分にジーン・リンゼーはキャノピーの薄い油膜を通して、五〇キロ前方の水平線に小さなねじのように突き出ている日本の戦艦の仏塔のようなマストを見付けた。リンゼーは燃料計を見て、そして上空のあらゆる方向に護衛の戦闘機隊と爆撃機隊を捜したが見つからなかった。見えるのは自分が率いる二つの七機から成る小隊と、今はプロペラの間から北西の方の水平線にマストが見える敵の艦隊だけだった。リンゼーは戦闘機の護衛の下、急降下爆撃機と雷撃機が同時に攻撃する必要があることを解っていた。また単独で攻撃した場合どうなるかも予想ができたので、それを考えると手のひらに汗が滲んできた。しかしほぼ二時間も飛んでおり、今現在でも編隊が無事に帰艦できるかどうか疑問だった。リンゼーはグレイの戦闘機隊とマクラスキーの爆撃機隊が現れることを願ったが、もはや待つことは出来なかった。

今や空母の姿も目に入ってきた。リンゼーはスロットルを押して出力を上げて、緩降下で攻撃高度に機首から突っ込んだ。ちょうどその時は第八雷撃飛行隊の一五機のうち、最後の機がゼロ戦隊とその機銃の下を通過した時だった。

時代遅れのデヴァステーターは散開して穏やかな海の三〇メートル上を、胴体から突き出た金属の輪の中に魚雷を抱いて突っ込んだ。長いキャノピーは操縦士と銃手の席の上は空いていたが、その間の誰も乗っていない爆撃手の席の上は閉まっていた。

リンゼーは二五キロ彼方に二五ノットかそれ以上の速度で上がる高い艦首波と、旋回している小さい点のような敵の上空戦闘哨戒機を見た。敵艦隊は北西の方角から突っ込んでくるデヴァステーターから遠ざかるように、西へ向かって進んでいた。リンゼーは一番近い空母へ横から攻撃するよう命令した。しかしグレイのワイルドキャット隊を呼び寄せられる前に、敵の戦闘機隊が第六雷撃隊を見つけた。

もはや命令も編隊行動も必要なかった。リンゼー、エヴァーソウル、リリーやその他の雷撃隊員にとって、徐々に大きくなってくる敵の空母の低い艦影だけしか目に入らなかった。その空母は狂ったように転舵して、雷撃機隊がずっと艦尾の方を向くようにして、どうしても必要な横からの攻撃をさせないようにした。距離は一分毎に二・四キロと、いらいらする程ゆっくりと縮んだ。敵の曳光弾が通り過ぎ、翼に穴が開き、エンジンの出力が落ち、死傷者が出た。

銃手は連装の七・七ミリ機関銃越しに後方を見ていたが、空には翼と胴体に赤い丸を描いた濃黄緑色の戦闘機が溢れていた。敵の戦闘機は後方から高速で急降下してきて、翼から銃弾を発射して直ぐ近くを通り過ぎ、そして再攻撃するために機体を急角度で傾けた。

距離一二キロで対空砲火の炸裂で、リンゼーの編隊の周囲の晴れた空に黒い煙が上がり始めた。砲弾の炸裂で機体は衝撃を受けて揺れた。敵の戦闘機と艦隊の砲火を受けて、操縦士は機体をひねったりジグザグに進んだり、上昇したり急降下したりしながらも、ひるまず迫っていった。

その空母は加賀だった。ずっと転舵を続け、艦尾を左舷に滑らせて海面を白く泡立たせて、大砲や機関銃は猛烈に撃ちまくって煙を出していた。デヴァステーターは対空砲火の炸裂とそれが上げる水飛沫の間を縫い、上からは戦闘機の襲撃に曝されながら、海面の上を水平に、敵空母の左舷側に発射するために円を描きながら突っ込んでいった。

デヴァステーター一機に対してゼロ戦二機の割でいた。またゼロ戦はワイルドキャットを打ち負かすことが出来た。デヴァステーターは出力を最大にして時速二二〇キロを出したが、ゼロ戦はこの速度では行ったり来たりして、長い射点接近時間中に二度・三度射撃することができた。距離が縮まると護衛の戦艦、巡洋艦、駆逐艦の中・近距離対空機関銃が射撃してきた。弾道はデヴァステーターの周りで移動し交差して、水平に織り交ざるようだった。

そのまま突っ込むしかなかった。敵戦闘機の弾がエンジンや操縦装置、燃料タンク、操縦士に命中して、一機また一機とデヴァステーターは横転して、海に突っ込んでいった。オレンジ色の炎と黒い煙が横滑りしてゆき、水飛沫が高く舞い上がり、白い星を描いた翼の先端が時折ゆっくりと舞い落ちる。依然として旋回し続けている加賀の左舷への雷撃射点接近途上でこのような光景が展開した。

ジーン・リンゼーと銃手は敵の戦闘機の弾が命中するか、或いは海に激突するかして死亡した。パブロ・リリーと搭乗員、エバーソウルと搭乗員も撃墜された。

一四機の雷撃機のうち半分が撃墜された時、残りの操縦士が一方的な戦闘のため魚雷を捨てて、途中で進路から外れて帰艦したとしても非難する者はいなかっただろう。しかし操縦士は誰もそんなことはしなかった。中・遠距離射程で魚雷を投下して離脱した者はいなかった。第六雷撃飛行隊の全ての操縦士は近距離射程まで肉薄するか、或いはその前に撃ち落とされた。

一九分で攻撃は終わった。一四機のデヴァステーターのうち母艦に帰ったのは四機だけだった。また機関兵曹長A・W・ウィンチェルと銃手は漂流して一七日後に救助された。

米機動部隊の日本軍攻撃行動図（五日朝）

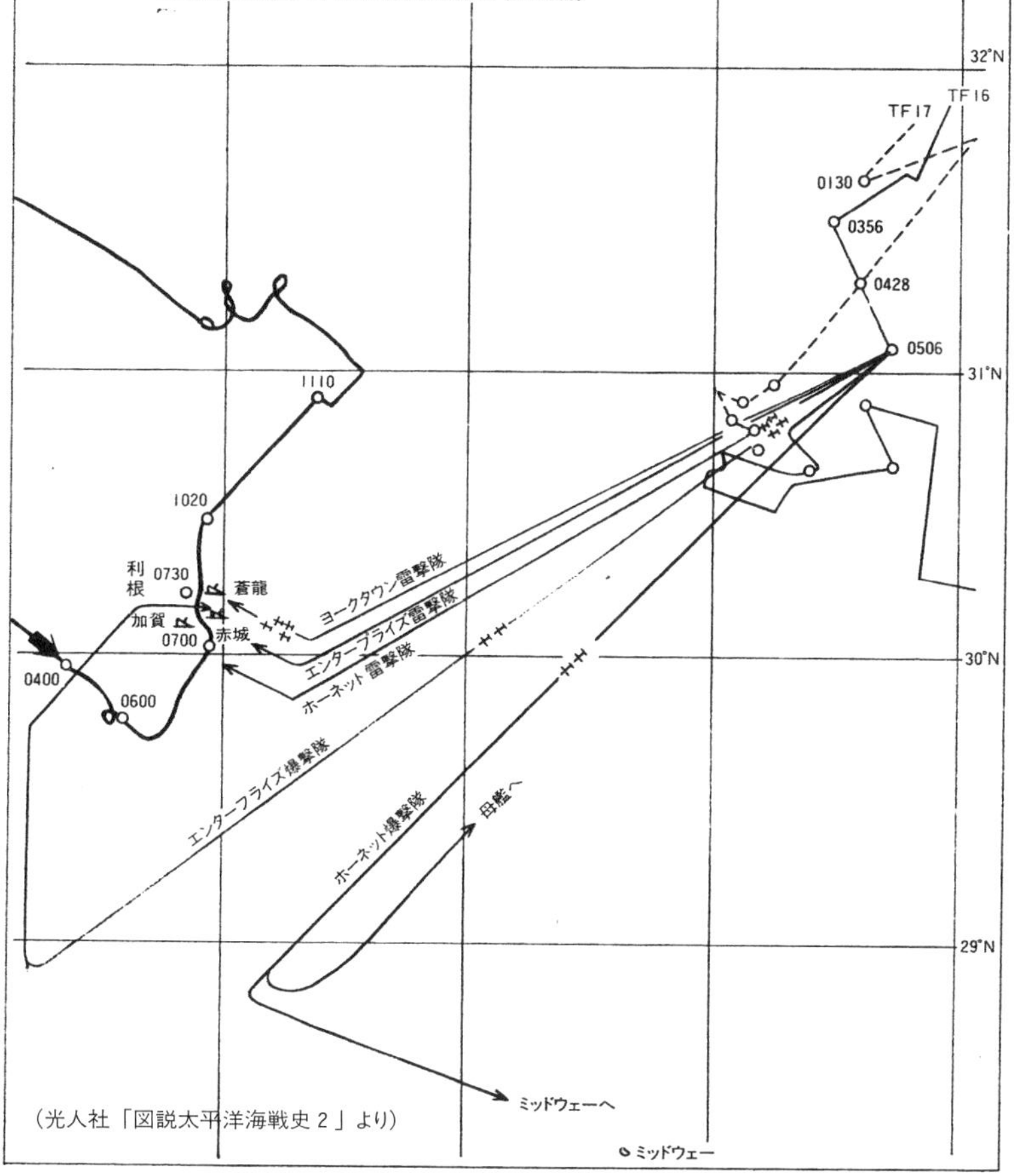

（光人社「図説太平洋海戦史２」より）

命中した魚雷はなかった。

（訳注：「ミッドウェーの奇跡」〈ゴードン・W・プランゲ著、千早正隆訳。原書房刊〉によれば、五日雷撃隊の一機の少尉と銃手が日本の駆逐艦巻雲に救助されたが、数日後、巻雲がアリューシャン方面に向かって進む途中で海に投げ込まれ処刑されたとのことである）

二つの雷撃隊がゼロ戦と対空砲火によって殺戮されている間、ジム・グレイは一〇機の戦闘機と共に六、〇〇〇メートル上空を旋回していた。散らばっている雲の間から、攻撃されている艦隊の白波を上げている航跡と大砲の閃光が見えた。雷撃機の操縦士が発した狂乱したような無線通信の少なくとも幾つかはグレイの無線機に届いていたに違いなかった、リンゼーの周波数に合わせていたのだから。しかしグレイは前もって打ち合わせた緊急信号は受信しなかった。またグレイは二つの編隊に責任を負っていた。それ以来ずっと海軍航空隊の中で激しい論争の種となっている決断を下して、グレイは戦闘機に高々度を維持することを選んだ。マクラスキーの急降下爆撃機隊がやって来た時に援護するために、有利な高々度を保持しようとしたのである。

ドーントレスの編隊が敵がいるはずだと教えられた地点にきた時、高度六、〇〇〇メートルからおよそ二〇、〇〇〇平方キロの広さの太平洋が見渡せたが、一隻の船も見えなかった。敵は南西の方から来ている他の部隊の援護を得るために南西へ変針したと考えて、隊長はそのまま更に五〇キロ飛び続けたが、何も見つからなかった。

ドーントレスは二時間半近く飛行してきており、飛行範囲の限界にきていた。仮に今直ぐに帰艦命令を受けたとしても、燃料が尽きる前に多分帰れないだろうことは解っていた。しかし近くのどこかに敵の海軍戦力の中核がいるのである。そしてマクラスキー率いるドーントレスの編隊はその部隊を壊滅できる力を持っているのである。マクラスキーはたとえ全てのドーントレスが海に落ちることになっても、敵を発見しなければならなかった。しかし間違った方角を捜して、何も見つけられずに編隊を失うわけにはいかなかった。

日本の機動部隊の司令官は第二次攻撃隊を発進させるために、ミッドウェーの方へ向かって進み続けるだろうか、それともミッドウェーの基地航空隊の攻撃範囲に出るために北の方へ避退するだろうか？　マクラスキーは後者であろうと推測した。現時点までに敵は空母の飛行隊が自分達を追い求めていることを知っているだろうから、さらに深刻な脅威に立ち向かうためにミッドウェーから離れていっているだろう。

ドーントレス隊は一斉に機体を傾けて方向を変え、敵がミッドウェーへ近付いたコースを逆に向かった。

爆音が響く中、長い数分間が過ぎた。燃料計の針はゼロの方へ下がっていった。マクラスキー、ガラハー、ベスト、そして小隊長と分隊長はゴーグル越しに目を細くして、水平線を見つめ、雲の間から水面を凝視した。ドーントレスの腹の下には大きな爆弾がぶら下がっており、燃料を消費していた。

第六偵察飛行隊の何人かの操縦士は酸素供給装置に異常があると報告した。酸素なしでは人間は高度六、〇〇〇メートルでは長く生きられない。アール・ガラハーは自分の酸素マスクを外して、トラブルに見舞われた操縦士と同じ状態に身を置いたので、編隊を高度四、五〇〇メートル、第六爆撃飛行隊の真下に降下させた。

一二時一〇分前に眼下の青い海の上に羽毛の形をした白い筋が見えた。そしてその先端には針のような形をした駆逐艦がいた。北東へと大急ぎで進みながら、小さい波飛沫を巻き上げていた。マクラスキーは機動部隊に合流しようと急いでいる軍艦だろうと推測した。それでもう一度三二機の翼は急降下して、駆逐艦の進路を追った。

数分間が過ぎた。敵の駆逐艦は後方に取り残され、忘れられた。ガソリンは更に減った。これから帰艦するには燃料を節約する能力と、それに加えて幸運も必要としただろう。

一二時五分過ぎにマクラスキーはとうとう敵を発見した。

最初は遥か彼方の水平線にブラシで描いたようなカーブした白い航跡が幾つかあるだけだったが、次ぎに艦隊自体が見えた。決してあきらめないデヴァステーターをかわそうとして急転舵しているところだった。

銃手はベルトの中で気を引き締めて、七・七ミリ銃に装塡し、周囲に戦闘機を捜し求めた。ドーントレスは楔型の陣形を緊密にし、速度を上げるためにゆるい急降下を行った。グレイのワイルドキャット隊は燃料がなくなったので母艦へ帰っていっていた。五〇キロ、三〇キロ、一〇キロと近付いてもゼロ戦はいなかった。操縦士は既に三時間も飛行してきて、燃料計の針が警告目盛りに入っていることも忘れて、眼下の信じられないような壮大な光景に見入った。

そこには青い海をすべるように動いている日本の四隻の空母の狭く黄色い飛行甲板があった。甲板はしばらくは雲の下に隠れたが、また出てきた。空母の周りを護衛の艦——前部砲塔に赤い日の丸を描いた二隻の戦艦、巡洋艦数隻ともっと小型の軍艦——がばらばらに取り巻いていた。しかしドーントレスの操縦士を魅惑し、心臓を高鳴らせ、呼吸を早くさせた目標はなんといっても空母だった。太平洋が未だ平和な時、あの穏やかな日曜の朝にパールハーバーへ向けて飛行隊を発進させた黄色の飛行甲板が今この下にある。一連の見事な勝利で南方の海を掃討し、かすり傷一つ負わずに帰った艦隊がこの下にいる。これが日本にアメリカを攻撃する自信を与えた、優秀な軍艦と操縦士から成る日本の精鋭部隊である。それが今エンタープライズの爆撃機隊の翼の下にいる。澄んだ大海原に開けっぴろげで、そして戦闘機はいない。

ウエイド・マクラスキーの声がイアホンを通してきぱきと流れてきた。「ガラハーは右手の空母をやれ。ベストは左手の空母をやれ。アールは俺について来い」。

そして隊長機は何段にも積み重なった梯陣の一番上の先頭の位置から機首を上げて右に鋭く機体を傾けた。そして編隊がその下を通過した後、お馴染みの七〇度の急降下に入った。二機の僚機が直ぐに続いた。

数秒後、二つの編隊は急降下しながら間隔を開けていった。まるで教科書のイラストそっくりで、これまで攻撃訓練で行ってきたものよりも遥かに優れていた。急降下爆撃機の理想的な攻撃を完璧に実行し、真新しい青いドーントレスは翼の後縁にある、穴の開いた急降下フラップを開き、爆弾を目標の方に向けて抱きかかえて急降下した。操縦士は前方に引っ張られ、方向舵に足を置き、操縦桿に両手を軽く添えていたが、黄色い甲板がせり上がってきた時、操縦桿には右手だけを添え、左手はコックピットの端にある投下スイッチを押すために前方の下へと伸びた。銃手は座席で仰向けになり、機関銃の撃鉄を引きながら敵の戦闘機を捜したが、現れなかった。いつまでも忘れられない歴史に残る瞬間だった。

マクラスキーは爆弾を投下し上昇した。マクラスキーの爆弾が加賀から一〇メートル離れた所で水飛沫を上げ、加賀のビルジを揺さぶった時、デヴァステーターによって海面近くに引き寄せられていたゼロ戦が追い掛けてきた。

ガラハーの一、〇〇〇ポンド（四五四キロ）爆弾は艦尾から六〇メートルの飛行甲板の真ん中に命中した。そこでは飛行機が並んで燃料を給油し、爆弾・銃弾を搭載していた。

もはや攻撃を阻止することは出来なかった。エンタープライズのドーントレスは舞い降りてきて、次ぎ次ぎと正確な強打を加えた。その威力にはどんな軍艦も耐えられなかった。

大型爆弾がさらに二つ加賀の甲板に命中した。ジーン・リンゼーの指示した標的はついに捕捉された。数秒後、加賀は激しい炎と黒い煙に包まれた。

左手にいた空母赤城も飛行甲板の飛行機に補給をしていたが、至近弾を被り、それから駐機していた飛行機の間に爆弾が落ち、さらに三つ目の爆弾は突き抜けて格納庫甲板までいき、そこに並んでいた魚雷を爆発させた。

マクラスキー隊の操縦士が加賀と赤城の黄色い飛行甲板めがけて突っ込んでいる時に、ヨークタウンのドーントレスが蒼龍を発見した。その時、蒼龍は発進の準備のために飛行甲板の飛行機に燃料と爆弾・魚雷を補給し、下の甲板でも多数の飛行機に補給作業をしていた。ヨークタウンの爆撃隊もその瞬間を捕らえた。長い一、〇〇〇ポンド爆弾は残酷な正確さでもって木製の甲板を突き抜けて、艦体をばらばらに吹き飛ばした。

もし一二月七日の亡霊がミッドウェーの北でのこの二分間の出来事を見ていたなら、心から満足したであろう。

しかし急降下爆撃機隊は冷たい敵のいない上空から、今は怒りに満ちたゼロ戦隊の間に降りてきており、また敵の対空砲火にも曝されていた。ダイブブレーキを閉じて、スロットル弁をいっぱいに開いて、操縦士は海面すれすれを飛行し、ジグザグに進み身をかわしながら、戦闘機の攻撃から逃れようとした。銃手は一番近い敵を撃つために、体をねじって七・七ミリ機関銃を左右に動かした。

マクラスキーは一〇分間二機のゼロ戦に追い掛けられていたが、後部シートのW・C・チョチャラウキが一機のエンジンを撃って横滑りさせて海に落とした。もう一機は激しい射撃を受けて追い掛ける気を失って、引き返していった。

ディッキンソンは駆逐艦からの猛烈な砲火を被っていたが、危険だと思った瞬間に車輪とフラップを伸ばして速度を一七〇キロに落としたので、対空砲火の弾は前方に外れて、敵の砲手は撃墜に失敗した。そのすぐ後ディッキンソンは飛行機を元の速度に戻し、味方の数機の飛行機を攻撃しようとして前方で方向を変えた敵の戦闘機を撃ち落とした。

第六爆撃飛行隊の銃手スチュアート・メイソンは急降下の途中で対空砲弾の破片が顔に命中し、避退している時に機関銃の弾が脚に当たった。目から血をぬぐい負傷した脚を手当てして、メイソンは敵の戦闘機を追い払った。その後撃たれた無線機を修理したので、「ビッグE」の帰艦信号を受信でき無事母艦に帰った。

第六偵察飛行隊のフロイド・アドキンスはウィリアム・R・ピットマン少尉のドーントレスの銃手だったが、急降下をしている時に、銃が台座から外れているのが解った。連装七・七ミリ機関銃は扱いにくい形をしており、また八〇キロの重さがあった。アドキンスは急降下の間膝で銃を支え、それから人力で巧みに操作して、投弾後直ぐにドーントレスを襲ってきたメッサーシュミット型の戦闘機（訳注：どの戦闘機のことか不明。ゼロ戦しかいなかったはずである）を一機射ち落とした。（帰艦後、乗組員が二人で機関銃をコックピットから出して甲板に置いた後、アドキンスはそれを持ち上げられなかった）。

日本艦隊の激しい対空砲火とゼロ戦の攻撃、その後の長い帰艦飛行のため、マクラスキーの爆撃隊は当初の三二機のうち一四機を失った。対空砲火が命中して空中でばらばらになったものもあれば、操縦士が負傷するか死亡して操縦不能になり、海に落下したのもあった。何機かは弾が命中したが操縦可能だったので、うまく海上に着水し、機体が沈んだ後搭乗員は黄色のゴムボートに乗り移った。ディッキンソンやマッカーシーのように、二～三機は、エンタープライズがいるはずだと教えられた地点にいなかったため、燃料が切れて着水したが直ぐに救助された。

飛行隊指揮官自身は肩に負傷し、母艦を捜して長時間飛んだ後、ガソリンが七リットルしか残っていない状態で着艦した。午後三時までに帰艦できるエンタープライズの飛行機は全て帰ってきた。

三隻の日本の空母は既に沈んだか沈みつつある状態だった。一方アメリカの機動部隊は無傷だった。エンタープライズの格納庫甲板にはこれまでなかった空きがあった。また飛行士の待機室はもう混んでいなかった。

攻撃部隊の最後のドーントレスが燃料タンクは空っぽで車輪を出して着艦コースに入ろうしている時、レーダーがこちらに向かってきている敵の飛行機を捕らえた。エンタープライズは戦闘準備態勢をとった。乗組員は今度は自分達が攻撃を受ける番だと思い、胃が重くなり、手の平にじとっと汗をかきながらそれぞれの配置に就いた。若い見張員は目を双眼鏡に当てて空を捜し、敵と思われる黒い小さな点を見付けようとした。ダメージコントロール班はポンプと道具の側で待機した。レーダーでは約二〇機の敵機が三一〇度の方角から接近中との報告があったので、砲は北西の方を向いた。頭上ではロジャー・メール率いる八機の上空戦闘哨戒機が待ちきれないように旋回していた。メールはしきりと敵を攻撃したがり、迫ってくる敵の爆撃機を邀撃《ようげき》に行くよう何度も許可を求めた。しかし許されず、エンタープライズを守るために上空に留まるよう命じられた。「ビッグE」は緊張して待機していた。乗組員はまるで敵が盗み聞くのを恐れるように小声で話した。

離れて別個に行動していたヨークタウンは、日本の最後に残った空母にエンタープライズよりも数キロ近かった。それで日本の急降下爆撃機隊は最初にヨークタウンを発見して攻撃し、エンタープライズには攻撃を加えなかった。

エンタープライズの艦内では乗組員は持ち場に就いて待機していた。無線室から通信がスピーカーを通じて洩れ伝わり、また着艦した操縦士によってヨークタウンの懸命な戦闘についての様子が伝えられた。

メールはやって来る敵の爆撃機をうまく攻撃できるように、最後の瞬間にヨークタウンの上空まで防御の旋回範囲を広げた。メールの機関銃は作動せず、発射できなかったが、プロボストとハルフォードは、爆弾投下後の爆撃機を一機撃墜した。

ヨークタウンは最初の攻撃で命中弾を三発受け、停止して炎上した。しかし火災を消してボイラーを修理し、飛行甲板を片付けて修理し、二時間後には再び二〇ノットで走れるようになり、上空戦闘哨戒機に給油していた。その時に敵の第二次攻撃隊がやって来た。今回は高々度爆撃機と雷撃機の協同攻撃だった。高々度爆撃機の爆弾は全部外れた。第六戦闘飛行隊のリード機関兵曹長とバイエル無線電気手は三機の雷撃機を撃墜し、ラルフ・リッチは四機目を撃ち落とした。しかし四機の雷撃機は魚雷を投下し、二発が命中した。ヨークタウンは再び停止し、左に傾き始めた。

午後の間「ビッグE」の飛行隊は使えなくなった飛行機の部品を取り外して部品を交換し、修理していた。そしてまだ一隻残っている敵の空母に対して、もう一度攻撃を掛けることを計画していた。艦橋ではスプルーアンス少将が攻撃を命じるために敵の空母の位置に関する報告を待っていた。

ミッドウェーの南西では日本軍の攻略部隊の指揮官である近藤信竹中将が、機動部隊の深刻な被害を聞いてびっくりした。午後四時に近藤中将は戦艦二隻、重巡洋艦三隻、軽空母一隻、そして駆逐艦部隊に護衛の任を解いて、救援のために三〇ノットで北東へ向かわせた。その速度では暗くなってから到着する。そうすれば充分に夜戦の訓練を積んだ高速の巨砲の艦で、大打撃を与えた日本の空母を追撃しているアメリカ軍部隊を奇襲攻撃できる位置に着けるだろう。

北西の方角からは山本五十六司令長官が主力部隊を率いて進んできており、戦艦部隊の巨大な砲でアメリカ軍の巡洋艦と空母を粉砕する艦隊決戦を望んでいた。

ヨークタウンが二度目の攻撃を受けている時に、その偵察機が飛龍を発見した。六月四日は未だ終わらなかった。

五時三〇分にエンタープライズは風上に向きを変えた。そしてマクラスキーは戦闘に参加できなかったので、アール・ガラハーが二四機のドーントレスから成るこの攻撃隊を率いた。一一機は一、〇〇〇ポンド爆弾を、残りの一三機は五〇〇ポンド爆弾を搭載した。攻撃隊はヨークタウンの復讐のために、編隊を組み飛んでいった。二四機の中にはヨークタウンの搭載機一四機が含まれており、六機はアール・ガラハー自身の編隊の機で、四機はディック・ベストの編隊の所属だった。これがこの日の朝には三二機のドーントレスを擁していた第六爆撃隊と第六偵察隊の飛行可能な全機数だった。

「ビッグE」の急降下爆撃機には一機を除いて、恐ろしい昼の攻撃に参加した搭乗員が搭乗していた。彼らは黄色の飛行甲板と撃ち上げられた対空砲火の弾道を目撃し、またゼロ戦に追い掛けられたが、うまく逃げてきた。また若い同僚が水面すれすれを飛んで横転するのを目の当たりにし、水飛沫が急に跳ね上がってゆっくり落ちたのを覚えていた。空席のある待機室で待っている間は、誰もいない椅子のことは考えないように努めた。もはや絶対に死なないという幻想はなくなっていた。今はただ困難でくたくたになる任務があるだけだった。そしてその任務を果たさなければならなかった。任務を終えた後に家へ帰れる希望があった。

攻撃隊は高度四、〇〇〇メートルで午後の太陽へ向かって真っ直ぐに飛行した。六月とはいっても、太陽は西の空の半ばまで沈んでいた。大勢の人間の死、大きい軍艦の沈没、栄光を求めたある帝国の望みの終わりの始まりは中部太平洋の一日に何の変化も及ぼさなかった。依然として雲は果てしなく大きい海の近くに懸かっており、その上の灰色に近い空では楔形の黒い班点がブンブン音を出しながら西へ進んでいた。

酸素マスクを付けた操縦士達と銃手達は翼越しに、第一次大戦のフランス戦線で毒ガス攻撃を被った兵士達の写真のようにお互いの顔を見合った。

二五〇キロを飛行する間、考える時間があり、考えるべきでないこともあった。考えることは燃料の計算、編隊の組み方、航法、銃と爆弾の作動で、また戦術と敵の戦闘機・対空砲火を避ける計画を再検討する必要もあった。考えるべきでないのは、この日既に同僚に起こったことであり、三七〇キロの速度で海面に突っ込むことであり、ゼロ戦の七・七ミリ機関銃の打撃を感じることだった。考えるべきことは考え、考えるべきでないことは考えない。戦闘はこのことにより左右された。勇者か臆病者かはこれによって決まった。六月四日には空母から飛び立った臆病者はいなかった。

六時五〇分に五〇キロ前方に敵の姿が見えた。初めまとまっていた日本の機動部隊は今は広い海に散らばっていた。空母飛龍、戦艦、二隻の巡洋艦は他の大型艦から数キロ離れて別に行動していた。操縦士は各大型艦と共に行動している細い艦影を駆逐艦と識別した。真っ直ぐの白い航跡から二〇ノット出しており、艦首は西を向いていた。

アール・ガラハーはドーントレスの楔形の隊形を緊密にし、機首を上げ操縦桿を前へ押して上昇し、左へ旋回し、太陽を背にし、敵の見張りと砲手の目に太陽が入るようにした。

ドーントレスの編隊がエンジンが最大の出力で唸りを上げながらも、爆弾の重みのためにゆっくりと上昇している間、銃手は後ろを向いて敵の戦闘機がいないかどうか捜していた。一日に二度も敵戦闘機の迎撃がないというような幸運は考えられなかった。雷撃隊は昼に全滅しており、ゼロ戦を水面近くに引きつけられないし、敵の操縦士は唯一つ無事に残った飛行甲板に対する攻撃を、怒り狂って死に物狂いで阻止するだろう。

南の方を見ていた銃手の一人が他の機の搭乗員に合図を送った。中くらいの距離の海上に小さくて細い艦影が見えた。三隻の駆逐艦で、本隊へ向かって高速で走っていた。その向こうの水平線に赤城・加賀・蒼龍の艦体から立ち昇る三本の黒い煙の筋が見えた。

ガラハーは七時三分に高度五、八〇〇メートルで太陽の上からの攻撃を命令した。ドーントレスは機首から突っ込んだ。投下地点に向かって斜めで進むにつれて空気の流れは早くなり、対気速度計の針は跳ね上がった。操縦士は体が前のめりになりながら、隊形の維持と眼下の狭く黄色い長方形に神経を集中させた。そして銃手が発砲した時、機体が揺れるのを感じ、七・七ミリ機関銃の風を裂く射撃音を聞いた。ゼロ戦六機が迎撃のため、機関銃を撃ちながら上昇してきていた。午後の遅い太陽が赤い丸を描いた茶色と緑色の翼を照らしていた。ドーントレスは隊形を崩さず、列を組んだ銃手は防御射撃を浴びせた。しかし第六爆撃飛行隊のF・T・ウェーバー少尉と銃手E・L・ヒルバートのドーントレスは突然隊列から外れて、煙を吐きながら落ちて行った。

ガラハーは飛龍の真上で合図を送り急降下した。そして昼やったのと同じことを、再び夕方にも行った。ドーントレスの編隊は薄暗い空から太平洋の波を切って進んでいる黄色い甲板の上に正確に突入していった。対空砲火が花開き曳光弾が信じられないほどの早さで機体に向かって上がってくる間、飛龍の航跡は大きく円を描いた。

ゼロ戦はゆっくり降下していては戦えないので、ドーントレスと平行して急降下し、機体を引き起こした後発砲する準備をした。

一機また一機と投下地点に達した時、アメリカ軍の操縦士は左手を前へ伸ばし、投下ハンドルを後ろへ引っ張った。ハンドルは三センチか五センチ動いただけで、カチッという音もせず、振動もなかったが、ある極秘の機械が働いたように、通常通りに冷酷に、大きな爆弾は翼から離れて敵艦へ落ちていった。

飛龍は高速で艦体を傾けながら右へ鋭く転舵した。それで最初の爆弾は外れて海へ落ち、マストの先端よりも高く白い水飛沫を上げ、水が甲板へ降り注いだ。ドーントレスが飛龍の転舵に合わせて照準を修正したので、爆弾は命中し始めた。二つの爆弾がアイランドの直ぐ前の甲板に命中し、大きい穴を開け、また前部エレベーターを艦橋に叩きつけた。これはヨークタウンの飛行隊が蒼龍に見舞ったと同じだった。当直の舵手と士官は数メートル先の窓を粉々に壊して塞いだ焼け焦げたエレベーターの残骸しか見えなくなった。さらに爆弾が二つ命中し、残っていた飛行機を燃え上がらせ、下のボイラー室で火災を発生させた。飛龍は速度が落ち、遂に停止し、傾き始めた。飛龍の戦闘機は着艦する空母がなくなったので怒って、避退するドーントレスを追い駆けて攻撃し、ヨークタウンの爆撃機のうち、二機が撃墜された。

飛龍は甲板の前部の三分の一が吹き飛ばされて穴が開き、甲板下の滅茶苦茶になった残骸を曝して、煙を出し続けた。そして放棄され一晩中漂流し、翌朝八時に沈没した。

ガラハーの編隊は二機か三機のグループか単機で、敵艦隊上空の混乱からどうにか抜け出した。そして水平飛行に移り、帰艦するために暗くなりつつある東の方へ向かった。初めはゼロ戦を避けるために雲から雲へと飛行していたが、やがて機首を上げて落ち着いて操縦した。

生き残った飛行士にとっては非常に長い一日だった。朝三時半に呼ばれ、六時間から八時間の編隊を組んでの飛行を行い、二度大きな戦闘を戦った。暗くなってから自軍の機動部隊を発見し、へとへとになって「ビッグE」の甲板にドシンと音立てて着艦した。八時三四分までに無事だった飛行機は全て着艦した。

飛行士は待機室でしばらく手足を投げ出してくつろぎ、コーヒーとサンドイッチを摂り、戦闘結果を報告した。飛行士に解っているのは四隻の空母に爆弾を命中させたということだけだった。疲れでぼんやりしており、それ以上のことは知らなかったし、注意していなかった。そしてよろめくように寝台へ歩いて行った。眠っている間、周りでは換気装置から低い音がし、また艦体は穏やかに揺れていた。一方、格納庫甲板は翌日何があってもいいように、損傷した飛行機の修理で大忙しだった。上空ではグレイの率いる二〇機のワイルドキャットが未だ哨戒をしていた。その二八人の操縦士はこの日八九回の哨戒飛行を行った。最後のワイルドキャットが完全に暗くなった一〇時二〇分過ぎに着艦した。それで最後まで残っていたエンタープライズの飛行隊員にとって、六月四日は終わったのであった。

空母部隊は壊滅したけれど、ミッドウェーの近くにまだ日本軍の戦艦一〇隻、巡洋艦一五隻、駆逐艦四五隻がおり、全て無傷で戦闘態勢が整っていた。北西と南西の方角から山本五十六長官と近藤信竹中将が戦闘に向かっていた。上弦の月の下、その戦艦部隊のバルジの着いた艦体は三〇ノットで波を分けて進み、世界で最大の大砲には兵員が配置されていた。敵艦隊のどちらでもアメリカ軍の巡洋艦部隊を一掃できた。日本軍の戦艦に対しては、小さな五インチ砲と空母の薄い舷側はぞっとする冗談でしかなかった。

スプルーアンス少将は敵のどちらの艦隊についても知らなかったが、飛龍を攻撃した部隊の最後の飛行機が着艦した時、決定を下さなければならなかった。深刻な損害を受けた機動部隊目指して西へ進み、短距離の激しい攻撃によって敵を完全に殲滅できる位置に夜明けに着くこともできた。或いは今いる場所に留まり、夜明けの偵察によって状況がどうなっているかを把握することもできた。

攻撃的で自信に満ちた指揮官なら、指揮下の部隊が強敵に対して少なくとも部分的にでも勝利を収めたのだから、初めの道を選んだであろう。しかし敵の位置や意図に関しては解らないことがたくさんあった。

スプルーアンスの報告にはこう書いてあった。「おそらくは優勢であろう敵部隊と夜間遭遇する危険を冒す気にはなれなかった。しかし、一方では次ぎの日の朝ミッドウェーからは余り遠く離れていたくはなかった。退却する敵部隊を追撃できるし、またミッドウェーへの上陸も阻止できる位置にいたかった」。

スプルーアンスは、機動部隊に真夜中に引き返して東へ向かうよう命じた。もし西へ進んでいたなら、真夜中に近藤の戦艦部隊と遭遇していたであろう。

エンタープライズの乗組員はこの夜は勿論、ずっと後になっても、この日に成し遂げた成果を知らなかった。「ビッグE」がヨークタウンとホーネットと共に上げた戦果は、大日本帝国の敗北の始まりになった。彼らが成し遂げたことは、まだ長く流血に満ちた未知の路を辿らなければならないとはいえ、太平洋での戦いの勝利の始まりであった。日本海軍の最優秀空母四隻を、搭載機と大多数の操縦士と共に葬ったのである。敵はこの損害から絶対に立ち直れなかった。

エンタープライズは単独で四隻の空母のうち、赤城と加賀を沈めた。そして避難してきたヨークタウンの第三爆撃飛行隊と一緒に飛龍を沈めた。

もし一人の人間が戦いを勝利に導き、戦争の流れを変えたといえるならば、ウェイド・マクラスキーがそれに当たるであろう。搭乗機の航続距離を越えて捜索することを決断し、その捜索の方角を正しく割り出してミッドウェー海戦に勝利し、日本との戦争の流れを変えた。マクラスキーは自分の編隊を敵の機動部隊に導き、その結果三分間で敵部隊の半分を壊滅させ、初めて賭けの目をアメリカ有利に変えた。またその背後には敵を最も脆弱な時に捕らえようとしたレイモンド・スプルーアンス少将とマイルス・ブラウニング大佐の優れた作戦計画があった。アメリカ海軍の急降下爆撃機がこの日のように情け容赦なく、間違いを犯さずに、決定的な戦果を挙げることは二度とないであろう。またその必要は二度とないであろう。

整備兵は夜通し働いてエンタープライズとヨークタウンの損傷した飛行機を修理し、また残っていた予備の飛行機を使えるようにした。六月五日の夜明けまでに「ビッグE」はボクシングに例えれば、必殺パンチは打てないが、少なくとも確実な左のフックは打てる状態になった。

グレイのワイルドキャット隊は五日の朝から午後遅くまでずっと、上空警戒に当たった。一方、スプルーアンス少将は潜水艦や偵察機からの様々な敵状報告を確認するために、西方へ慎重に進んでいた。

午前九時頃までに敵はミッドウェーに対する攻撃をあきらめ退却していることが明白になった。この時点でスプルーアンスの問題はどの目標を選ぶかになり、大胆な追撃に移った。

午後五時にエンタープライズは飛行機を発進させ始め、三〇分で三二機のドーントレスが飛び立った。九機は第六偵察飛行隊の、六機は第六爆撃飛行隊の飛行機で、残りはヨークタウンから避難してきた飛行機だった。ヨークタウンの第三爆撃飛行隊のD・W・シャムウエー大尉が指揮した。編隊を二つに分け、半分は低く飛んで幅五〇キロの捜索ラインを作った。残りの半分は攻撃位置につくため、高度五、〇〇〇メートルまで上昇した。攻撃目標は損傷した空母（飛龍は見付けた後、直ぐに沈んだ）、戦艦二隻、巡洋艦三隻だった。これは北西約四〇〇キロの所で発見したという早朝の接触報告に基づいていた。この日の午後は靄のため視界が悪く、またかなり曇っていたため海は暗かった。既に薄暗くなっていた八時半にシャムウエーは敵を見つけた。敵の大型駆逐艦で北西へと向かっていた。これが唯一の敵との接触だった。（訳注：飛龍の状況確認のため派遣された駆逐艦谷風である）

上空を飛んでいた編隊は直ちに降下し、一方低空を飛んでいた偵察隊は攻撃高度まで上昇した。日本の駆逐艦の艦長は最高速を出して、右に左に激しく動き始めた。駆逐艦は爆弾の上げる水飛沫に何度も完全に包まれたが、猛烈な対空砲火とジグザグ運動が効を奏して命中弾はなかった。

攻撃隊が着艦のために帰ってきたのは一〇時で、曇り空で月はなく、暗くなっていた。バート・ハードンは数ヶ月前に飛行長補佐に昇進しており、着艦信号士官は現在ロビン・M・リンゼー中尉（第六雷撃飛行隊のジーン・リンゼーの親戚ではない）だった。ロビン・リンゼーはこれまで夜間に飛行機を誘導したことはなかった。そして帰艦してきた操縦士の多くにとっては、初めての夜間着艦だった。

リンゼーは普段と同じ間隔で右手のパドルを体の左へ振り下ろした。それでドーントレスが真っ暗な甲板にドシンと着艦した。その様子はまるで両者とも何年もやってきたようだったが、一機着艦する毎にリンゼーにはそのつど新たな緊張、恐れを強いた。リンゼーは既に一〇〇機も着艦させたように思えた時、着艦した飛行機の数を数えている助手に大声で叫んだ。

んだ。
「一体全体あと何機残っているんだ？」
「解りませんが、発進した飛行機よりも二～三機多く着艦させました」
リンゼーは恐ろしい考えが浮かんで、しばらく動けなかった。それから肩越しに風に向かって叫
「艦橋に電話して、赤い丸を付けた飛行機がいないか調べさせろ」
艦橋で調べたが日本軍の飛行機はなかった。ただホーネットの飛行機が五機あった。ホーネット
の攻撃隊も同じ時間に帰って来たためだった。
六月六日もドーントレスは飛び立った。夜明けに発進した偵察機から、二四〇キロ西方に、空母
一隻、駆逐艦五隻がいると報告があったからである。ホーネットの飛行隊が最初に攻撃した。しか
しそこには空母はいなくて、二隻の重巡洋艦と二隻の駆逐艦がいた。
「ビッグE」も一二時四五分に第六爆撃隊の五機と第六偵察隊の六機、それにヨークタウンの二〇
機の編隊を発進させた。一二機の戦闘機が攻撃部隊を護衛した。編隊は敵巡洋艦の上空で太陽より
も上に位置するため、一時一五分に最大高度まで上昇した。海は穏やかで陽が輝き、雲が少し低い
所にかかっていた。一時間足らずで敵を発見した。敵艦は二八ノットで真っ直ぐ西へ向かっていた。
ドーントレスの恐ろしい攻撃パターンがまたも始まった。近接した階段状の隊形から一定の間隔
をおいて、目標の方向へ鋭く機体を捻り、フラップを広げて急降下に入った。
ゼロ戦は全て空母と一緒に沈んでいなかったので、ワイルドキャットは機銃掃射をするために降
下した。
敵の巡洋艦は右へ急転舵して対空射撃を始めた。三隈が先頭で、最上が後ろだった。しかし無慈
悲な攻撃は始まっており、もう止められなかった。五個の一、〇〇〇ポンド爆弾が三隈に命中し、
二つが至近弾になった。また最上には爆弾が一つ命中した。ドーントレスが上昇した後、ワイルド

キャットが急降下してきて、三隈、最上に六機ずつ向かって、一二・七ミリ砲を撃ち込んだ。敵艦の損傷した上部構造物だけを狙って、長い怒りを込めた射撃を集中した。金属片が吹き飛び、甲板と砲座で小さい爆発が起こった後火災が発生した。

攻撃隊が帰る時、三隈は海上に停止し、炎上して濃い煙を大量に噴き上げた。最上も炎を上げ油を出しながらも、二隻の駆逐艦に守られてゆっくりと進んでいた。

六時一〇分に第六爆撃隊のエド・クローガー中尉が最後の戦闘任務に出かけた。昼間の攻撃で与えた損傷を記録するために、ドーントレス二機で写真を撮りに行くのである。

クローガーは一隻の巡洋艦しか見つけられなかったが、マストの高さまで降りて写真を撮った。その写真には三隈の最後の有様が写っており、また空母搭載の急降下爆撃機の戦闘能力も示していた。姉妹艦の巡洋艦も駆逐艦もいなくて、三隈は海上に停止して左舷に傾き、右舷側から煙と蒸気を出し、風下の方に流されていた。主砲と砲塔は、中で爆竹が破裂したブリキ缶のように破壊され、砲身はばらばらの方角を向いていた。砲口の一つは海面に達していた。甲板には切り裂かれ捩《ねじ》れた金属が散乱し、煙を上げていた。そして風上の舷側にロープを垂らして、生き残った乗組員は海上へ降りたのである。

三隈の生存者を救助した駆逐艦にホーネットのドーントレスの爆弾が命中したため、三隈の艦上での戦死者と合わせて、日本軍は一、〇〇〇人の兵員を失った。

しかし、ミッドウェー海戦で軍艦が沈んだのは日本側だけではなかった。決定的な六月四日の戦いの後、昼夜を問わずヨークタウンを救助せよという命令がエンタープライズにも聞こえた。ヨークタウンは二度目の攻撃を受けた後、危険なほど傾斜したので放棄された。もし敵が捕獲する危険が生じたならば沈めるために、駆逐艦が側に待機していた。五日の朝も沈没せずに浮かんでいた。火災は消え、左舷への傾斜は二五度で止まっていた。

駆逐艦はヨークタウンに救助班を送り、ヨークタウンの周囲を警戒して牽引するよう命令していたフレッチャー少将に報告した。ヨークタウンの艦長が率いる本式に装備した大規模な救助班も集められ、ヨークタウンに向かった。五日の午後に小さい掃海艇が到着しヨークタウンを牽引し始めた。まるで鼠が象を引っ張っているようだった。風が強くなる中で、一ノットで進んだ。

六日の夜明けまでに救助班が到着し、駆逐艦ハマンは動力を供給するために舷側に貼り付いた。ヨークタウンを助ける仕事は熱心に始まった。三時頃までにヨークタウンは傾斜も戻り、再び戦闘に復帰できるように見えた。午後三時三〇分にハマンの見張りが魚雷の航跡を見つけた。敵の潜水艦がヨークタウンを発見し雷撃したのだった。ヨークタウンの損傷した左舷に日本軍の酸素魚雷が二発命中した。もう一発がハマンに命中し、ハマンは沈没した。

余りにも大きな打撃だった。六日の夜明けの時点ではエンタープライズの姉妹艦は珊瑚海海戦で受けた傷が半分しか治っていなかった。魚雷の命中でヨークタウンは転覆し、四、〇〇〇メートル下の海底に沈んだ。

クローガーが三限の写真を撮る任務から帰ってきてエンタープライズに着艦した時に、ミッドウェー海戦は終わった。機動部隊は現在ミッドウェーの西六五〇キロ地点にいて、燃料、飛行機、操縦士が少なくなってきたので、スプルーアンスはタンカーと合流するために東へと向きを変えた。

山本長官は無傷の戦艦部隊と輸送船団が上空援護の航空機がなくなったために活用できなくなったので、西へ変針し燃料補給地点へと向かった。

ミッドウェー海戦は空母の飛行部隊に大きな損害が出た最初の戦いだった。若い少尉や中尉、後部座席に乗る水兵にとって、取り返しのつかない戦死の残酷さを初めて経験したのだった。しかも大きな規模で。彼らにとってミッドウェー以前の戦闘は世界を股にかける偉大な冒険だった。危険で切迫した、敗北が死につながっていることを頭では解っているが、しかし本質的には冒険だった。

事実であり胸の痛むことであるが、かなり昔に西海岸に別れを告げ、パールハーバーで戦いに赴く戦士の高揚感を覚えたのもずいぶん前のことになっていた。それ以来、日頃の情愛の対象はある程度まで家族から冒険を共にする仲間に変わっていた。仲間とは大きい部屋で食事を共にし、待機室では馬鹿話に興じた。またバックギャモン（訳注：双六に似たゲーム）で遊び、飛行機のことを一緒に勉強した。海の上の空を一緒に飛び、緊密で危険な隊形を組んで無言の死の恐怖を共にしたのである。

そしてある日、生き残った者は全員が親しい友達を亡くしたのである。突然の予期しない、恐ろしい出来事だった。何人かの者にとっては、青年期の熱い友情を再び育むには何年もかかるであろう。またそういう気を永遠になくした者もいた。ミッドウェー海戦で生き残った空母の飛行士は、日本との戦争の流れを変えた六月初旬の日々の間に、全く別の人間になっていた。

はっきりさせておこう。ミッドウェー海戦の勝利の誉れは、フレッチャー少将とスプルーアンス少将の率いる空母搭載の飛行隊だけに全面的に帰するのである。

陸上基地の飛行隊は、陸軍であれ、海軍或いは海兵隊であれ、タイムリーな偵察飛行を行ったPBYカタリナ飛行艇を除けば、戦いに少しの影響しか及ぼさなかった。ミッドウェー島基地の海軍と海兵隊の操縦士は戦闘に参加したけれど、飛行訓練と経験が欠けていたため役に立たなかった。

陸軍航空隊の空飛ぶ要塞B－一七は一生懸命努力して、戦闘で使用された爆弾の重量のほぼ半分を投下したけれど、命中弾はなかった。これは戦術の誤りのためである。高々度からの水平爆撃は陸上の大きい目標に対しては有効であるが、海上の船舶に対しては全く効果がなかった。これはミッドウェー海戦だけでなく戦争の全期間を通じていえることである。

勝利の実相は一言に要約できる。六月四日に陸上基地の航空隊の攻撃が全て終わった後、フレッチャーの機動部隊の操縦士が無傷の四隻の空母を発見し、撃沈した。

（訳注：ここで空母の航空隊の活躍を強調しているのは、アメリカではミッドウェー海戦直後に陸軍航空隊が日本艦隊を撃沈したと大々的に報道されたので、その印象が残っているのを直すためであろう）

第二部

第九章——南方への出撃

パールハーバーへ戻る途中では、無線通信が洪水のように流れ込んできた。アメリカ合衆国と同盟国の総司令部、世界中の政府当局から何十という祝電が送られてきたが、中にラジオ東京の放送も混じっていた。明らかにドイツ人の手助けで英語に翻訳されたものだった。

「日本軍部隊はミッドウェーに激しい攻撃を掛け、近くにいた援軍の艦隊に重大な損害を与えた。また海軍基地と飛行基地にも甚大な損害を与えた。

日本軍は空母エンタープライズとホーネットを沈め、敵機一二〇機を撃ち落とした」

敵がエンタープライズの沈没を報道するのは二度目だった。マーシャル諸島への急襲から帰還する時と同じように、乗組員は頑丈な甲板に立ってにやにやした。「エンタープライズ沈没」の報道は良い兆候になりつつあった。

二年間副長を務めたT・P・ジェッター中佐が六月八日に太綱とブリーチズブイ（訳注：半ズボン付き救命浮き輪。ロープと滑車を使って船から船または岸へ人を渡す）を使ってタンカーのシマロンに移った。任務についていない者は全員飛行甲板に並んで、喝采を上げて見送った。中佐が両艦の間の海の上をぶら下がって移動している時、たくさんの声が風の出て来た夕方の空の下に響いた。

副長の交代は乗組員にとっては重大事である。乗組員の生活に直接影響するからである。艦長は艦をどのように組織し運営するか決定する。しかしそれを実際に実行するのは副長である。副長は日課表にサインし、細かい予定を決めて毎日の仕事を命令する。休暇、上陸許可、給与を決める最高責任者であり、これらは食べ物の量と質と共に艦内での士気に直接影響するものである。また清潔さから戦闘まで、艦内の生活のあらゆる局面を円滑に運営できるかどうかも副長に掛かっていた。

このように副長が交代するということは、全ての士官、水兵にとって関わりのある重大事だった。ジェッター中佐は「ビッグE」を緊張感のある有能な艦として管理してきたのであり、乗組員は中佐が去って行くのを残念に思った。

一九四二年六月一三日の午後、エンタープライズはパールハーバーで主機関を止めて停泊した。一二月七日から既に六ヶ月と一週間が経っていた。戦争は今は小康状態になったようだった。暗殺者が標的を倒すために背後から突進したが失敗し、戦いを続ける前にしばらく考え込み、コートを脱ぎ掌をズボンで拭っている。「ビッグE」にとって六月の後半から七月の初めはそういう時期だった。

アメリカの戦力は増大しつつあった。艦船がどんどん建造され、新しい航空隊も多数編成され、大勢の新兵が訓練を受けていた。新しい部隊の中核となるため、新たに建造された艦艇を指揮するために、戦闘の経験を積んだ士官と兵士が必要だった。

ミッドウェー海戦後の六月に別の重大な変更が「ビッグE」の乗組員と飛行隊に起こった。エンタープライズが帰港してまもなく、乗組員はジョージ・マレー艦長が少将に昇進することを知った。これは艦長が交代することを意味していた。普通の状況では提督がたった一つの艦だけを指揮することはないからである。

六月一三日にジョージ・マレーは勲章と飾り紐を付けた白の軍服姿で飛行甲板に立って、エンタープライズの指揮権をアーサー・C・デイヴィス艦長に委譲した。

マレー少将はこう語った。「このような艦を指揮したということは、空母の艦長として非常な栄誉でした。……我々の最終目標は敵を打倒することだったし、これからもそれは変わりません。……これまで勝利を得てきたのはチームワークとお互いの思いやりのある心のおかげでした。これからも勝利を得るにはこれが必要です。この二つはエンタープライズ魂を表すものです」。

「デイヴィス艦長、私はこの艦の指揮権を手放すことを残念に思います。私は確信を持ってこう言います、あなたはエンタープライズが我々の時代の最高の艦の一つであると解るでしょう、そして乗組員も最良であると」

「ビッグE」がパールハーバーに帰ってきてからまもなく、雷撃隊には新鋭のTBFアヴェンジャーが配備された。ミッドウェー海戦後、旧式となったデヴァステーターで残っていたものは、フォード島の待機場所に一列に並べられた。全部で五機しかなく、一機はヨークタウンの第三雷撃飛行隊、三機はエンタープライズの第六雷撃飛行隊、一機はホーネットの第八雷撃飛行隊の飛行機だった。飛行場の使われていない片隅に放棄された損傷した五機の旧式機を一目見ただけで、ミッドウェーでの雷撃隊の惨状がよく解った。しかし空母の飛行士が注目するのは、機体の横にかかれたナンバーである。

翼の端と端が接触するように並んでいる飛行機は第六雷撃飛行隊―七、第八雷撃飛行隊―七、第三雷撃飛行隊―七だった。各飛行隊のナンバー七の飛行機はミッドウェーで発進しなかったか、壊滅を免れた飛行機だった。

カネオヘに着いた時、楽団の演奏があり、冷えたビールがコックピットの側で振舞われ、幸先のよいスタートを切った。そしてこの穏やかな一月の間に、エンタープライズの飛行隊に大きな変化が起こった。この攻撃部隊こそエンタープライズの存在を意義あらしめているのだが、そのベテランの多くが本国へ帰って新しい飛行隊を訓練するよう命じられたり、壊滅した飛行隊を再建するために転属になった。グレイ、メール、ホイル、クワディ、ヘイセル、ローウィー、バイエル、プロボースト、ハイバート、リッチが三〇日の休暇をもらい、その後本国で新しい任務につくよう命令を受けた。

ラルフ・リッチは過去六ヶ月全ての戦闘に参加し、ミッドウェー海戦でも敵の雷撃機を撃ち落としたベテランの戦闘機乗りだった。今回本国に帰るよう命令を受けたが、それは実現しなかった。六月一八日にカネオへの一、五〇〇メートル上空で日常訓練の急降下射撃の最中に、ワイルドキャットの右の翼がちぎれて死亡した。

そしてもっとひどい悲劇もあった。リッチが死亡する二日前、第六偵察飛行隊のカール・ピーファ少尉は通常の訓練飛行を行うことになっていた。島を横断してカネオへに行く飛行計画も入っていた。離陸するためにフォード島の滑走路マットの上を走り始めた時はなんら異状はないように見えた。しかし離陸速度に達する前に、何故か解らないが方向を制御できなくなった。ドーントレスは急に右に左に進路から逸れ、尾部は停まっていたクレーンにぶつかってちぎれて吹っ飛んだ。その時には緊急サイレンが鳴り始めており、それから地面すれすれを飛び、外の道路をかすめ、バス停に停まっていた満員のバスにはかろうじてぶつからずに、三〇メートルくらい先で墜落して炎上した。

ピーファも後部座席の搭乗員も燃え上がる残骸から脱出する素振りを全然見せなかったが、バスに乗っていてびっくりした水兵達が走って行って引っ張り出そうとした。ジム・グレイもそのバスに乗っており、水兵達と一緒に飛び出して、壊れたドーントレスに向かって走り始めたが、突然思い出した。ドーントレスは飛行する時はいつも本物の五〇〇ポンド（二二七キロ）爆弾を搭載するよう決められていることを。ガソリンがめらめらと燃えている状況では、爆弾は今にも爆発するかもしれない、救助は不可能である。グレイは大声で警告を叫んでから、道端の溝に飛び込んだが、ちょうどその時、爆弾が爆発して閃光と大きな音が起こった。グレイがほこりの中から顔を上げると、主計士官が爆発で溝まで吹き飛ばされて手足を伸ばして横たわっていた。腹は裂けて、中から出てきた赤い血がぼろぼろの白い軍服にゆっくりと染み込んでいた。二人の搭乗員と、助けようとした水兵のうち五人が爆発で死亡し、さらに一七人が負傷した。そのうち何人かは重傷だった。

人事異動の中で一番重大だったのは、ジョン・クロメリン中佐が飛行長の仕事を引き継いだことだった。中佐は薄茶色の髪で、情熱的であり、南部訛《なま》りで話し、空母の飛行隊で敵を瀬戸内海に追い返せるという揺るぎない信念を持っていた。高度の熟練技を持ったベテランの戦闘機乗りで、生まれながらのリーダーだった。中佐は「ビッグE」の艦内で直ぐに存在感を放ち、それはずっと続いた。着艦信号士官から艦橋に上がったバート・ハーデンが補佐役になった。

この人事異動の締めくくりはスプルーアンス少将が太平洋艦隊の司令長官の参謀になるよう命じられたことだった。そしてトーマス・C・キンケイド少将が「ビッグE」を中心に作られた新しい機動部隊を指揮するために乗艦した。

この新しい部隊にはアメリカ艦隊の誇りである高速戦艦ノースカロナイナが加わっていた。ノースカロライナは一六インチ砲九門と対空砲を針鼠のように備えており、ならし航海から帰ったばかりの新鋭戦艦だった。また高速の空母と巡洋艦と一緒に走れる最初の戦艦で、エンタープライズの乗組員にとっては頼もしい存在だった。ノースカロナイナ以外に重巡洋艦ポートランド、新鋭の防空軽巡洋艦アトランタ、そしてお馴染みの駆逐艦バルチ、ムレー、グウィン、ベンハムから構成されていた。

戦争の最初の数ヶ月間でオアフ島はもはや亜熱帯の観光地ではなく、西方への作戦のための重武装の基地へと変わっていた。降り注ぐ陽光の下、冷たい貿易風は依然として島の上空を流れていたし、波の音も土地の強く甘い香りも変わりはなかった。しかし有名な海岸は全て有刺鉄線が二重に張られ、鋭い目をした歩哨が警戒していた。ホノルルでは道路を歩いている男性の内、三人に二人はアメリカ合衆国か同盟国の軍服を着ていた。また男性の数は女性に比べて三ないし四対一の割合で多かった。空母の乗組員は何週間も海上で過ごした後、夕方の休暇で灯火管制をしたビルの間のほとんど人気のない通りを手探りで歩き、夜間外出禁止令で午後一〇時に街が通行禁止になる前に母艦に帰れば喜ばんばかりだった。

また空母の若い操縦士はまともに戦死を目撃し若い友人を失い、また自分達も死ぬということを初めて覚ったが、信じられないほどのエネルギーで生きることを始めた。いつ死ぬかもしれないという恐れは、死から逃避しようとする感情と一つになり、常識外れの行動を取らせた。楽しみには大胆に何でも飛び込んだ。海軍管理のホテル・モアナ、ロイヤルハワイアンホテルに部屋を取り、酒の割当量を巧妙にごまかして増やした。そしてバスタブに氷と一緒にぶちまけて皆で飲んだ。

機動部隊がミッドウェーから帰ってきて上陸した最初の夜、ロイヤルハワイアンの食堂はあらゆる兵種の将校でいっぱいだった。第六偵察飛行隊の六人か七人の操縦士が編隊の亡き友のために乾杯していた。ピットマン、ジャカード、ホワイトもその中にいた。隣のテーブルでは陸軍航空隊のB－一七の操縦士のグループが大声でお互いに、「空の要塞」が戦いに勝った戦術を話しあっていた。逆説的に「ニグロ」というあだ名のあるホワイトは背が高くて筋骨がたくましく、感じやすい南部人だった。酒が回り、悲しみ、誇り、怒りがこみ上げ、最後に陸軍の自慢が始まるや立ち上がった。

「いいかげんにしろ。でたらめばかりいうな」とホワイトは怒鳴った。そして大きな拳骨をカーキ色のシャツの上の顔に叩きつけた。直ぐに両方のテーブルにいた全員が立ち上がって殴り合いになり、一〇秒後には広々とした食堂全体に乱闘が広がった。白い服とカーキ色の服が罵り合いもつれ合って、たくさんの操縦士が床に倒れた。そして二〇分たって海岸警備隊がやって来て騒ぎを静めた。切傷と打撲傷を被ったにもかかわらず、全員翌日には体の具合は良くなっていた。

妻がハワイで働いている者が数人いたが、街中にアパートを持っており、幸運だった。たとえ灯火管制のため厚いカーテンで半ば窒息しそうでも。第六爆撃飛行隊のハーヴェイ・ランハム夫婦もそうだった。ミッドウェー海戦後のある夜、二人が灯火管制した居間で静かに話をしている時に、ドアに激しいノックの音がした。

ハーヴェイがパンツ姿でしぶしぶドアを開けると、ホノルル警察の警官が違反キップ帳を持って立っていた。

「やあ、今晩は。窓から明かりが洩れてますよ、解ってますか」

「いや、勿論そんなことはないよ。ちゃんと閉めたはずだよ」

「いや、開いてますよ、幅一キロもね。急降下爆撃機の操縦士は五、〇〇〇メートル上空からその明かりを見つけ、正確に爆弾を投下しますよ」

「そいつは今まで聞いたことのないかなり優れた夜間爆撃だな。俺は五年前から急降下爆撃機の操縦士をやっているんだぜ」

「あんなこと言わなければよかった」。ハーヴェイは後でこう認めている。「ちょうどその時に、警官が違反キップを書き始めたんだよ」。

エンタープライズは手入れと修理のために、二週間海軍工廠にいた。ペンキは剝げ、煤だらけで汚れ、空気パイプ、ガソリンパイプ、動力ケーブルが散乱していたので、乗組員には整頓してきれいになるとは思えなかった。昼夜を分かたず空気ハンマーが鉄板をガタガタいわせ、トーチがシューという音を出して鉄を切断し、青い溶接用のアークライトが光り、艦内に熱い電気の匂いを吹き出した。

やるべきことはたくさんあった。戦闘が絶えず続いている状況では、海上で複雑な機械を保有することは難しかった。ここ数ヶ月と数週間の手入れと修理はパールハーバーの海軍工廠でしなければならなかった。乗組員はそのことをよく解っており、優越感から舷門に工廠の工員へ向けて大きなあいさつをペンキで描いた。

「この船は世界でNO・1である。マーシャル、ウェーキ、南鳥島、それにミッドウェーで戦ってきた歴戦の船である。仕事を早く片付けろ」

七月一四日、フランスの革命記念日の昼食が終わってすぐに、第六爆撃飛行隊の数人の操縦士がホノルルでの最後の上陸休暇を楽しむために、舷門を降りていた。その時、一人のオーストラリアの兵士が日差しの強い波止場をやって来た。間違えようのないつばの広い帽子をかぶり、底の厚い靴を履き、半袖の開襟シャツと半ズボンを着ていた。若い操縦士にはオーストラリアの兵士に知り合いはいなかったが、その兵士の歩き方や動作には何か見覚えがあった。その兵士が手を振ったので、操縦士達もためらいながら礼儀上、手を振り返した。

それからその兵士が舷門を上がってきて、お互いに顔を見つめ合った時、操縦士達は大声を上げて相手に跳び付き、背中を叩き手足を触った。その兵士はダーキンだった。二ヶ月前、珊瑚海へ行く途中で偵察に出て行方不明になり、ずっと死亡したと見なされていた。身の回りの品は整理して故郷へ送った。そのダーキンが日焼けした元気な幽霊として帰ってきたのである。二週間ゴムボートで漂流し、その間に銃手は死亡した。しかしダーキンはある島に流れつき、そこでオーストラリアへ向かう船に救助され、オーストラリアで一ヶ月間過ごし、長い旅の末帰ってきたのだった。その夜はロイヤルハワイアンホテルで盛大な祝賀会が開かれた。

七月一五日の朝、エンタープライズは新しい乗組員と飛行機、大砲を乗せて、再び敵に向かって出港した。港の外では駆逐艦が半円形の輪型陣を組み、新しく加わったノースカロライナとアトランタ、顔なじみで信頼できるポートランドがその背後に位置し、南へと向かった。

クーラウレンジ（訳注：オアフ島の東海岸にある山脈）の上空に懸かっている積雲が艦尾から未だ見えている時に、飛行隊がカネオへ飛行場から飛んできて着艦した。この飛行隊は一ヶ月前、楽隊の演奏と共にオアフ島へ着陸した、ミッドウェーで大打撃を受けた歴戦の部隊とは別だった。待機室は熱心で決意を固めた新顔でいっぱいになった。一ヶ月前は〝新米〟だったエンタープライズの操縦士は今や、去ったグレイ、メール、ガラハー、ベスト、ディッキンソン、リリィーの代わりを勤めなければならないことが解った。

キンケイド少将の部隊が着実に赤道へ向かって進んでいる間、ジョン・クロメリンは操縦士の訓練を行っていた。毎日前方と両翼へ三〇〇キロに及ぶ偵察飛行を行った。対潜水艦用のアヴェンジャーは水平線まで潜水艦を追い求め、また陣形の内側と中間での哨戒を絶えず実施した。上空戦闘哨戒任務のワイルドキャットは常に上空を警戒した。飛行可能な飛行機は全機、毎日訓練を行った。戦闘機は熱心に格闘戦の訓練を、新しい雷撃機アヴェンジャーは低空からの高速の模擬攻撃を、爆撃機は上空から垂直に降下して牽引した標的に爆弾を投下する訓練を。

パールハーバーを出港してから一〇日後、当直者は熱帯の植物の甘い香りを嗅ぎ始め、また南海の島の上空に搭のようにかかっている雲を見るようになった。

この時点までエンタープライズの大半の乗組員は敵の基地を攻撃すると思っていた。それは論理的であるように見えた。ミッドウェーで日本軍の攻撃意図を叩きのめした後は、敵の攻勢は占領した広大な島々のもう一つの先端である南太平洋に向けられるはずだった。しかしトンガの港がごったがえしているのをみれば、この作戦が単なる一撃離脱の攻撃ではなく、本格的な攻撃計画であることが明白だった。ヌクアロフ（訳注：トンガの首都である港町）を出港してからは、空母部隊のすぐ前方を舷側の高い輸送船団が航行した。輸送船の甲板は海兵隊の汚れた制服で緑色になり、またダビット（訳注：ボートを舷側外側で上げ下げする装置）には小型の上陸用舟艇が吊るされて、ずらっと並んでいた。上陸作戦が行われることは明白だった。しかしどこで？　水兵達は太平洋の島を余り詳しくは知らなかったので、推測できなかった。しかしどこであろうとも、「ビッグE」は全く新しい任務、――上陸部隊の護衛と支援――を果たさなければならなかった。

　エンタープライズはこれまでマーシャル、ウェーキ、南鳥島、そして東京空襲で、攻撃し避退することは学んでいた。ミッドウェー海戦ですら大規模な攻撃を三回掛けた結果戦いは終わり、艦隊は母港へ帰った。しかし今度の予想される上陸作戦では、エンタープライズ以下の空母は、敵の空襲から海兵隊を守り、さらに必要な航空支援を与えるために、戦闘機が上陸地点に直ぐに行ける範囲内に止まらなければならないであろう。それは敵が簡単に計算できるかなり小さい区域に、陸上基地の航空隊が充分な戦力を備えて空母と交替するまで止まることを意味していた。簡単に言えば、空母の一番の利点である機動性を自ら放棄するのだった。果てしのない海から現れて攻撃し、そして再び海へと姿をくらまし、次ぎの日は一、〇〇〇キロも離れた場所を攻撃するという機動性を。

　七月二六日の正午にワスプとエンタープライズを中心とする機動部隊と護衛を伴った輸送船団は、フィジー諸島の南東約六〇〇キロの地点で、サラトガ、ミネアポリス、ニューオーリーンズと五隻の駆逐艦から成る機動部隊、それに巡洋艦ヴィンセンス、クィンシー、アストリア、サンジュアン、オーストラリアの巡洋艦キャンベラ、オーストラリア、ホバートを含む巡洋艦・駆逐艦部隊と合流した。その結果連合国が過去七ヶ月の戦争期間中に持ったことがない強力な海軍部隊を形成した。

キンケイド少将はフレッチャー中将、ターナー少将、ノイス少将、マッケイン少将、キャラハン少将、海兵隊のヴァンデグリフト少将と打合わせをするために、ハイライン（訳注：船と船の間に張り渡した太い綱）を伝ってサラトガに行った。

エンタープライズの乗組員には、海上に味方の軍艦が満ち溢れている光景は喜ぶべきものだった。乗組員はたった二隻の巡洋艦の支援だけで、どれぐらいの戦力を備えているか解らない敵の基地へ単身殴り込み攻撃を掛けたことをよく覚えていたからである。士気は上がった。眼前に展開している艦隊を阻止することはとうてい不可能のように見えた。艦隊は三隻の大型空母、新鋭の戦艦、一隻の重巡洋艦、三隻の軽巡洋艦、数えられないほどの数の駆逐艦から成り、それに重装備の海兵隊員でいっぱいの輸送船二〇隻が加わっていた。

打合わせが終わって艦隊は北西へと動き始めた。上空戦闘哨戒機が頭上を旋回し、またドーントレスとアヴェンジャーが広い範囲を捜索した。

七月の二〇日から三一日にかけてフィジーのコロ島沖で上陸作戦の予行演習が行われた。海兵隊員は舷側に垂らしたネットを伝って降りて、上下に動く上陸用舟艇に移った。一方、巡洋艦と駆逐艦は海岸を砲撃する訓練を行った。エンタープライズの搭載機は海岸の標的を爆撃し、機銃掃射した。立派な協同訓練だった。しかし珊瑚礁のため数人の海兵隊員しか海岸に辿りつけなかった。

侵攻艦隊はフィジーから数日間、一番遅い輸送船の速度に合わせてゆっくりと西へ進んだ。それから北へと向きを変えた。クロメリンとハーデンは偵察機の操縦士に、この海域の味方の船舶についてずっと説明した。説明にない船は敵の疑いがあった。

八月七日夜明けの一時間半前に「ビッグE」の艦内に起床ラッパが鳴り響いた。乗組員が真っ暗な甲板に上がってきた時、陸地が近くにあると気付いた。海は波静かだったし、船は一〇から一二ノットとゆっくりとした速度で、人目を忍ぶように静かに動いていたし、また湿って腐ったジャングルの匂いがしたからである。乗組員は朝食を摂るために下に降りた。そして夜明け前の総員配置の警報で戦闘部署に就いた。

朝の最初の光が黒い海を灰色に染めた時、上甲板にいる者は前方に暗い大きなものがあるのが解った。そしてスピーカーを通じてデイヴィス艦長がターナー少将からのメッセージを読み上げた。

「本日八月七日わが部隊は現在敵の手にあるツラギとガダルカナルを奪い返すつもりである」

第一〇章――ガダルカナル上陸作戦

ソロモン諸島はオーストラリアの北東一、六〇〇キロに位置している。北西の端のニューブリテン島・ニューアイルランド島から南東の端のニューヘブリデス島へと連なっている。北は広い太平洋に面し、南は珊瑚海に面している。北の端の近くにあるブーゲンヴィル島を除けば、ガダルカナルはソロモン諸島で一番幅の広い島である。

もし南緯一〇度の線と東経一六〇度の線が交わる所が照準装置の焦点に入ったなら、その武器はガダルカナルのほんの少し下か、さもなければ真ん中に命中したであろう。他の島と同じようにガダルカナルも山が多く、熱帯のジャングルで蔽われていた。しかし北の海岸には平地があり、飛行場の建設には適していた。

一九四二年五月の初めに日本軍は翔鶴、瑞鶴二隻の空母の支援を得て、ヨークタウンの航空隊の激しい反撃を受けながらも、ガダルカナルの三二キロ北にあるフロリダ島のツラギに水上機の基地を作ることに成功した。珊瑚海海戦の結果、この地域での敵の進出はしばらく阻止された。ミッドウェーで四隻の空母を失ったので、侵攻するよりは占領地の防衛を強化をするほうがいいと考えた。そして六月の後半にガダルカナルに飛行場を建設することを開始した。

南太平洋の連合国の戦略は、ソロモン諸島を島伝いに一歩ずつ前進し、オーストラリアへの脅威となっているニューブリテン島のラバウルにある敵の主要基地を目指すというものだった。それ故、南ソロモンに敵の強力な航空基地ができることは絶対容認できなかった。

日本軍が今まで聞いたことがない島に滑走路を作るために数百人の設営隊を派遣したために、アメリカ合衆国と連合国が東京へと続く長い血まみれの水陸両用作戦の進撃の開始地点として、心ならずもガダルカナルを選ぶことになったのである。

エンタープライズでは五時一五分にエンジン始動が命じられた。エンジンが青い煙を吐き出している間に、プロペラを手で摑んで回すと二～三度回って停止し、また回り出した。エンジンがスムースにアイドリングを開始し、暖気運転をしている時に、青い光の輪がカウリングの排気管で発生した。甲板と艦橋にいた夜間当直者には、その連なった青い輪の輝きは、島に向かって速度を落としている時に、自分の存在を暴露するように見えた。また夜明け前にウェーキ島へ飛行機を発進させた時のことを思い出させた。あの時は青い繭《まゆ》のような輝きのため操縦士の目が見えなくなり、ティーフ兵曹長は片目を失い、大事な攻撃のタイミングを逃した。

日の出の一時間前にエンタープライズ、ワスプ、サラトガは発進を開始した。ルー・バウアー率いる最初のワイルドキャット八機が「ビッグE」を飛び立ったのは午前五時三五分だった。真っ暗闇の中に上弦の月のおぼろげな光だけが輝いていた。空は半分が低い雲で覆われており、水平線がかすかに見えていた。三分後、T・S・ゲイ中尉が八機のワイルドキャットを率いて発進した。五時四〇分にターナー・コールドウェル大尉が、一、〇〇〇ポンド（四五四キロ）爆弾を搭載した第五偵察飛行隊の九機のドーントレスと共に発進した。エンタープライズの操縦士はジョン・クロメリン、バート・ハーデン、そしてエフェテでもらった陸軍航空隊が撮影した写真のおかげで、目標が何であり、どこにあるか事前に説明を受け完全に知っていた。

ガダルカナルの五〇キロ西の真っ暗な空で、三隻の空母から発進した飛行機は旋回しながら合流した。母艦を発進してから八キロの間は全ての機は、後続する機のために機尾に白いかすかな明かりだけを点けることを許されていた。合流地点では航行灯を点灯できた。

八月七日の夜明け前の合流は危険で混乱したものだった。灯りを消した飛行機はお互いにかなり近くまで接近した。戦闘機は爆撃機と入り混じり、ある空母の爆撃機は別の空母の編隊にまぎれ込んでいた。危機的な状況になった時に合流地点で爆発が起こり、多くの操縦士はニアミスの経験があるので神経質になっており、その爆発を衝突のためと思い、散らばった。後に別の空母のドーントレスの操縦士が不注意で爆弾を落とし、触発式の信管が付いていたため、海に落ちた瞬間に爆発したと解った。しかし再度集合するためには、海上の暗闇の中で飛行機が溢れかえっている状態なので、さらに長い不安な時間を要した。

不注意に落とした爆弾が沖で爆発したにもかかわらず、敵はぐっすり眠っており、アメリカの艦隊と飛行機がいるとは夢にも思っていなかった。アメリカ海軍の重巡洋艦クィンシーは六時一三分に八インチ砲で砲撃を開始した。明るくなって飛行機が上空に現れた時、他の巡洋艦や駆逐艦も砲撃に加わった。海兵隊員を満載した上陸用舟艇は上陸地点に向かって滑るように進んだ。上陸地点は作戦命令ではガダルカナルは「ビーチレッド」、海峡を隔てたツラギは「ビーチブルー」と名付けられていた。

砲撃支援艦がゆっくりと行ったり来たりして、海岸と平行に進み、大砲を真横に向けて砲台、倉庫、小型船舶を砲撃する一方、空母を発進したワイルドキャットはココ椰子の木のすぐ上を飛んで、木造の建物、ボート、テント、トラック、その他動くものは全て曳光弾と焼夷弾で機銃掃射した。ツラギには先ず戦闘機が行き、数分後にターナー・コールドウェルの率いる九機のドーントレスがやって来て、小さな島の南西海岸に大型爆弾を投下した。その後で機銃掃射を行った。

ほとんど抵抗はなかった。時々対空砲が撃ってきたが、敵を捜していた戦闘機に直ぐに攻撃され、砲員は森の中へと逃げていった。

七時までに操縦士は、緑色の軍服でいっぱいのずんぐりした上陸用舟艇が、輸送船から海岸へと動き始めるのを見た。

七時過ぎにレイ・デイヴィスが一、〇〇〇ポンド爆弾を搭載した第六爆撃飛行隊の一八機のドーントレスと共に、ツラギの上空にやって来た。ワスプの航空隊の指揮官ウォレス・M・ビークリー少佐の要望によって派遣されたのだった。アヴェンジャーに乗っていたビークリー少佐はツラギ上空の航空支援隊を統制、配置しており、海兵隊が上陸すると直ぐに間接的に連絡をとっていた。

ガダルカナルではエンタープライズの航空隊の新しい指揮官マックスウェル・F・レスリー少佐が戦闘機二機の護衛を連れて、午前九時から午後六時二〇分まで同じ任務を遂行した。レスリー少佐が連絡をとっていたのは、輸送船団戦闘機監督士官〝スリム〟・タウンゼントだった。

ツラギに上陸した海兵隊は激しい抵抗に出会ったが、飛行隊は午前中ずっとなんの反撃も受けず損害もなかった。戦闘機は機銃掃射する他、空母の上空で警戒に当たった。また兵士と積荷を下ろしている輸送船と敵基地の間を北西へ航行している巡洋艦と駆逐艦の上空の警戒もしたが、何事もなく平穏だった。急降下爆撃機は邪魔されることなく、何度も往復して爆弾を投下した。雷撃機は必ずあるであろう敵の反撃に備えて、エンタープライズの艦上で待機していた。

妨害が全然なかったので、海兵隊員と装備の揚陸は順調に進んだ。エンタープライズの水兵はこの日の朝は戦闘配置場所でサンドイッチを食べながら、東と北東の方角にガダルカナルの深緑色の丘を眺めた。艦砲射撃と爆撃で島からは黒い煙が上がっていた。

ガダルカナルの北岸とフロリダ島の南岸に挟まれた海域はVの字を横にした形をしていた。先端は南東の方角を向いていた。ガダルカナルの「ビーチレッド」は横にしたVの下の棒の真ん中あたりにあり、フロリダ島のツラギの「ビーチブルー」は上の棒の、ちょうどその真上にあった。この間の海峡は八月の初めから二～三ヶ月の間に、まことにふさわしい名前である「アイアンボトム・サウンド（鉄底海峡）」と呼ばれることになる。棒と棒の間の開いた真ん中には、火山の先端であるサボ島があった。

ガダルカナルとツラギの上陸作戦に対して、敵の部隊が反撃に出てくる場合、一番考えられるのは、サボ島を通ってVの字の開いた部分へ侵入するコースだった。それでサボ島の北側と南側での水上部隊の反撃に備えて、アメリカとオーストラリアの巡洋艦部隊が哨戒をしており、その上空では「ビッグE」の搭載機が上空戦闘哨戒に当たっていた。

しかし、午後一二時半にはガダルカナル上空での平穏な時間は終わった。レイド、ハルフォード、ハートマンと共に哨戒部隊の上空警戒に当たっていたルー・バウアーは、機種不明の多数の飛行機がやって来るのに気付いた。それでワイルドキャットは北西へと向かうよう指示を受けた。サボ島の直ぐ近くまで来た時、今度は南東八〇キロの空母へ戻れという指示を受け取った。バウアーは直ちに指示の確認を要請し、この指示が再度繰り返されたので、戦闘機隊を率いて母艦へと戻った。空母部隊の上空でワイルドキャットがやることもなく旋回している間に、日本の第一次攻撃隊がガダルカナル沖の船を攻撃した。

これは戦闘機管制士官がレーダースコープの方位角リングを見間違えて、バウアーの戦闘機隊に反対の方角へいくよう命じ、誤りには気付かなかったためだった。そしてバウアー隊がうっかりミスのため危険地域から引き返した間、空母の上空を哨戒していたゲイ、デポイクス、サムロール、アクテンがやって来る敵機を防ぐためにツラギへ行くよう命じられた。

それでこのエンタープライズの四機のワイルドキャットが高度四、八〇〇メートルでガダルカナル島の西の端を通過している時に、サボ島の東にいる警戒部隊の巡洋艦の上空と、「ビーチレッド」沖で荷物を揚陸している輸送船の上空に、対空砲火が炸裂し黒い硝煙が上がっているのを見た。ワ

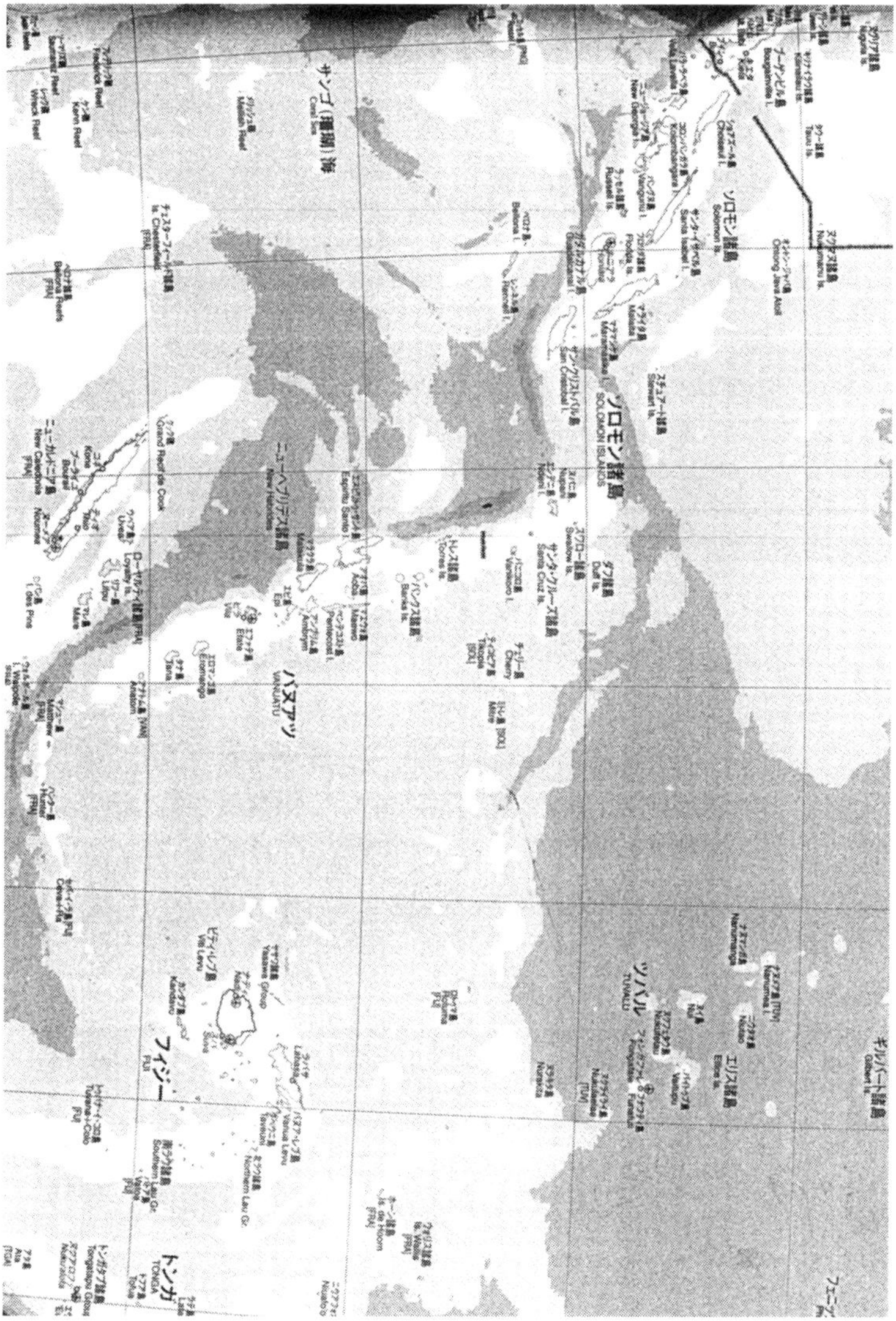
ソロモン諸島
SOLOMON ISLANDS
サンゴ(珊瑚)海
Coral Sea
ニューヘブリデス諸島
バヌアツ
VANUATU
フィジー
FIJI
トンガ
TONGA
ツバル
TUVALU
エリス諸島
ギルバート諸島

ワシントンＤＣのネーヴィーヤードの中庭に展示しているエンタープライズの錨（高さ４・５メートル）とプレート

「ビッグＥ」の誕生。1936年10月３日、ヴァージニア州ニューポートニューズ

第6戦闘飛行隊の操縦士、1942年2月。パールハーバーの後の最悪の期間に戦闘機の戦いの全ての重みを担った。前列左から3人目が副隊長のフランク・T・コルビン少佐、その右隣が隊長（後に航空群指揮官）ウェイド・マクラスキー少佐、その右隣がジェームズ・S・グレイ大尉、更にその右隣がロジャー・W・メール大尉

タフで潮に焼けたウィリアム・S・ハルゼー中将（中央）は将旗をエンタープライズに掲げ、パールハーバーの後の危機的な数ヶ月間に乗組員に自分の大胆不敵な精神を叩き込んだ。これは1942年2月最初の空母による攻撃作戦の後に信号艦橋で参謀達と写したもの。

ミッドウエー海戦における日本軍の重巡洋艦三隈。1942年6月6日の午後エンタープライズとヨークタウンの急降下爆撃機の攻撃で大破。エンタープライズのドーントレスが撮影。

ジョン・G・クロメリン中佐。操縦士の中の操縦士で飛行長と副長にもなった。エンタープライズの全ての乗組員のうち、彼の個性は「ビッグE」に消すことのできない一番大きい刻印を残した。

ジェームズ・H・フラットレー少佐。「グリム・リーパーズ」のリーダーとして有名。第10戦闘飛行隊の生みの親であり、飛行隊に積極果敢な精神を徹底的に注入し、戦闘で恐るべき戦果をあげるよう指導した。

ロビン・M・リンゼー大尉。エンタープライズの着艦信号仕官で、その雄弁なパドルで帰ってきた飛行機に適切な合図を送った、敵の爆弾が第二エレベーターを動けなくし、飛行甲板の一方に大きい穴が開いた時でさえも。

雨あられのように降り注ぐ爆弾に襲われるエンタープライズ。周りの海面には水飛沫が舞い上がり、海面下の爆発の衝撃で艦体は音を立てて振動した。

スタンリー・W・〝スェード〟・ヴェジタサ大尉。サンタクルーズ島沖で敵の2機の急降下爆撃機と5機の雷撃機を唯一回の射撃行程で撃墜した。

ローリー・E・〝ダスティー〟・ローズ中尉。サンタクルーズ島沖で激しい空中戦の結果撃墜されたが、無事生き残った。日本の捕虜収容所で約3年過ごした後帰国した。

南太平洋で行方不明になった多くの飛行士はどうにかこうにか帰ってきた。写真はジェフ・キャラムで、「スロット」で乗機の急降下爆撃機を撃ち落とされて3日間40キロ余りを漂流した後、救助された。

エドワード・H・〝ブッチ〟・オヘア少佐。ブーゲンヴィル島沖にて単機で敵の9機の爆撃機から先代のレキシントンを救い、議会名誉勲章を授けられた。自分が率いる航空隊で最優秀の操縦士かつ射撃手。

‘ウィリアム一世’・マーティン中佐（中央）と二人の搭乗員、ジェリー・T・ウィリアムズ（左）とウェスリー・R・ハーグローブ（右）。ビル・マーティンは第10雷撃飛行隊において夜間偵察・攻撃戦術の開拓者となり、後に第90夜間航空群を指揮した。

イルドキャットは対空砲火の炸裂地点から三〇〇メートル上をツラギに向かってそのまま進んだ。近くに敵機がいるに違いないと思い、あたかも頭を動かす体操をするように上下左右に頭を振って捜した。

ヴィンセント・デポイクス大尉が最初に敵編隊を発見した。統制のとれたハエのような黒い斑点の塊で、フロリダ島の南岸の三、六〇〇メートル上空を北西へと向かっていた。デポイクス大尉は邀撃《ようげき》するために直ぐに進路を変え、他の機も銃を装塡しスロットルを開いて続いた。フロリダ島のツラギとは反対側の北の海岸の真ん中の上空で、ワイルドキャットは攻撃を掛けた。ゼロ戦に護衛された三〇機の双発の爆撃機で、水平の緊密なV字の隊形をとっており、時速三〇〇キロで飛行していた。

四機のワイルドキャットは直ちに攻撃を開始した。デポイクスは敵機の前方上空から相対速度約九〇〇キロで近付き、射程距離に入った後、数秒間の遠距離射撃を加え、それから敵機の背後の下で急上昇して攻撃した。サムロールはデポイクスが最初の標的に曳光弾を撃ち込み、敵機が煙を吐くのを見た。背後からの攻撃の時は見ることができたので、デポイクスは二番目の敵機が編隊から外れてフロリダ島の北の海に落ちるのを見た。

サムロールとゲイは茶色の翼の爆撃機隊を下に見て、両側から同時に攻撃し、編隊の下ですれ違って位置を入れ替え再度攻撃した。二人とも自分達の曳光弾が命中するのを見た。ゲイは攻撃し始めた時に、編隊のすぐ後ろの下に二機のゼロ戦がいるのに気付いて、一瞬注意がそれたが、射撃は正確で標的は煙を出して速度が落ちた。

アクテンはデポイクスの後ろから攻撃したが、直ぐに背後からやって来た二機のゼロ戦との戦いに巻き込まれた。アクテンは一機を引き離して、どうにかその背後に回り込み、正確な射撃を加えた。そのゼロ戦は煙は出さずに、垂直に急降下して逃げ去った。アクテンは追い掛けようとしたが、曳光弾が機体をかすめ、右翼に二〇ミリの穴が幾つも開くのに気付いた。損傷を受けたし、敵機を振り払えなかったので、アクテンは雲の中に急降下して突っ込み、身を隠した。

他の三機も二度目の攻撃の後、護衛のゼロ戦に追いまくられ、アクテンと同じように機体が穴だらけになり、フロリダ島の上空に搭のように重なっていた雲の中に逃げ込んだ。

これは第六戦闘飛行隊にとって忙しい午後の序曲であった。ファイヤーバフ、ステファンソン、ウォーデン、ディスクー、ローズ、マンキンは、サボ島付近で警戒に当たっていた巡洋艦部隊の上空援護のために、午後一時に飛び立った。その途中で敵の爆撃機がやってきたという警報を聞いた。そしてサボ島の北西へと大きく回り込んでいる時に、先ほどデポイクス隊が攻撃したばかりの編隊を発見した。この時点では敵の編隊はサボ島の北西五五キロ、隣の島であるサンタイサベル島の南東の端の上空におり、高度三、六〇〇メートルを時速三三〇キロで基地に帰るところだった。

ファイヤーバフは高度四、八〇〇メートルでスロットルを全開して追跡を開始した。ワイルドキャット隊は急速に三菱九六式陸上攻撃機の編隊に追いつき、ファイヤーバフは八キロ後方から編隊を急降下させた。両側から同時に攻撃できるように、ファイヤーバフはステファンソンとウォーデンを率いて右へ急降下し、ディスクーとローズ、マンキンは左の方へ急降下させた。五キロまで近付いた時、最初に護衛のゼロ戦が目に入った。爆撃機隊の後方の下に三機のゼロ戦がおり、さらに七機が階段状をした梯形の右の編隊の前方の下にいた。重くて頑丈なワイルドキャットがとても適《かな》わないような驚くほどの敏捷さで、前方のゼロ戦は右旋回して急上昇し、編隊を通り抜けてきて、射撃をしてきた。同時に後方にいた三機のゼロ戦も四五度という信じられない角度で真っ直ぐ前方へ上昇し、ファイヤーバフの小隊への攻撃に加わった。

ディスクーとローズ、マンキンは妨害を受けることなく太陽を背にして降下してきて、爆撃機を上から攻撃した。ディスクーとマンキンは攻撃成果を確認することなく、上昇して再び攻撃した。

郵便はがき

料金受取人払郵便

豊島局承認

6413

差出有効期間
平成27年3月
27日まで
（切手不要）

1718790

301

豊島区南池袋4－20－9
サンロードビル2F－B

株式会社 **元就出版社** 行

おなまえ　　TEL

おところ〒

このたびは当社の本をお買上げ頂き、ありがとう存じます。今後の企画の参考とさせて頂きたいと思いますのでお手数ですが、各欄にご記入の上ご返送下さい。また新刊のご案内などもいたしたいと存じます。

書名

●本書についてのご感想をお聞かせ下さい。また、今後の出版物についてどのようなテーマ、著者を望まれますか。

●本書をお買上げいただいた動機。

A　新聞・雑誌の広告で（紙・誌名　　　　　　　　　　　　　　　）

B　新聞・雑誌の書評で（紙・誌名　　　　　　　　　　　　　　　）

C　小社刊行物で　　D　書店で見て　　E　人にすすめられて　　F　その他

●小社刊行物のご注文（書店・冊数を明記下さい）

二機の爆撃機が煙を出して、編隊の後方で落ちていった。ディスクーは直ぐに一番近くの爆撃機に襲い掛かった。その爆撃機は炎を出して斜めに海へ落ちていった。

編隊の背後からワイルドキャットが迫って攻撃している間も、爆撃機隊は一分間五キロ以上の速度で着実に北西へと飛行していた。ディスクーとマンキンがゼロ戦を追い払った時は、既にエンタープライズから二四〇キロも来ていた。最高速で追撃し攻撃したため、燃料は危険なくらいまで減っていた。帰るべき時だった。

ローリー・E・ローズ中尉は最初の攻撃の後、ファイヤーバフと二機の僚機に手を貸すために、編隊の反対側への攻撃を続けた。しかし気が付くと味方のワイルドキャットがいなくなり、代わりにゼロ戦四機に囲まれており、茶色の胴体と黄色の翼のゼロ戦との渦巻くような乱戦となった。水平線は垂直になり、海はしばしば頭上にきた。重力のため視野は真正面に限られ、胃は鉛のように重くなり、血が頭から下へ降りた。ローズは敵の一機を撃ち落とし、七・七ミリ銃で穴だらけになりながら雲の中へ逃げ込み、どうにかこうにか帰艦した。

ファイヤーバフ、ステファンソン、ウォーデンはこの追撃戦から帰ってこなかった。

ガダルカナルの戦いの初日の午後三時頃までに、日本軍は高空からの爆撃から急降下爆撃へと戦術を変えた。第六戦闘飛行隊のA・O・ボース大尉は四機のワイルドキャットと共にサボ島近くの警戒部隊の上空哨戒に当たっていたが、午後二時三〇分にガダルカナルとツラギの真ん中を急降下爆撃機が三機、自分達と同じ高度でやってくるのを見付けた。敵の編隊は停泊している輸送船団に近付いていたので、上昇したり有利な位置をとるために機動したりする時間はなかった。ボースは真横から一直線に突っ込んでいったが、結局三番目の爆撃機の尾部を追い駆ける形になった。ボースが射撃を開始した時、敵の爆撃機は背後からワイルドキャットが射ってくるまま急降下に入った。ボーその瞬間、ボースは爆撃機が急降下フラップを開いて速度を落とした時に攻撃を阻止できると考えた。その速度は落下タンクを付けていない重いワイルドキャットがほぼ垂直に降下した時の最低速度よりも遅いはずだった。

しかし敵の爆撃機はフラップを開かなかった。おそらくそれで逃げきれると思ったか、ワイルドキャットが速度を増してくるのに驚いたためであろう。これは致命的な過《あやま》ちだった。ボースは後尾にくっついたまま射撃を続けた。その弾道はまるで二つの飛行機をつなぐロープのようだった。高度六〇〇メートルで爆撃機が激しく煙を出したので、ボースは機首を上げた。そして敵機が「アイアンボトム・サウンド」(この時点ではまだこの名は付いていなかったが)に真っ直ぐに落ち、海面のあちこちに燃えるガソリンをばらまいたのを見つめた。ボースの分隊の他の三機のワイルドキャットは、敵の爆撃機が急降下を始めた時に、その機影を見失った。

ランヨン、パッカード、クック、シューメーカー、ナグル、マーチの乗る六機のワイルドキャットは平穏な哨戒飛行から帰ったばかりだったが、サボ島近くの警戒部隊の上空戦闘哨戒を強化するために、午後二時に再び発進した。持ち場へ近付いた時に敵機がその辺りにいると注意を受けた。それと同時に警戒部隊の上空に対空砲火の黒煙が多数炸裂しているのに気付いた。敵の第一の目標は錨を降ろしている輸送船だと判断したので、ドナルド・ランヨンは対空砲火を避けてガダルカナルの「ビーチレッド」へ向かった。ルンガ岬の上空に敵の急降下爆撃機が一機だけいた。その爆撃機は時代遅れの固定脚を付けているように偽装していた。ランヨンとパッカードはその爆撃機を追い掛け、上空から機体を捻りながら降下した。ランヨンの射撃は魚尾型の敵機には効果がなかったが、パッカードの機銃によって敵機は爆発し、炎と黒い煙を出しながら海へ落ちた。

最初の攻撃の後、ランヨンは機体を水平にして、周囲を見回した。すると前方の上空から別の急降下爆撃機がやって来た。明らかに最初の爆撃機とはぐれた僚機だった。ランヨンは機首を上げて射撃を浴びせたが、ちょうど同時にシューメーカーも横から攻撃した。一二丁の一二・七ミリ機関砲の十字砲火を受けて敵機は直ぐに炎を出して横転し、青い空に二筋の黒い煙を描きながら海へ真逆様に突っ込んでいった。

別の敵二機が帰艦するために海面近くに降りていた。ワイルドキャットは撃墜するために急降下した。ランヨンは一機を高度一五〇メートルから海へ叩き落とした。シューメーカーとマーチはもう一機を狙い、マーチは後ろから、シューメーカーは右側から攻撃した。シューメーカーが敵機へ接近し始めた時、マーチはもう射撃していた。ガダルカナルの上空には少なくともその時点では敵機はいなくなった。ランヨン、マーチ、パッカードはエンタープライズに帰艦したが、ナグル、クック、シューメーカーは大事を取ってサラトガに着艦した。

「ビッグE」の戦闘機隊が日本軍の反撃に大きな損害を与えている間、爆撃機隊は海岸にある敵の陣地と施設を丹念に攻撃していた。また雷撃機の編隊は半分は予備の攻撃隊として待機、残りは敵がやってくるに違いない海域を捜索した。

第六爆撃飛行隊のカール・ホーレンバーガー大尉率いる八機のドーントレスが、午後一時にツラギの上空二、四〇〇メートルで目標を捜している時に、敵の水平爆撃機がやって来た。護衛のゼロ戦二機がドーントレス隊を調べるために降下してきた。そして一機が背後から攻撃したが、後部座席の銃手達が一六の機関銃を巧みに操作して砲火を集中したため、ゼロ戦は爆発してツラギ沖の海へ落ちていった。もう一機は本気で攻撃する気はなく、遠方から射撃していたが、恐らく本来の任務は爆撃機の護衛であることを思い出して去っていった。ただその七・七ミリ銃はギブソン少尉の五〇〇ポンド爆弾の翼板をねじ曲げ、R・C・ショー少尉のドーントレスの昇降舵に穴を開けた。八機のドーントレスは爆撃任務をやり終えて無事に帰艦した。

八月八日はエンタープライズの飛行甲板の上は大忙しだった。ガダルカナルの南東の端の沖、隣の島であるサンクリストバルのすぐ近くで行動しながら、三隻の空母とサボ島沖の警戒部隊の上空戦闘哨戒機を送り出した。またその間もドーントレスはガダルカナルとツラギで、未だ敵が死守している所はどこでも攻撃し続けた。

ランヨン、シューメーカー、ラウズは太陽が輝いている暑い午前の遅くに、高度五、〇〇〇メートルで警戒部隊の巡洋艦の上空を哨戒していた。三機のワイルドキャットはVの字に近い隊形を組んで、燃料を節約するためにスロットルを絞りながら旋回していた。操縦士の顔は酸素マスクとヘルメットでゆがんでおり、黒い車輪は翼の前縁の下にしっかりと格納されていた。

正午頃に警戒戦闘機管制士官から、敵の雷撃機が北方からフロリダ島の東端を過ぎて低高度で近付いて来ているという連絡が入った。三機のワイルドキャットは直ちに速度計の針を最高速の赤のゾーンにずっと止めたまま、四、八〇〇メートルを一気に急降下した。そして三機がばらばらの間隔で列をなしながら、フロリダ島とガダルカナルの間の狭い海峡の上を横切った時に雷撃機を発見した。雷撃機は非常に低く飛んでいたので、プロペラの起こす風が海峡の静かな海面に小波を立てていた。

ランヨンは一番近くにいた敵機を真横から攻撃したが失敗し、直ぐに鋭く向きを変えて次ぎの敵機を正面から攻撃して、海に叩き落とした。ランヨンの直ぐ後ろにいたラウズは最初の敵機を背後からの近距離射撃で撃墜し、向きを変えて次ぎの敵機の後部に付いて、一回だけの長い射撃で炎上させた。ラウズは次ぎの標的を捜して回りを見回したが、ゼロ戦が背後に食い付いてきており、さらにその後ろからシューメーカーが追撃してきて射撃していた。ゼロ戦はシューメーカーの一二・七ミリ機関砲から逃れるために左へ急に向きを変えたが、その結果ランヨンの六丁の砲の正面に入った。ゼロ戦は横転して海へ落ちた。ゼロ戦が撃墜されたので、シューメーカーは機体を傾けて、五番目の敵機を真横から攻撃した。そしてその敵機が海へ落ちて水飛沫を高く上げ、その飛沫がゆっくり落ちていくのを確認した。

敵の雷撃は駆逐艦ジャービスに発射した一本だけが命中した。攻撃した二六機のほぼ全てを失った成果がこれだった。

八月八日の夕方、航空作戦を終えた時にフレッチャー中将は、指揮下の三隻の空母が長い間同じ海域に留まったままなので、日本軍はその位置を察知したに違いないと考えた。それで撤退を決意して、機動部隊はサンクリストバル島の暗い海岸沿いに南東へと移動した。

「ビッグE」の操縦士、着艦信号士官、整備兵、兵站補給係、飛行甲板勤務の全要員には休息が必要だった。二日間で三七二回の発艦と三六六回の着艦を行った。七日には戦闘時の一日の航空作戦としては新記録となる二三六回の発艦と二二九回の着艦作業をこなした。九一人の操縦士は延べ一、〇〇〇時間飛行した。

真夜中過ぎに無線にサボ島沖で水上艦艇の戦闘が起こっているという知らせが入ってきた。報告は混乱して矛盾だらけだったが、エンタープライズの乗組員はどっしりとして大口径の砲を備えた巡洋艦の力を信頼しており、自らと無防備の輸送船を充分守れると思っていた。それで多くの乗組員はその夜はぐっすりと眠った。

ガダルカナルの「ビーチレッド」沖に停泊していた輸送船マッコーレーのスリム・タウンゼント少佐は、もっと近くにいて戦闘を目撃したが、二五〇キロも南東にいたエンタープライズの乗組員と同じくらいしか解らなかった。タウンゼント少佐は大口径の大砲が発射する閃光を見て、しばらくしてからサボ島の方から砲弾の上げる雷のような音と貨車の走る低く重い音がするのを聞いた。時々熱で白くなったか赤くなった砲弾が飛ぶのが解った。それが命中した時は、爆発の火炎と閃光で空が全て稲妻で照らし出されたように輝いた。タウンゼントには解っていた、上陸した海兵隊員と船体の薄い輸送船の船員の生命は、数キロ北西の海域での戦闘にどちらが勝つかに掛かっているということを。そしてそれは朝までタウンゼントを含めて誰にも解らなかった。

朝になってタウンゼントが知ったことは（「ビッグE」も数分後に聞いたことだが）最悪のことだった。日本軍の重巡洋艦と駆逐艦の部隊がアメリカ軍の駆逐艦の哨戒線をすり抜けてやって来て、乗組員の多くは眠っていた警戒部隊の巡洋艦を訓練を積んだ大砲で砲撃し粉々にした。重巡クウィンシー、ヴィンセンス、アストリア、キャンベラがサボ島近くの海峡の底に沈んだ。シカゴは手ひどい損傷を受けたので、沈没の恐れがあった。「アイアンボトム・サウンド」の水面には、血まみれの火傷を負った何千というアメリカ艦隊の乗組員が生者と死者を問わず浮いていた。黒い石油と残骸の下では鮫が腹を減らしてうろついていた。水面には日本艦隊の乗組員も残骸も全然見えなかった。

混乱と、明るくなってからの空母搭載機の攻撃を恐れたため、無傷の敵艦隊は輸送船を殲滅《せんめつ》せず、物資を揚陸した海岸も砲撃しなかった。水上の警戒部隊は壊滅し、空母は高速で撤退している状況なので、敵艦隊はいつでも引き返して、任務を遂行できたのだった。

明るくなってから、物資を半分降ろした輸送船はボートを吊り上げて引き揚げ始めた。敵が支配する海域には輸送船は留まることはできなかった。サボ島沖海戦（日本側呼称：第一次ソロモン海海戦）の結果、ツラギとガダルカナルの周囲の海の支配権は日本に移った。

第一一章——東ソロモン海戦（日本側呼称：第二次ソロモン海戦）

エンタープライズ、ワスプ、サラトガは二週間ソロモン諸島の南側を哨戒した。小さくて高速の駆逐艦輸送船が兵員、弾薬、食料を積んで「アイアンボトム・サウンド」に忍び入り、揚陸を終えると再び高速で帰っていった。日本軍の軽巡洋艦と駆逐艦はラバウルから毎夜長い「スロット」を降ってきて、アメリカ軍の陣地や拠点を砲撃した。有難くない規則正しさでやってくる日本艦隊を海兵隊員は「東京急行」と呼んだ。

三隻の空母部隊は敵の航空偵察範囲と水上艦艇の到達範囲からかなり離れた場所に止まったが、搭載機は毎日潜水艦を捜索し、偵察飛行を行った。日本軍はガダルカナル周辺の海を実際上支配していたので、海兵隊を追い払えると確信し、大いに努力していた。そしてフレッチャー中将は指揮下の空母が日本軍と戦う態勢をとるよう望んでいた。

最初の上陸作戦から数日過ぎてから良い知らせが次ぎ次ぎと伝わってきた。ファイヤーバフ大尉は無事でサンタイザベルにいた。ウォーデン兵曹長は六日間ゴムボートで漂流した後、ガダルカナルのビアロ湾の連合国の沿岸監視員に保護された。そしてツラギ沖で不時着水したアクテン兵曹長が一九日に、巡洋艦サンジュアンからハイラインで「ビッグE」に帰ってきた。

同じハイラインで「ビッグE」と飛行隊に勤務を命じられた新任の少尉達が移ってきた。最初の少尉が両艦の間の波の上を揺られながらやってきた時、デイヴィス艦長は信じられないといったように首を振り、ジョン・クロメリンは悪態をついた。その若い士官は右肩にゴルフバッグを掛け、左手にテニスラケットを摑んでいたからである。

エンタープライズと他の二隻の空母がソロモン諸島の南方を哨戒し、潜水艦を避けていた時、日本軍はガダルカナルを奪回するために戦力を集結させていた。戦艦、空母、巡洋艦、駆逐艦、基地航空隊が大日本帝国のあらゆる占領地から集められた。そして八月二一日までに空母三隻、巡洋艦一八隻、駆逐艦二五隻、陸上基地の航空機一〇〇機、そして一、五〇〇人の兵員を載せた輸送船が待機して、山本五十六長官の攻撃命令を待っていた。

パールハーバーではニミッツ長官がいつものように敵の意図を察知していた。空母ホーネットが一七日にソロモン方面に向かって出港した。二隻の新鋭戦艦と新鋭の防空軽巡洋艦一隻も大西洋の港を出て南太平洋に向かった。

一〇〇万トン近い世界最強の艦隊が灰色の艦首をガダルカナルに向けていた。その結果によりアメリカの数千人の海兵隊員がガダルカナルを死守するか、追い落とされるかが決まるのである。海兵隊員はこの島を嫌っていたけれど。

八月二〇日に海兵隊の一九機のワイルドキャットと一二機のドーントレスが、ガダルカナルのヘンダーソン飛行場に着陸した。これで悪臭の漂う島はアメリカ軍の航空基地となったので、日本軍はアメリカ軍を撃破するか、さもなければ初めて撤退を余儀なくされることになった。そしてこの日に山本長官はボタンを押した。

輸送船は駆逐艦に護衛されてラバウルから出港し、北からガダルカナルに近付くために東へと進んだ。また謎めいていて難攻不落という評判のあるトラック島からは、エンタープライズの昔からの大敵である大型空母翔鶴と瑞鶴が南へと向かった。また軽空母龍驤も出港したが、分かれて別個に行動した。そしてその前方には全て潜水艦が偵察のため先行していた。

山本長官の作戦計画はこうだった。先ず龍驤を攻撃を受け易い前面に出す。アメリカの航空隊が龍驤を攻撃している間に、翔鶴と瑞鶴が奇襲攻撃を加えて、アメリカの空母を撃破する。アメリカの空母が戦闘不能になれば、戦艦と巡洋艦部隊でヘンダーソン飛行場を砲撃し、海兵隊を追い払う。そして輸送船が到着して残敵を掃討する。そのため潜水艦と長距離偵察機はアメリカの空母を捜し求めるよう命じられた。

八月二二日の午前一〇時四五分、エンタープライズはソロモン諸島の東の端にあるサンクリストバル島の約一〇〇キロ南を東に向かって航行していた。上空には四機編成のワイルドキャットの小隊が三つ警戒に当たっていた。一〇時四八分、敵味方不明の航空機の白い輝点が「ビッグE」のレーダーに現れた。南西九〇キロ地点だった。FOD（戦闘機管制士官）は確認するためにもう一度アンテナが一回転するのを待った。それからマイクを取り上げて、戦闘機の一小隊に迎撃するよう命じた。しかし通信状況は悪かった。FODの声は電波状態悪化のため、かすれてよく聞き取れなかった。七分たってようやくヴォース大尉の小隊が迎撃に向かった。FODはレーダーのスコープをじっと見て、戦闘機に西に向かい、それから南に向かうよう命じた。

四〇キロ進んだ所で、ワイルドキャットは敵を発見した。大きな川西の四発の飛行艇で、高度二、四〇〇メートルで東に向かって偵察飛行をしていた。ワイルドキャットも同じ高度を取っており、ヴォース大尉は小隊を分けて、二機は前方下から、二機は後方上空から攻撃させた。ヴォースは最初に攻撃位置に付き、僚機と一緒に大きな飛行艇を高速の急角度の降下で攻撃した。飛行艇は回避する素振りを見せず、また尾部と側部に機関銃を装備しているにもかかわらず撃ち返してこなかった。ヴォースは短時間の射撃を加えた。すると翼の根元の胴体から火災が発生し、直ぐに翼に燃え広がった。しばらくして弱くなっていた翼は二本とも壊れて上へ折れ曲がり、ちぎれて飛んでいった。長い筒状の胴体は傾いて海へ落ちていった。落ちる途中で燃えている胴体から一人の人間が飛び出した。その男の体から突然小さい物が離れていった。その男はもうパラシュートを着けていなかった。

二二日の夕方までにフレッチャー中将は敵艦隊が出撃したことを知り、三隻の空母を北上させた。翌朝一〇時にデイヴィス艦長は敵の勢力圏であるソロモン諸島の北方で、ガダルカナルへ向かっている敵の輸送船団を発見したという報告を受け取った。この知らせは「ビッグE」の操縦士がこの日の朝、高速で南へ走っている二隻の潜水艦を既に発見していたことと一致していた。ターナー・コールドウェルは最初の潜水艦を七時二五分に発見した。しかし急速潜航したために攻撃できなかった。ストロングとリッチィーは四〇分後に二隻目の潜水艦を発見し、水上で吹き飛ばし機銃掃射を加えて沈めた。

二時四五分までにフレッチャーの機動部隊は敵の輸送船団を攻撃範囲内に捕らえたので、サラトガに攻撃隊を発進させるよう命じた。ドーントレス三一機とアヴェンジャー六機が編隊を組んで、敵を求めて飛行した。

三時三〇分にマウルとエステスがもう一隻の潜水艦を発見した。これも水上を南に向かって走っていた。ドーントレスは潜水艦が急速潜航すると同時に攻撃した。二つの爆弾が艦体の近くで爆発した。潜水艦が姿を消して一分半後に石油が海面に流れ出して来始め、波静かな海に広がった。

この日の夕方、フレッチャー中将は情報部から、敵空母は全てトラックの北にいるという知らせを得たので、空母ワスプとその護衛艦を燃料補給のため南方へ送った。エンタープライズとサラトガは山本を追い返すために護衛艦と共に残った。

サラトガの攻撃隊は日本の輸送船団を発見できなかった。ヘンダーソン飛行場から飛び立った海兵隊の二三機の飛行機も同様だった。サラトガと海兵隊の飛行隊はガダルカナルへ着陸したが、帰ってきた。

「東京急行」の砲撃のため不安な夜を過ごした。サラトガの操縦士は二四日の午前一一時に母艦に

八月二四日は山本長官がガダルカナル奪回を指示した日だった。エンタープライズは夜明けの偵察を命じられた。二三機のドーントレスが六時半に飛び立った。先ず西に向かい、次ぎに北へ行き、そして東へと帰ってくる、行程三二〇キロの扇形の飛行コースである。長く孤独な偵察飛行の間海の上には敵の姿はなかった。しかし敵はその範囲外のどこかにいるのであり、非常に強力な戦力がガダルカナルに辿りつく前に、見付け出して撃破しなければならなかった。

一〇時までに偵察に出ていたPBYカタリナ飛行艇から報告が入り始めた。敵の空母一隻が巡洋艦一隻と駆逐艦を伴って、北西三二〇キロの所にいるということだった。その空母は龍驤だった。サラトガの戦闘機は母艦から僅か三〇キロの所をうろついていた四発エンジンの飛行機を撃墜した。また午後一時過ぎに第六戦闘飛行隊のバーネス兵曹長は、アメリカの機動部隊を視認できる所で、フロートを二つ着けた単発の水上機を撃ち落とした。敵機は機動部隊の近くから一掃されたが、こちらの空母の位置が知れたに違いなかった。

カタリナ飛行艇が敵に接触した後、フレッチャー中将は敵との距離をかなり詰めようとした。しかしこれは難しいことだった。日本艦隊は北西の方角にいた。風は南東から強く吹いていた。それで飛行機の発艦と着艦の度に、艦隊は風上の方に変針しなければならず、敵から遠のいた。午後一時過ぎにエンタープライズはもう一度偵察隊を発進させるよう命令を受けた。今回は飛行距離四〇〇キロに及ぶものだった。一時一五分に一六機のドーントレスと七機のアヴェンジャーが、単機で或いはペアを組んで、敵がいる可能性が一番高い北方に広がって偵察に向かった。これは恐らく史上最も重大な偵察飛行だった。

午後一時四五分にフレッチャーは山本が撒いた餌に食いついた。サラトガはカタリナ飛行艇の報

告に基づいて、龍驤を攻撃するために爆撃機三〇機と雷撃機八機を発進させた。翔鶴と瑞鶴は未だアメリカ軍に発見されていなかったが、サラトガとエンタープライズの所在位置を最新の報告により知って、注意を払いながら南方へ進んでいた。

フレッチャーは敵については半分盲の状況で、自軍は完全に身を曝しているように感じていたので、上空戦闘哨戒のワイルドキャットは二倍に増やした。また残りの飛行可能な戦闘機は全て燃料を積み、弾薬を装備して、暖気運転しながら待機していた。エンタープライズは信頼できる最初の接敵報告が入れば攻撃隊を発進できるよう、準備を整えていた。

輝く太陽の下、戦備を整えた軍艦が幾つかの部隊に別れて、ガダルカナルの北方に引き寄せられるように集まってきた。そして両軍は互いに相手を捜すために、空母の搭載機が太平洋の白波の上をきれいな幾何学模様を描いて飛行した。まるでボクシングの試合で第一ラウンドの初めに、ボクサーがお互いに右のパンチを打つ準備をしたまま、左手を長く伸ばしているかのようだった。

そしてエンタープライズの全ての偵察機が直ぐに敵を見付けた。信じられないことだった。午前中の入念な偵察で何も発見できなかったのに、まるで海上に敵が突然出現したようだった。

前日潜水艦を攻撃したストックトン・B・ストロング大尉と、ジョン・F・リッチィー少尉は、一六ノットで南へ進んでいる龍驤を発見した。八キロまで接近して六分間に亘《わた》って、その位置、進路、速度、それにその部隊構成（小型空母一隻、数キロ離れている重巡洋艦一隻、そして駆逐艦二隻）を報告した。

ほぼ同じ頃にアヴェンジャーに乗っていたビングマン少尉と、ドーントレスに乗っていたジョーゲンセン少尉も同じ部隊を発見した。この機種の異なるペアは高度一五〇〇メートルまで降下して、ストロングとリッチィーのように敵に八キロまで近付いて、無線で報告を送り始めた。三時一五分に空母の艦尾近くに爆弾による白い飛沫が上がるのを見た。上空を見上げると高度三、五〇〇メートルで水平爆撃をしている二機のアヴェンジャーの濃青色の小さな機影が見えた。その後すぐに怒ったゼロ戦がこの二機の偵察機に襲い掛かってきたので、両機は母艦へと向かった。

水平爆撃をしていたのは雷撃隊の隊長C・M・ジェット中尉とR・J・バイ少尉だった。山本は餌を撒《ま》く場所をうまく選び、狙い通りに発見された。アヴェンジャーは太陽を背にして爆撃行程に入ったので、投下直前まで発見されなかった。投下直前になって敵の対空砲火は撃ち始めた。鋭い日本人の眼は双眼鏡で四つの爆弾が投下される瞬間を見たに違いない。その瞬間、龍驤は右へ急転舵し始めた。爆弾が落ちてきた時に、龍驤の艦尾は落下コースから横へ滑って避けたので、爆弾は五〇メートル離れた所へまとまって落ちた。

また第三雷撃飛行隊の二機のアヴェンジャーに搭乗していたマイヤーズ大尉とコール兵曹長は積雲の間をジグザグに飛行してきたが、午後三時に敵の重巡洋艦に出会った。重巡は転舵して、艦体中央の砲が発砲したので、スロットルを前へ押して、搭乗員に注意を与えながら高度をとるために旋回した。二機のアヴェンジャーは高度三、〇〇〇メートルで爆撃行程に入るために縦に並んだ。しかし左の背後四五度の方角から一機のゼロ戦が突然現れ、機体を上下逆様にして射撃を加えて二機のアヴェンジャーの下の方へ急降下して去った。

射撃は正確ではなかった。それでアヴェンジャーは急降下し、さらに二機の戦闘機がやって来たので、それを避けるために方向を変えた。新手の戦闘機のうち、一機の胴体には太い赤い線が描いてあり、その機は右から射撃しながら急降下してきた。ゼロ戦の攻撃を受けた後で、マイヤーズは爆撃しようとした巡洋艦の後ろに空母が一隻いるのを見付けた。それで事前に教えられていた龍驤も発見したことが解った。ゼロ戦の攻撃を受けたので、マイヤーズとコールは爆撃を中止して雲の中へ逃げ込み帰ろうとした。コールの機が最後に目撃されたのは、背後にゼロ戦が迫っている状況で入道雲の中へ急降下した時だった。コールは母艦に帰って来なかった。

同じく三時頃にもっと北の偵察地区を割り当てられていた第六爆撃飛行隊の隊長J・T・〝ジガ〟・ロー大尉とその僚機のR・D・ギブソン少尉も、重巡洋艦と駆逐艦から成る日本艦隊の前衛部隊を発見した。一五キロ西には駆逐艦に護衛された巡洋艦の部隊があり、全艦二〇ノットで白波の立つ濃青色の太平洋を南へと進んでいた。三隻の巡洋艦と護衛の駆逐艦が対空砲火を集中してくることは予想されたが、ローとギブソンはためらうことなく東へと旋回して攻撃高度まで上昇した。両機は高度三、三〇〇メートルから降下し、曳光弾が自分達目掛けて上がってきて、また前方で砲弾が爆発するのを目にしながら、一番大きい巡洋艦（訳注：摩耶と思われる）目掛けて急角度で突っ込んでいった。その大きい巡洋艦は右へ急転舵し、ドーントレスが突っ込んできた時は、ほぼUターンしていた。ローの投下した爆弾は右舷後部甲板から二〇メートル離れた所に落ちた。ギブソンの爆弾は左舷艦首から六メートル離れた所に落ち、白い水飛沫が甲板に降り注いだ。二人は出来るだけ海面近くに降りて、スロットルを押して帰艦する飛行コースをとった。

それから三〇分後、高度五〇〇〇メートルで偵察飛行していた「ビッグE」の第六爆撃飛行隊の隊長レイ・デイヴィス大尉はこの日の最大の発見をした。僚機のショー少尉と共に飛行していた時、最初に二隻の軽巡洋艦を見つけた。それで攻撃するために上昇した時に、その背後に翔鶴がいるのに気付いた。細い黄色い飛行甲板と前方に小さくて丸いアイランドがあり、間違えようはなかった。飛行甲板には飛行機が並び、人が忙しく働いていた。翔鶴はほぼ三〇ノットで南へと波を切るように進んでいた。攻撃位置をとるために、ドーントレスの丸い機首を上げて、長い旋回しながらの上昇を始めた時、デイヴィス大尉は自分が緊張して息が早くなっているのが解った。平和な時代の終わりは一二月七日に、右の翼の下で滑るように動いている黄色の長方形の甲板からやって来たのだった。あれから千年も偵察と攻撃があったようだった。あの日曜日の殺戮《さつりく》を行った六隻の空母のうち、残ったのは翔鶴と瑞鶴だけだった。珊瑚海でレキシントンとヨークタウンの搭載機によってか

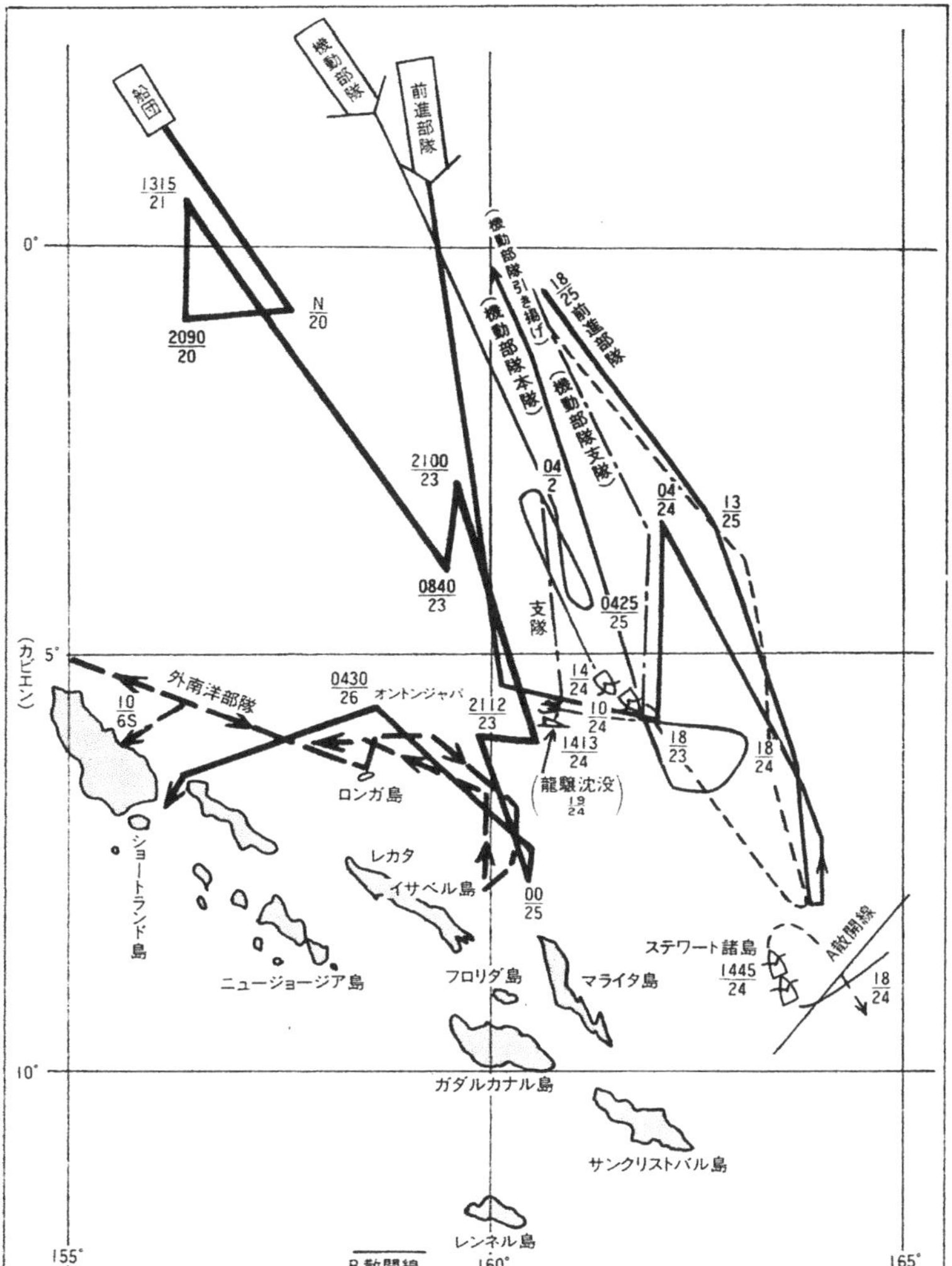

東ソロモン海戦図　　（光人社「図説太平洋海戦史２」より）

なりの被害を被ったので、ミッドウェー海戦には参加できなかった。そして今や機敏な大型空母の翔鶴と瑞鶴は日本軍の機動部隊の中核だった。

限度一杯の出力で上昇しながら、デイヴィスは敵発見の警報を何度も何度も報告した。そして自分の編隊を連れてきていたらよかったのにと痛切に思った。両機の後部座席にいたJ・W・トロットとH・L・ジョーンズは回転機銃を再点検し、首を伸ばして周りの空を見回した。日本軍は全ての戦闘機と対空砲火で翔鶴を守るに違いないからである。そしてドーントレスは上昇するのに時間が掛かるのである。

「ビッグE」の操縦士は攻撃高度に達してから下を見下ろした。瑞鶴は翔鶴の八キロ後方にいたので、翔鶴より小さく見え、飛行甲板の両端は傾いているように見えた。瑞鶴の甲板も人間と飛行機でごった返していた。

デイヴィスとショーは偵察任務だったので、大型の軍艦も沈められる大きい一、〇〇〇ポンド（四五四キロ）爆弾の代わりに、汎用目標用の五〇〇（二二七キロ）ポンド爆弾を一個しか携行していなかった。それで翔鶴だけを目標にすることにした。三時四五分に高度四、二〇〇メートルから太陽を背にして、風を正面から受けながら、デイヴィスが先で、ショーがその後ろに続いて真っ直ぐに正確に急降下した。間断なく撃ち上がってくる曳光弾と、機体を揺さぶる高射砲弾の炸裂をものともせずに、操縦桿と方向舵を黄色い飛行甲板に向けた。

翔鶴は右へと転舵を始めていた。高度一、五〇〇メートルで二人は爆撃照準器に目を当てて、足と手を使いながら十字線を真ん中に持っていった。高度六〇〇メートルになった時にスロットルから左手を離して、前の投下ハンドルを摑んでさっと引いた。それから水平飛行に戻し、急降下フラップを閉じ、スロットルを前へ倒した。高速で海の上を水平に飛んで、周囲を十字状にかすめる砲弾と大きな水飛沫から逃れた。水平飛行に移った時、二機のドーントレスは、空母の周りを七機か八機の飛行機が旋回しているのに気付いた。一機のゼロ戦が大きく回って攻撃しにやって来たが、後部座席にいた銃手は軽巡洋艦の砲弾の爆発で、そのゼロ戦が海に落ちるのを見て喜んで喚声を上げた。二つの爆弾は空母の右舷の地団太踏んで口惜しいほど近くに落ちた。デイヴィスの爆弾は二メートルも離れていなかったし、ショーのは六メートル以内だった。爆弾による水飛沫は上がらなかった代わりに、振動した艦体から薄い煙の筋が立ち昇った。

無線の状態が悪く電波が散乱したので、デイヴィスの接敵報告はエンタープライズでは受信しなかった。しかし他の艦や飛行機が受信して連絡してきた。フレッチャーはその報告を受けた時、計略に掛かったことを知り、サラトガの攻撃部隊をこの新たな敵に向けようとした。しかしもう手遅れだった。サラトガの攻撃隊は既に目標を発見して巧みに攻撃し、龍驤を搭載機もろとも海底に沈めてしまっていた。今や翔鶴と瑞鶴から九九式艦上爆撃機三六機と九七式艦上攻撃機一二機が多数のゼロ戦の護衛を受けて、エンタープライズへ向かっていた。

偵察機が敵と小競り合いした後ばらばらになって帰艦しようとしていた頃、第六戦闘飛行隊の半分の戦闘機は機動部隊の上空で待機して、やって来るに違いない攻撃に備えていた。サラトガも一二機の戦闘機を上げていた。そしてエンタープライズとサラトガでは残っている戦闘機は全て燃料と弾薬を限度いっぱいまで積み込んで、直ぐに発艦できる場所で待機していた。戦闘機は全て「ビッグE」の対空捜索レーダーのスコープを覗いている二人の戦闘機管制士官が指揮した。マストの先端でベッドのスプリングのような大きいアンテナがゆっくりと回って敵を捜している間、二人の戦闘機管制士官、レナード・ダウ少佐とヘンリー・ロー少佐は、味方の戦闘機の輝点を識別し、また敵の攻撃隊と帰ってくる味方の偵察機を見分けようとしていた。空中には戦闘機への命令と受諾、対潜哨戒の報告、帰ってくる偵察機からの質問の無線が飛び交い、全て同じ周波数だったので混信した。

天気は良かったが、そのため危険でもあった。青い空と白波の立つ青い海の間に午後の積雲が搭のように聳えており、視界はずっと広がっていた。灰色の軍艦は熱帯の陽光に照らされながら、南太平洋に長く白い隊列を引いていた。敵は六〇キロ彼方からアメリカの機動部隊を視認して、大きくなっていた積雲に隠れて近付いてきた。全ての艦では乗組員が戦闘配置に付き、待ち構えていた。大きく堅牢で重武装した戦艦ノースカロライナはエンタープライズの後方に位置し、その砲身は上空を睨んでいた。部隊の上空と敵が来る方角にはワイルドキャットがブンブンいいながら旋回していた。サラトガを守るグループは右舷一五キロ離れた所にいた。

四時三二分、対空捜索用の大きなアンテナが北西を向いて停止した。そして少し右へ動いたが、また少し左へと戻り再び停止した。艦内の小さいレーダー室ではダウ少佐とロー少佐が敵を発見した。三二〇度の方角、距離一四〇キロにたくさんの国籍不明機が現れたのだった。サラトガからも同じものを発見したことを伝える無線が飛び込んで来た。そのような遠距離ではレーダーの反射はスコープに数秒間しか写らなかった。戦闘機管制士官は図表を書いて調べた。距離一三五キロでおぼろに写っている影は高度約三、六〇〇メートルに違いない。サラトガもこの考えに賛成した。それぞれの輪型陣の真ん中に位置し一五キロ離れていた二隻の空母は、風上に向かって艦首を廻らした。待機していたワイルドキャットは一〇秒間隔で唸りを上げて甲板を走って飛び出し、機首を急角度に上げて高度を取ろうとした。五四機のワイルドキャットは四機ずつの小隊に分かれ、機動部隊の低空と高空、そして北西のかなり離れた所にいて、そこで敵を待ち構えた。

四時四九分にダウはレーダーのスコープの一点を指で示した。「たくさんの影」が再び現れた。距離は半分になり、真っ直ぐにこちらに向かってきていた。方位は依然として三二〇度で、距離は七〇キロに縮まっていた。旋回しながら辛抱強く待機していたワイルドキャットの四つの小隊は迎撃するためにさっと飛び出した。A・O・ボース大尉の小隊はエンタープライズの上空六〇〇メートルを哨戒していた時、戦闘機管制士官から無線で命令を受けた。

「方位三二〇度、高度三、六〇〇メートル、距離五五キロ」

ボース隊の四機のワイルドキャットは機体を急傾斜させて上昇し、高度二、四〇〇メートルに達した時に最初に敵を見付けた。右手のずっと先、高度は自分達よりも上の三、〇〇〇メートルに、ボースは二つの敵編隊を視認した。何キロも離れていたので日本の攻撃部隊は整然とした黒い点の集まりでしかなかったが、ボースは各編隊に一八機の急降下爆撃機がおり、その上と下に戦闘機が護衛についていることを見て取った。五時五分にボースの「敵機発見」という叫びが無線電話で空中に発せられたが、これは午後の大声で明瞭な連絡の最後のものだった。

四機のワイルドキャットはスロットルを全開にして、プロペラの回転を上げて全力で上昇して、やって来る九九式艦上爆撃機に向かっていった。護衛のゼロ戦四機が高度三、六〇〇メートルで急降下して襲い掛かってきて格闘戦になったが、ワイルドキャットは上昇し続けて高度六、〇〇〇メートルまで達した。一方ゼロ戦は急降下していったので、ワイルドキャットは急降下爆撃機を追い掛けることができた。爆撃機隊は高度三、六〇〇メートルまで降下し、アメリカの機動部隊の近くに来ていた。ボースの小隊はコックピットの周囲で甲高い風の音がする中、手と足をもつれさせて操縦しながら急降下して敵機を追い掛けた。

高度三、六〇〇でゼロ戦が再び襲ってきたが、今度はワイルドキャットの方が高い位置にいるという利点があった。ボースは下方の横合いから高速で攻撃して一機のゼロ戦を炎上させた。操縦席の後ろから突然炎が上がり、いったん消えたようだったが、そのゼロ戦が落ち始めた時、再び火災が起こり、燃えながら長い煙の筋を引いて海に落ちていった。レジスター少尉は重力のため血が頭から下へ引くような急上昇反転の方向転換を二度行って、ゼロ戦とメッサーシュミット一〇九（訳注：これは何かの間違いであろう）を撃ち落とした。このドイツ製の戦闘機はきりもみして落ちていくゼロ戦の後から炎を上げながら落ちて行った。ゼロ戦の操縦士は下の方で機体から飛び出したが、パラシュートは着けていなかった。ボースが二〇秒後に撃墜した急降下爆撃機の操縦士も同様にパラシュートを着けていなかった。サムロール兵曹長は別のゼロ戦を背後から攻撃した。操縦士は戦死して、機体は逆さまになって落ちていった。弾薬がなくなり燃料も少なくなってきたので、ボースの小隊はサラトガへと向かった。三機は無事に着艦したが、ボースはサラトガのすぐ近くまできた時に燃料がなくなり、サラトガの航跡の上に着水した。駆逐艦がボースを救助した。日本軍の急降下爆撃機は接近しつつあった。

防衛戦闘機の多くが急速に近付いてくる急降下爆撃機を防ぐために高々度に集結していたが、日本軍の九機の爆撃機と二機の雷撃機が「ビッグE」のレーダーの探索を避けようとして、海上低くやって来た。戦闘機管制士官はかすかな反射の影を見て不審に思っていたが、その影が消えずにずっと写っているので確信した。それでG・W・ブルックス少尉率いる上空戦闘哨戒の小隊を迎撃に振り向けた。

ブルックスは一〇〇キロ先で護衛のついていない敵編隊を見付けた。そして上方の横合いから攻撃して一機の急降下爆撃機を撃ち落とし、上昇して一機の雷撃機の後ろに回り、その機をとんぼ返りさせて海に落とした。マーチ少尉もかなり離れた背後からの射撃で雷撃機を撃墜した。マンキンは編隊の最後部にいた爆撃機の尾部へ真っ直ぐに降下していって、六丁の一二・五ミリ機関砲で機体をばらばらにした。続いて機首を次ぎの機に向けたが、射撃する前に震え上がった敵の操縦士は海へ突っ込んだ。ローズも急降下爆撃機一機を撃墜した。残った五機の爆撃機は高速で機体をひねったり、ジグザグに進んだりして、回転銃を尾翼越しにやけくそになって撃った。そして目的地を変えて母艦に戻っていった。ブルックスの四機のワイルドキャットには被害はなかった。

「ビッグE」を守るための戦闘は上空三キロで機動部隊のほぼ真上で行われた。ローとダウは戦闘機を指揮しようとしたが、興奮した操縦士が無線で余計なおしゃべりをして、必要な伝達と応答を邪魔したため出来なかった。若い操縦士はコックピットに一人だけでいて、やって来る敵の爆撃機と死に物狂いの戦闘を交えていると、誰かと話をしてお互いの支援を確認したいという気持ちを押さえることが出来なかった。話の内容は操縦技術的には殆ど必要のないもので、子供っぽいものだったが、危険だった。しかしそれにもかかわらず、感情の上では必要だったので止まなかった。

「出力を上げろ」

「降りていくやつを見ろ」

「ビル、どこにいるんだ？」

「赤い線を二本付けたやつをやっつけようぜ」

「ダスティ、お前か？」

ゼロ戦がワイルドキャットと決然として戦っている間に、急降下爆撃機は決死的な進撃を続けた。厳密にいえば大多数の爆撃機が。

ドナルド・ランヨン兵曹長は戦術上、まばゆいばかりの熱帯の太陽を利用することの有利さを知っており、巧みに実行した。最初に「ビッグＥ」から八キロ離れた所で太陽を背にして、上空から側面攻撃を掛けた。六丁の一二・五ミリ機関砲から発射された弾丸は全て命中したように見えた。標的の急降下爆撃機は爆発しばらばらになり、燃え上がるぼろぼろの模型飛行機のようになって五キロ下の太平洋に落ちていった。ランヨンは急降下の惰性を利用して急上昇して太陽の方向へ戻り、急降下爆撃機の緊密ではない編隊に再び攻撃を掛けた。二番目の標的は爆発しなかったが、マッチのように燃え上がり、炎に包まれ、黒い煙を上げながら急角度で滑るように落ちていった。

ランヨンは三度目の攻撃を行うために上昇した時に、曳光弾が機体をかすめるのに気付いた。それで背後の上空からやって来るゼロ戦から逃れた。より高速のゼロ戦はランヨンの機を通り過ぎて下の方へいった。ランヨンは機体を鋭く下へ向けて発砲した。ゼロ戦は吹き飛んで、燃えながらまっ逆さまに落ちていった。ゼロ戦を急降下して攻撃したため、ランヨンは勢い余って爆撃機の編隊の下の方へ行き過ぎてしまった。それで機首を上げて急上昇して、六丁の機関砲の射撃を三番目の爆撃機の胴体に集中させた。その爆撃機は火災を発生して、左へ旋回しながら落下していった。その時二番目のゼロ戦がランヨンの機に向かって急降下してきた。ランヨンは急上昇してそのゼロ戦に立ち向かい、まだ熱い一二・五ミリ機関砲を乱射した。ゼロ戦は煙を出しながら母艦へと帰っていった。

ワイルドキャットはゼロ戦と戦ったりかわしたりして、敵の編隊を攻撃したが、敵の爆撃機はエンタープライズを視野に捕らえ、着実に攻撃コースに入った。

空の上では両軍の飛行機が戦っている中、エンタープライズは太平洋の青い水面を二七ノットで南東の風に向かって進んでいた。艦首には波が高く渦巻き、舵を一杯にきったので航跡が大きく円を描いて曲がっていた。甲板では五インチ砲と新たに装備した二〇ミリ機関砲が装塡して向きを変えていた。レーダーは敵の爆撃機の編隊を一キロ毎に追跡して、とうとう距離はゼロになった。最愛の艦上で乗組員は戦闘部署に就いていた。そして足元には艦体の振動を感じ、大砲が狙いをつけるために回る時には、電気モーターの唸る音を聞いた。

午後五時八分、一二機のドーントレスと七機のアヴェンジャーから成る攻撃部隊の最後のアヴェンジャー（マックス・レスリーが操縦していた）が「ビッグE」の甲板を飛び立って、航続距離ぎりぎりで龍驤の攻撃に向かった。もっとも龍驤はこの時までに放棄されてゆっくりと沈んでいたのだが。エンタープライズはレイ・デイヴィスが一時間半前に発した翔鶴・瑞鶴発見の報告を未だ受信していなかった。

今や戦闘機は全て発進し、全ての砲には人員が就いて発射の態勢を取り、飛行甲板は空っぽになり、乗組員は戦闘部署に就いて、エンタープライズは敵を待ち構えた。

戦争においては常に攻撃する立場にいるということはあり得ない。必ず攻撃を受ける時がやって来る。エンタープライズにもその時がやって来た。日本の空母の乗組員がミッドウェーで経験しなければならなかったように、「ビッグE」の乗組員も目を細くして晴れ渡った空を見つめ、敵の急降下爆撃機の翼が頭上できらりと光った時は脈が早くなるのを感じた。

長い時間監視を続け、敵が来ると解っていながら発見できなかったが、二〇ミリ機関砲の砲手が、先頭の爆撃機が急降下に移った時に翼に陽の光が反射したのを見付けた。その砲手は自分の砲の射程距離外であることは解っていたが、曳光弾を空高く撃って機動部隊に知らせた。全ての艦の砲と指揮所の要員は次ぎ次ぎに敵機を捕らえ発砲した。エンタープライズのすぐ後ろにいた戦艦ノースカロライナは、鉄の傘を「ビッグE」の頭上にさし広げるために、対空砲をずっと撃ち続けた。これは五時一二分のことだった。

五、〇〇〇メートル上空ではワイルドキャットは決してあきらめてはいなかった。急降下に移る地点で敵の爆撃機を攻撃し、更に高射砲の砲弾が炸裂する地点を通り抜けて敵機が降下したら、その後を追い掛けて射撃し、最後にはより重いワイルドキャットが敵機を追い越した。

エンタープライズは全戦闘機と全ての砲を必要としていた。敵の爆撃機三〇機が攻撃位置に達し、七秒毎の間隔で約四分間にわたって攻撃を続けた。一機また一機と左舷の後部から急角度で決然として攻撃してきた。「ビッグE」の砲手は照準の中で急降下爆撃機が急速に大きくなり、丸々とした爆弾が固定脚の流線型の「パンツ」の間から離れて、自分達の方に落ちてくるのを見た。また、対空砲が次ぎの目標に向かった時に、視野の端で飛行機が機首を上げて水平飛行に移ったのを見た。

三人の写真係が後で分析し対策を講じるために、戦闘を記録しようとして、砲手達と一緒に配置に就いていた。ロバート・リードは右舷のガンギャラリー（訳注：飛行甲板の端から突き出ていて、機関砲・銃が設置されている）に、ラルフ・ベーカーとマリオン・リリーはアイランドにいた。三人はあたかも競馬やプロボクシングの試合を撮影するように冷静に丁寧に写真を撮っていた。カメラを調整して構え、次ぎに起こることを期待しながらフィルムを詰め替えて巻き直した。

陽の輝く午後の太平洋は五時一三分までに地獄絵図のようになった。その中心部にいるエンタープライズは大きく曲がった航跡を引きながら、次ぎ次ぎとやってくる敵の爆撃機に砲火を集中させていた。爆弾は雨あられと降り注いで多数の水飛沫を上げ、重い音を立てて爆発して機動部隊の艦を揺さぶった。敵機が墜落した後には、水面上にガソリンが流れ出して所々で燃えていた。砲弾は落下する時、長い油混じりの黒煙を引いて空を落ちていった。ロー・バウアーのワイルドキャット隊は敵の攻撃しようとしている爆撃機や避退しようとしている爆撃機と入り乱れ、スロットルをいっぱいに開いてエンジンから甲高い音を出して、対空砲火を恐れずに爆撃機を撃ち落とそうとした。激しく動き回っている艦隊の上空では、エンタープライズの攻撃部隊が敵味方の飛行機の飛び交う中で集合しようとして旋回していた。戦いの輪の周りでは帰って来た偵察機が、燃料が少なくなり着艦を望みながら旋回していた。五インチ砲の砲弾が炸裂して、夏の空は無数の黒い硝煙で汚された。

そして依然として無傷の敵の爆撃機は、上空から次ぎ次ぎと執念深くエンタープライズに襲い掛かってきた。その数は非常に多かった。艦長の操艦技術と防衛の戦闘機の積極果敢さと、砲手の正確な射撃をもってしても、執拗で巧みな攻撃からエンタープライズを守ることはできなかった。五時一四分に敵の爆弾が後部エレベーターの右舷側の前方に初めて命中した。そしてエレベーターの縦穴を一二メートルも突き抜けて爆発した。その四五〇キロのＴＮＴ火薬の威力で、ガンギャラリーと三層の甲板が吹き飛んだ。

細長い空母は艦尾を強打されて音楽演奏用の鋸のように振動した。前部にあるチャーリー・フォックスの暗号室では、艦体が大きく震えた時に室員は椅子から放り出された。まるで田舎のでこぼこ道を時速一〇〇キロで走るトラックに乗っているようだった。各甲板にいた乗組員は上下の振動で持ち場から放り出され、左右の振動で横に投げ出された。砲手が放り出されたため「ビッグE」の砲はしばらく射撃を中断していたが、怒った水兵は再び砲を操作すると、今度はもっと猛烈に撃ち始めた。左舷の後甲板では爆弾が命中した後、二〇ミリ機関砲の砲手が甲板を走って大急ぎで自分の砲へ行ったが、そこには既に他の人間がいた。持ち場ではない別の砲へ来たと教えられて丁寧に謝って、五メートルほど離れた自分の砲座へ戻っていった。ロビン・リンゼーは顔を紅潮させしかめていたが、左舷の後部二〇ミリ機関砲の近くのキャットウォークから這い上がって、機銃掃射している爆撃機を注意深く狙って、四五口径の自動拳銃を七発撃った。

甲板の一番下、修理班、弾薬管理係、エレベーターのポンプ室係の戦闘配置場所は屠殺場のようになり、三五人が死んだ。鋼鉄の甲板には直径七メートルの穴が開き、飛行甲板は六〇センチまくれ上がった。後部エレベーターは海軍工廠で修理する必要があった。また舷側の水線には二メートルの穴が開き、海水が大きい倉庫に流れ込み、艦体は少し右へ傾いた。破壊された段ベッド室のマットレスと衣類から火災が発生し煙が広がった。電気ケーブルが何本かショートして、被害を受けた区画は暗くなった。消火用水の本管が切れて水が流れ出し、消火ホースに水が届かなくなった。

そして三〇秒後に二発目の爆弾が命中した。回避しようとして混乱している艦艇と突っ込んでくる飛行機、砲撃と空中戦をぬって、信じがたいことに最初の命中箇所から五メートル以内に命中した。

もう一度激しい振動が起こった。乗組員は足元から突き上げられ、リベットは弾け飛び、電気が漏れ始め、ドアとハッチはぱっと開いた。爆発で五インチ砲の薬包に火がついて、再び火事が発生し死者も出た。爆発で吹き飛ばされてばらばらになり、焼け焦げたヘルメットの中に頭蓋骨の断片しか残らなかったり、火薬の二次火災で丸焼けになったりして三九人が即死した。右舷の後部甲板の砲は全て破壊された。下の飛行機用の倉庫が燃えて濃い黒い煙が発生し、破壊された砲甲板中に渦を巻いて広がった。エンタープライズは傾いて燃え上がり、備砲の四分の一は使えなくなり、数百人の乗組員が戦闘不能になりながら、二七ノットの速度と猛烈な対空砲火は健在だった。その間ダメージコントロールチームと救護班は活動していた。

二つの二七ミリ四連装機関砲座を指揮していたE・E・デガーモ中尉は下を見て、自分の右足に爆弾の破片が深く突き刺さっているのに気付いた。その破片を引き抜こうと思ったが、血が流れ出して気を失うかもしれないと考えてやめた。そのまま攻撃が終わるまで射撃を指揮した。そして機関砲の損傷を調べ出来るかぎりの修理を施し、負傷者の世話をした。

ダメージコントロールチームは艦が被害を受けるまでは何もすることはなかった。復旧作業グループは小人数の班毎に分かれて艦全体に散らばり、道具類を周りに置いて、状況は全然解らず、手持ち無沙汰で、ただ待つだけだった。出番があるかないかは、艦長の好判断と戦闘機の操縦士と砲手の技量次第だった。ガスマスク、救助呼吸装置、鉄の箱の両側に船外機エンジンのようなものを付けた携帯ガソリンポンプ、電動水中用ポンプ、斧、あらゆる大きさの円錐形の木製の栓、ランタン、破壊された区画で爆発性気体の濃度を調べる爆発力計、輪にして束ねた消火ホース・非常用電線・電話線、楔、大ハンマー、消火器などと共に、暗く換気のない通路で待機するか、ずっと下の甲板にある道具置き場に詰め込まれ、戦闘時の灯火管制のほの暗く赤い照明の下、黙ったまま座って大砲の音に耳を傾け、爆弾が海に落ちた時の重々しい衝撃や、舵をいっぱいに切った時に艦体が傾くのを体で感じていた。

あちこちに別れた各班では、皆が特大のヘルメットを被った者をじっと見ていた。そのヘルメットには戦闘電話ヘッドフォンを装備しており、その水兵はセントラルステーションとの連絡係だったのである。セントラルステーションにはダメージコントロールチームの指揮官ハーシェル・A・スミス少佐がおり、スミス少佐はヘルメットを被った蜘蛛のように、艦内の全ての復旧作業グループとつながる蜘蛛の巣のような電話線の中心にいた。艦橋の伝達係を通じてセントラルステーションは戦闘がどのようになっているかを聞き、被害がない限りはその情報はそのまま流された。情報は断片的で不十分だった。艦橋の伝達係は解説者ではなくて、聞いた通りのことをそのまま繰り返した。

「急降下爆撃機がすぐ上空にいる」

「砲撃開始」

「右一杯に転舵」

復旧作業グループの要員は大砲の音でもっと状況が解った。最初は五インチ砲のゆっくりとしたドカーンという音が繰り返し響き、その度に艦体が振れた。それから二七ミリ四連装機関砲の迅速なポン・ポン・ポン・ポンという発射音が続いた。そして二〇ミリ機関砲も射撃を開始した時は、下の甲板にいた乗組員は思わず息をのんで緊張し、あたかも敵機や爆弾が迫ってくるのを見るためのように頭上の甲板を見上げた。二〇ミリ機関砲が射撃を開始した時は敵機が迫ってきており、いつでも攻撃される状態だった。また至近弾によって艦体は持ち上げられ、音が響き、まるで水面下のハンマーで叩かれたような感じだった。

五時一四分にエンタープライズに最初に命中した爆弾は甲板を五つ突き抜けて、上等兵曹の居住区で四五〇キロの火薬を爆発させた。それでそこにいた小人数の復旧作業グループは吹き飛ばされた。しかし何年もの訓練と検分、講義、道具類の手入れと点検のおかげで、ハーシェル・スミス少佐率いるダメージコントロールチームはすぐ行動に移った。一番近くにいた無事な復旧作業グループの調査班が、爆弾の黄色い煙が消える前に到着した。調査班は被害の全体的な大きさを報告した。

そして敵の爆撃機が次ぎ次ぎと急降下してきて、爆弾を投下し機銃掃射を加え、それに対して対空砲が敵機を追い掛けて射撃する中、「ビッグE」の乗組員は被害箇所の修復を開始した。二発目の爆弾が命中して、死傷者が更に増え火災も広がった。火災を消すために、被害を被っていない前部の基幹消火用水管からホースを後部へ延ばした。また非常用電力ケーブルを前部のプラグに差し込み、後ろまで延ばした。ガスマスクを着けて、懐中電灯を持った水兵が被害を受けた区画に入ったが、ぎざぎざになった鉄片を踏み、血溜まりと壊れた機械から出た油で足が滑った。衛生兵はその場所に集まって九五人の負傷者の世話をし、医務室に運ぶ準備をした。人と道具が直ぐに到着して、手当てが始まった。しかしエンタープライズはかなりの損傷を受けており、また戦闘は未だ終わっていなかった。

五時一六分の数秒前に三発目の爆弾が命中した。二発目の爆弾と同様に、この爆弾も触発信管を付けていたので、飛行甲板で爆発した。アイランドのすぐ後ろ、第二エレベーターの後ろの隅の右舷側である。今回は「ビッグE」はついていた。爆薬は二五〇キロで、しかも欠陥爆弾だった。爆発力は弱く、爆弾の外殻は粉々にならずに大きな破片に分かれて残った。それでも飛行甲板には三メートルの穴が開き、第二エレベーターは使用不能になった。

五時一七分までに攻撃は終わった。最後の九九式艦上爆撃機が爆弾を投下して、海面を低く飛んで北方へと帰っていったが、上空戦闘哨戒のワイルドキャットが背後から追い駆けていった。攻撃はたった五分間だけだったが、海戦史上このような集中攻撃を受けて生き残った艦艇はごく僅かだった。そしてエンタープライズが無事に生き残れる保証は全然なかった。戦艦ノースカロライナ、巡洋艦ポートランド、護衛の駆逐艦の艦橋からは双眼鏡と望遠鏡が心配して「ビッグE」を注視していた。飛行甲板は人目を引くほど傾き、大きな穴が二つ開いていた。また後部からは炎が上がり、濃い煙が渦を巻いて流れ出していた。しかし飛行甲板では大勢の人間が忙しく動き回り、「ビッグ

E」は高速で航行を続け、護衛の艦に救援の必要はないと告げた。

攻撃は終わったが、両軍の飛行士と汗をかきながら必死になって修理に当たっているエンタープライズの乗組員にとっては、戦闘は未だ終わっていなかった。

航空部隊の指揮官マックス・レスリーと、ターナー・コールドウェル指揮下の一一機のドーントレス、そしてコーニィ率いる第三雷撃飛行隊の六機のアヴェンジャーは集合して一つになろうとしたが、機動部隊をめぐる乱戦に妨げられてできなかった。それで三つのグループに分かれて航続距離ぎりぎりで龍驤攻撃へ向かった。もっとも既に龍驤は沈没していたのだが。三つの飛行部隊はソロモン諸島に沿って、しかしかなり離れた洋上を飛行した。レスリーの乗機には発艦後、機動部隊の上空を旋回している時に、ノースカロライナの対空砲火が命中した。またその雷撃機は最後に発艦した機が合流する前に編隊から離れて、日本の急降下爆撃機を射撃しなければならなかった。攻撃部隊の操縦士にとっては見通しは明るいものではなかった。最後に振り返ってみた時、母艦は激しく燃えており、その上空には日本軍の急降下爆撃機が未だいた。そして空は既に暗くなり始めていた。もし仮に敵艦隊に対する攻撃で生き残ったとしても、損害を受け沈んだかもしれない母艦を捜して夜の闇の中を捜すか、ガダルカナルの照明がなく着陸したこともない、敵に囲まれた草の生えた飛行場に着陸するか、どちらかを選ばなければならなかった。

いろんなことが起こったこの午後に偵察に出ていた一六機のドーントレスと七機のアヴェンジャーは、四時間も飛行してやっと帰ってきたが、その時は「ビッグE」への攻撃が終わろうとする頃だった。前もって母艦が攻撃されていることを知らされていなかったので、着艦しようとしたその時に敵の急降下爆撃機が突っ込んできた。燃料は少なくなっており、命中弾を受けた機もあって、最悪の数分間だった。何機かは燃料のなくなる時間を計算した
雷撃飛行隊のR・J・バイ少尉はエンタープライズの上空で避退している敵の急降下爆撃機二機

を攻撃した。アヴェンジャーの固定式一二・七ミリ機関砲で一回だけの前方射撃で二機共に命中弾を与えた。しかし三機の敵機が救援にやって来たので、バイ少尉は追撃をやめた。長い偵察飛行から帰ってきて、戦闘のため高速を出したため燃料を使い切ったので、不時着水しなければならなくなった。

第五偵察飛行隊のハワード・バーネット少尉は対潜哨戒のためサラトガから発進していた。そしてエンタープライズへ帰艦しようとしていた時に、敵の攻撃機がやって来た。バーネット少尉はかなり離れた距離で旋回している時に、敵の爆撃機が帰る方角を見付けて待ち伏せした。そして敵の爆撃機が「ビッグE」の攻撃を終えて上昇した時に撃ち落とした。

エンタープライズのレーダーが敵機の接近を捕らえてからの四〇分間は、その生死は迎撃するワイルドキャットに掛かっていた。その次ぎの急降下爆撃機の機首の下での五分間は、オーリン・リヴダール指揮下の砲手達の腕に掛かっていた。そして現在第二次攻撃隊が帰った後、艦体に穴が開き火災が発生している状況では、艦の生死の責任はハーシェル・スミス率いるダメージコントロールチームに移っていた。

ロビン・リンゼーは四五口径の拳銃をホルスターに納めた。そして火を消すために、左舷ガンギャラリーの自分の部署から甲板の向こう側へホースを伸ばした。スリム・タウンゼントは臨時の任務に就いていたが、今は艦に戻っていた。またチーフ・プレイザーは飛行甲板の要員をうまく配置していたので、誰も負傷しなかった。この二人が救助班と消火班を率いて、被害を受けた場所に行き、飛行甲板の裂けて穴が開き、膨れた箇所を直ぐに修理したので、「ビッグE」は飛行機を着艦させられるようになった。

救助・修理の任務を負う者が艦のあらゆる部署から助けにやって来た。余りに早く駆けつけ過ぎた者もいた。

ウィリアム・K・パウエル一等軍曹は砲の修理係として配置についていた。そして事実上、後部両舷の五インチ砲がうまく作動し続けられるようにするのがパウエルの仕事だった。五インチ砲がうまく作動し続けられるようにするのがパウエルの仕事だった。最初の爆弾が命中して右舷のガンギャラリィーを突き抜けて、四つ下の甲板で爆発した時、パウエルは左舷のガンギャラリィーにいた。右舷の砲が損傷したと知ると、甲板を一直線に横切って走って行き、右舷のガンギャラリィーに飛び込んだ。その瞬間二番目の爆弾が炸裂し、パウエルは戦死した。ガンギャラリィーにいた他の三七人も死亡した。

爆弾の命中で火災が発生し、その影響で五インチ砲の火薬缶が発火し激しく燃え盛っている時に、ジム・リィック少尉は急いで走ってきて、どうすべきか考えた。飛行甲板の端の下から大きいベランダのように突き出ているガンギャラリィーは、今や爆破されてめちゃくちゃになっていた。熱くなった金属片が散らばり、その上では塗料とゴム製の甲板マットが燃えていた。三八名の黒焦げになった裸の死体も散乱していた。爆弾が炸裂した時、弾薬を前か後ろの者に手渡そうとしていたのだろう、そのままの姿勢で横たわっていた死体もあった。ウィルバート・プラスキー上等水兵、営繕係のエド・クラップ、シップフィッター（訳注：板金工）のダグ・ボッツの三人は既に燃えているガンギャラリィーの中にいて、常軌を逸したような凄まじさで動き、燃えているものを舷側越しに投げ捨て、火に水と消火剤を掛けていた。リィックの横から誰かがホースでプラスキーに水を勢い良く浴びせた。そのおかげでプラスキーは焼け死なずに済んだ。リィック少尉は地獄のような現場に飛び降りた。そして直ぐに未だ爆発していない火薬と弾薬の入ったロッカーを見付けた。直ちに水兵、航空機関兵、甲板員から一五人を選んで並ばせて、熱くなった火薬と弾薬をガンギャラリィーから出して手から手へと渡して、舷側越しに捨てさせた。

最後の爆弾が「ビッグE」の艦尾に命中して一分もしないうち、ホースを準備し壊れた主電源や非常用ライトが点灯する前に、ヘンリー・ダン上等水兵は石綿の服を着て、燃えている屠殺場のような飛行機用金属工作所に入って、負傷者を助け出した。それから休む間もなく甲板を二つ降りて、最初の五〇〇キロ爆弾が爆発した兵曹長の居住区に行った。そこは真っ暗で煙がいぶっていて窒息しそうで、誰も生存者がいないことを確認した。

もう一つ下の甲板ではルーバン・フィッシャー上等兵曹が前方から引いてきたホースを持って、倉庫のドアを開けた。その倉庫の反対側では揚弾装置が五インチ砲の火薬箱を上の燃えているガンギャラリイーに送り出していることを知っていたからである。ドアを開けると炎と煙がどっと噴き出して来たが、フィッシャー兵曹はホースから水を高圧で出して押し返して中へ入った。床に近い方が煙が薄かったので姿勢を低くして進み、水を左右に撒いて、くすぶっている糧食の棚の間を通って大きい倉庫の反対側まで辿り着いた。そして揚弾装置を見つけるとホースの水が届く限りまで水を掛けて濡らし、熱くなった火薬缶を冷やした。これによって一番上の燃えているガンギャラリーから下の弾薬庫まで揚弾装置が爆発することは防げた。

しかしこのような個人の勇敢な行動は「ビッグE」の被害の末端に関わるものでしかなかった。かなりの損傷を被ったので、生き残るためには入念で徹底的な治療を受ける必要があった。ダメージコントロールチームの指揮官ハーシェル・スミスはエンタープライズのいわば医者であり、セントラルステーションで甲板の見取り図と、燃料、ガソリン、真水、塩水、換気装置、蒸気と電気のシステムの設計図を並べて、そこから電話システムを使って艦内全ての修理班と消火班に命令を伝えた。スミスはエンタープライズに必要な全体に及ぶ指針と冷静な思考を与えた。

最初は火事を消さねばならなかった。軍艦、特に空母では火災は燃えやすいものや爆発物——飛行機用ガソリン、潤滑油、油圧用油、塗料、弾薬、爆弾、魚雷等——に広がらない限り、長くは燃え続かなかった。個々人の勇気ある決断と立派な訓練の結果、もっと深刻な被害が起こるのを事前に防いでいた。W・E・フルーイット機関兵曹長は日本の最初の急降下爆撃機が攻撃する直前に、「ビッグE」のガソリン供給パイプからガソリンを完全に抜き去って二酸化炭素を詰めていた。それで爆弾の熱い破片がパイプを切断した時も、普通ならガソリンが流れていて火事になるが、火災は発生しなかった。

主任シップフィッター（訳注：板金工）のジム・ブルーワーは組立て・修理部門の先任上等兵曹の一人として、その責任を強く感じていた。火災と煙が自艦の脅威になるほどになり、彼個人にとってはやりがいのある仕事になった。あたかも日曜の穏やかな午後に「ビッグE」がパールハーバーの埠頭に停泊しているかのように、ブルーワーは破壊され燃えていて煙が溢れている区画に入って、冷静に火災の発生源を捜し出した。そして戻ってきて消火班を案内し、次ぎの区画へと行った。この作業を繰り返したためやむなく大量の煙を吸い込み、ひどい熱さも我慢したので全く消耗してしまい、副長が上へ行って休むように命令した。

一等シップフィッターのラリー・ワイフェルスもブルーワーと同じことをした。後部の消火パイプの本管が作動しなくなった時、直ぐに飛んでいって、水圧を復旧させるのを手伝った。それからブルーワーのように、不死身の肉体をしているかの如く損害を受けた場所を捜索し、負傷者を助け出し消火班を導いた。

レイ・オーエンスは最初の爆弾が命中した後起き上がり、低オクタンのガソリンの入った大きい落下タンクが右舷のガンギャラリィーで発生した火の近くにあるのを見た。直ぐに飛んで行って落下タンクを舷側越しに捨てた。数秒後に二番目の爆弾による火災がその辺りを襲った。

倉庫係のジェシー・B・クローダーは最初の五〇〇キロ爆弾が自分の戦闘配置場所の隣の区画で爆発し、鋼鉄の隔壁を切り裂いて、両方の区画を爆発による黄色い煙でいっぱいにした時、ボゥーとなって耳が聞こえなくなり、甲板に叩きつけられた。しかし訓練で教えられていたので、クローダーは直ちに真っ暗でめちゃくちゃになった艦内を走って塗料と点火装置の倉庫に行き、そこにある二酸化炭素発生装置を動かした。

スミス少佐の指示でホースを後部へ伸ばし、消火泡発生機と二酸化炭素消火器を持って行き、一〇〇名が各グループに別れて全ての甲板であらゆる方角から消火に当たった。火災にも色々な種類があるので、異なった方法を使わなければならなかった。石油が燃えている場合は消火泡で覆うか、高速の霧を吹き付けて冷やさなければならなかった。電気関係の火事の時は、水を使うのは危険だった。水流でショートがおきて、消火している者が負傷するからである。しかし寝台と衣服類が燃え続けている場合は、強い放水が唯一の手段だった。電気関係の火災には長い円錐形の筒から二酸化炭素をゆっくり注いだ。パラシュートを置いてある部屋の火事はF・G・ヤング一等軍曹が率いる消火班が消した。隣の区画には信管の付いた魚雷が保管されていた。

下の甲板での消火作業に際しては、濃い煙が充満して窒息しそうだったので、乗組員はガスマスクと呼吸装置を着けて懐中電灯を頼りに働いた。壊れたタンクから流れ出した石油、血、泡や水のため足元は危なっかしかった。損傷を受けてなくて換気装置が動いている区画へ通ずるドアを開け、また持ち運びできる換気装置を作動させたので、徐々に風通しがよくなり、煙は薄れていったので不自由なマスクはもはや必要なくなった。

消火に目途がつき、修理班の電気工が応急のケーブルを用意して、被害を被った場所に照明と動力をもたらしたので、マイク・タープンシード以下のシップフィッターは消火パイプの本管と垂直の導管を離して修理したので、次ぎの攻撃の時には消火用水を利用できるようになった。

しかしまだ炎を出していて、負傷者が手当てを受けている状況では、「ビッグE」は戦闘可能な軍艦とはいえなかった。飛行甲板には大きな穴が数個開き、右舷に三度傾いていた。搭載機は未だ飛行中であり、レーダー室では翔鶴と瑞鶴を発進した次ぎの攻撃部隊がやって来るのを捕らえた。

飛行甲板ではエドワード・ハットシャル甲板長指揮下の修理班が、穴の周りの切り裂かれギザギザになった肋材を切って形を整え、その上にボイラー用の大きい四角の鉄板を打ち付けた。また爆弾の破片と残骸を片付けて、裂けた厚板を取り替え、脆《もろ》くなった箇所に印をつけて飛行機の収容の準備をした。

ずっと下の方、右舷後部の喫水線付近の区画では、乗組員がエンタープライズの艦体を水平に戻すという非常に難しい仕事に取り組んでいた。左舷の三つのバラストタンクに注水して、反対側の右舷のタンクは排水した。それから最初の爆弾が爆発した箇所の下にある浸水した大きい倉庫から約二四五トンの水を取り除かなければならなかった。艦側の喫水線の上と下には穴が幾つか開いていた。一番大きいのは縦一・八メートル、横六〇センチだった。

艦側の穴を塞ぐために、「カーペンター（訳注：営繕係）」のW・L・リーメスが率いるダメージコントロールチーム員は、レオン・ブラウンとヘルムス・ベンツと一緒になって、しばしば腋の下まで高くなる海水の中で働いた。非常用の明かりを頼りに厚さ五センチ、幅一五センチの厚板を三〇センチかそこら船殻から垂直に立てて囲堰《いせき》を作った。修理班は穴を内側から重いワイヤーの網で覆い、そして網と囲堰の間にマットレス、枕や似たようなものを詰め込んだ。次ぎは囲堰を詰め物にきつく止めて、非常用ポンプを作動させなければならなかった。

三番目の爆弾が命中してから一時間後エンタープライズは搭載機を収容するために、二四ノットで風上に向かって回頭した。六時五〇分には二五機が着艦を終えた。太陽は右舷艦尾の方向に低くかかっており、飛行機と人間の影が甲板上を長く伸びていた。南西から微風が吹き、また「ビッグE」が二四ノットで走っているので、艦橋の当直者のシャツははためき、煙突から褐色の薄い煙が水平に艦尾の外に流れていた。デイヴィス艦長は艦橋の高い手すりに寄りかかり、旋回している飛行機と真っ直ぐな航跡を見つめ、自分の艦を誇らしく思った。てひどい損傷を被ったが、それでも高速で真っ直ぐに走っており、搭載機は航跡の上を飛んで来て、着艦ワイヤーを捕まえて、それからゆっくりとタキシングした。艦長は白い航跡が曲がり始めたことに気付いて、身を翻して指揮所に戻った。そして若い当直士官が操舵手に鋭く言っているのを聞いた。

「舵に注意しろ」

「アイアイサー」と操舵手は答えて、堅い舵輪を右舷へ回した。舵は着実に左へ動き、白い舵角度指示針が取舵いっぱいを示した所で停まった。「操舵不能」と操舵手は報告した。するとずっと下にある操舵モーター管理室の舵の上でサイレンが鳴り響いた。「舵の操作を艦橋に戻せ」という合図だった。

一秒間取舵いっぱいになったので、「ビッグE」は左へと回り始めた。艦尾のすぐ上にいた一機の飛行機は振り回されて、甲板の上を大きな音をたてながら横滑りし、着艦フックはぶら下がり、車輪は上へ折りたたまれた。艦橋の当直は何もできないまま、舵角度の指示針は再び着実に弓型の計器の上を動き始め、真ん中から最後は面舵いっぱいになって停まった。エンタープライズは急回頭して艦体は傾いた。右舷側にいた駆逐艦バルクの見張員はこのままでは空母と衝突すると報告した。勝手に動いていた舵はゆっくりと面舵二〇度になり、そこで動かなくなった。

デイヴィス艦長は自艦をコントロールしようとした。「機関は全て非常態勢に戻せ。緊急信号を鳴らせ」。

飛行甲板とガンギャラリィーでは、つい先ほどの戦闘で神経を高ぶらせていた乗組員は、耳を聾せんばかりに響く最初の警笛で飛び上がった。そして四つの短音が何度も繰り返し鳴るのを聞き、またマストの頂上に魔法のように翻った青と黄色の第五旗を心配そうに見上げた。その旗の意味は簡単だった。「故障」。

機関室では非常ベルがジャンジャン鳴り響き、機関員は危険な箇所を捜し、バルブの大きい輪を回し、航行用タービンへ送る蒸気を停めて艦尾のタービンへ注ぎ込んだ。エンタープライズの艦体は、スクリューが後進のために水をかき回した時に震えた。一方、バルクは最高速度で前進しようとして、煙突から黒煙を噴き上げた。艦尾に航跡が湧き上がり、細長い「ブリキ缶（訳注：駆逐艦の俗称）」は「ビッグE」の艦首の前方五〇メートルをかろうじて滑り抜けた。エンタープライズは制御できないまま回頭し、スクリューは後進で回っていた。

バルクがうまく通りぬけると、デイヴィス艦長は右舷の機関を前進、左舷の機関を後進にして舵の右への効きを相殺しようとしたが、うまくいかなかった。エンタープライズは右の方向へ曲がり続けた。機関の出力を左右別にしても駄目となれば、曳航するのは不可能になるであろう。

できることは一つしかなかった。舵を固定することである。デイヴィス艦長は速度を一〇ノットまで落とした。着艦していない飛行機はサラトガへ向かうよう命じた。「ビッグE」はどうにもできずに、ゆっくりと円を描いて走っていた。戦艦ノースカロライナと巡洋艦ポートランドは心配そうに見ていた。駆逐艦は空母や戦艦の周りを取り巻いて、潜水艦を警戒していた。修理・救援班が操舵装置に集まっている時に、対空哨戒レーダーの大きいアンテナが停まり、捜し求めるように動き、再び停止した。しばらくしてレーダーの報告が艦橋に届いた。

「敵味方不明機の編隊。方位二七〇。距離八〇キロ」

三〇機の九九式爆撃機から成る翔鶴と瑞鶴の第二次攻撃隊だった。

操舵機関室は艦尾区域の底にある鉄の箱だった。舵の直ぐ前にあり、その上の蓋は喫水線の高さだった。その中には操作盤と二つの大きな電気モーターがあった。遠く離れた艦橋からの信号でこのモーターが、舵を動かす長い光っているプランジャー（訳注：水圧機などのポンプのシリンダー内にあって、往復運動を行う棒ピストン）に対して油圧を送るのである。操舵する時は一つのモーターだけを使った。故障した場合に備えて二つあったのである。また操舵機関室には舵輪と羅針盤もあったので、もし艦橋からの長くて攻撃で損傷を受け易いコントロールシステムが破損した場合は、上部からの電話の指示に従って下の方で操舵することが出来た。大きいモーターは冷やされ、鉄の箱は右舷のガンギャラリィーの後ろから伸びている長い換気用シャフトから空気を送りこんで換気していた。この空気の一部はモーターの周りの冷却用カバーに直接送られていた。操舵機関室に行くのは通常は前からエレベーター機械室を通って行くか、或いは上等兵曹の居住区から垂直のトンネルを通って直接降りていくかだった。舵を修理し操作するために、総員配置の中から七人が選ばれた。機械上の問題に対しては機関兵曹長が、電気関係を処理するために電気兵曹長が、そして必要なら舵を動かすために操舵手である。

通常の総員配置で短時間換気が停められた時は、操舵機関室の温度は普通五〇度くらいになった。最初の爆弾が右舷ガンギャラリィーの後ろを破壊し、下へ伸びている換気用シャフトを砕いて艦体から引き離し、飛行甲板の所で穴を開けた。そして方向を変えて更に甲板を三つ突き抜けて爆発し、エレベーター機械室、上等兵曹の居住区を含む操舵機関室の上と前の区画を破壊した。

直ぐに操舵モーターの周りの冷却用カバーから黒い煙が渦を巻いて流れ出し、小さい部屋に充満した。右舷側の冷却用シャフトからは熱湯が噴き出して床に広がった。乗組員が直ちに駈け寄って、上からの空気を送りこんでいる送風機を止め、冷却用シャフトの端の覆いを締めた。この区画の七人の乗組員は格納庫甲板から四つ下の破壊された場所に、火災に囲まれて機械類と共に閉じ込められた。そして二つ目の爆弾で艦体が振動するのを感じた。換気はなく、上部と前方で火が燃えており、右舷側の大きいモーターは艦長が急降下爆撃機をかわす度に、舵を左右に動かした。温度は六〇度まで上がり、七〇度まで達した時は汗は出なくなり、体が乾き始めるのを感じた。文字通りあぶられていたのである。二～三人が意識を失った。

攻撃が終わった。もはや至近弾が艦体をハンマーで叩くような振動はなくなった。そして右舷側のモーターが舵を固定していた。消火班が周囲の燃えている区画の火事を消していた。

それから上の方のどこかで遠隔操作で換気装置が再び稼動し、操舵機関室に新鮮な空気を送り込んだ。ガンギャラリィーから熱湯と泡が洪水のように右舷側のモーターと操作盤に降り注いだ。モーターは停まり、次ぎに逆回転し、また前へ回転し、そして停止した。舵はそれに従って動き、最後に右二〇度で動かなくなった。温度は七五度まで上がった。操舵緊急サイレンが鉄の箱の中で甲高く鳴った時、ウィリアム・マーコックスただ一人だけが、左舷側のモーターへ切り換えようとする気力を持っていた。弁を回し、クラッチを嚙み合わせ、二個の転換器を入れなければならなかった。マーコックスは両手で弁をしっかり握り、両膝を踏ん張って、弁を開け、堅いクラッチを必死に動かした。熱くなった金属が指を焦がした。クラッチがどうにか嚙み合って、最初の転換器に届いた。やっと出来た。「ビッグE」は駆逐艦バルクをかすめて通り過ぎ、円を描いて回った。

エンタープライズには操舵装置を操作し、維持し、修理することができる者が大勢いた。何人かは特にその機械装置に詳しかったが、中でも一人は専門家だった。その機械装置を完全に意のままにしており、まるで自分の持ち物みたいだった。その乗組員とは主任機関兵曹長ウィリアム・アーノルド・スミスだった。

攻撃終了後、操舵機関室との連絡が回復するや否や、スミスは中にいる七名の機関員にどのようにするか教えた。その部屋を通っている換気用シャフトからねじを外し、滅茶苦茶になったガンギャラリィーからではなく、他の所へつなげば新鮮な空気が得られるだろう。それでアレックス・タイモーフューは脚が動かなくなる前に、どうにかこうにかねじを外した。

スミスは「ビッグE」が無力なまま円を描いて回っており、敵の攻撃がまたあるかもしれないことが解っていた。よく知っている操舵機関室まで行ければ、艦を救えるだろう。なんとしても操舵機関室の中に入らなければならない。海軍に勤務して三〇年になるが、炎や煙、残骸物で前進できないという経験はしたことがなかった。スミスはＲＢＡ（救難呼吸器具）と、薬品を入れた缶と防毒マスクを収容するポケットの付いたベストを身に付けた。薬品を通して呼吸して二酸化炭素を取り除いてマスクに戻すことで、ほとんど周りの空気を使わずに呼吸することができた、しばらくの間は。スミスが使ったのは主任シップメイトＭ・Ｄ・トゥイベルが耐久性を増すように改良したものだった。そしてＲＢＡには命綱が付いており、二〜三人の乗組員が端を持っていた。ＲＢＡを着けた者が危なくなった場合に引っ張って戻すことができるようにである。

スミスはトゥイベルが改良したＲＢＡを着け、ズボンの後ろポケットには選び出したレンチと他の工具を突っ込んで、まるでオーブンのように熱く、足の踏み場もないように乱雑に破壊されたエレベーター機械室に踏み込んだ。熱はスミスのむき出しの体を焦がし、また水が焼けたフライパンで消えるように衣服を通して汗を蒸発させた。ＲＢＡのマスクは急に熱くなったので曇り、スミスの眼には大きくて意味のない黒い点の模様が映った。操舵機関室のハッチへ行く途中でスミスはつんのめって熱い甲板に倒れたので、乱暴に引っ張り戻された。マスクを外し、肺に新鮮な空気が入るとスミスは直ぐに元気になった。スミスは立ち上がって一番近くの換気装置に歩いて行き、数回深呼吸し、ＲＢＡを着け直して焦熱地獄へ戻った。今度は操舵機械に詳しい一等機関士のセシル・Ｓ・ロビンソンが助手としてついて来た。

二人の機関員が封鎖された操舵区画へ前方のエレベーター機械室から水平に辿り着こうとしている一方、救助班は上にあるめちゃめちゃになった主任兵曹長の居住区からトランク（訳注：囲壁通風筒）を通って垂直に操舵区画へ入ろうとしていた。スウェーデン系の大男、三等消防士のアーネスト・リチャード・ヴィストが自分から申し出て先導した。煙でいっぱいのトランクは狭くて、ヴィストがＲＢＡを着けて通るのは無理だったので、ヴィストはＲＢＡを外し、命綱を腰に巻いて降りて行った。ヴィストは操舵装置については詳しくはなかった。実際かろうじて機械が解るだけだった。しかし乗組員が危ない立場に陥った時はどうすればいいかはよく知っていた。それで熱気にあぶられ意識を失いかけた七名の乗組員を説き伏せ、体を持ち上げトランクの中に入れて押し上げて、後から来ていた救助班に助けさせた。そしてヴィストは最後に操舵機関室を出て、トランクを上がり、くすぶっている残骸の間を抜けて格納庫甲板へ戻った。二〇度の気温の中でも難しい仕事を八〇度の温度でやりとげたので、弁解しながらその場に崩れるように倒れた。

一方、スミスとロビンソンは息をきらしながら、黒焦げになって水をかぶった残骸物の間を滑ったりつまずいたりしながら進み、ハッチに手を掛けたが、熱さで再びダウンした。しかし元気を取り戻して何秒間か休んで、再び熱い入り口をこじ開けた。中には障害物がころがっていた。直ぐに防水扉を締めつけている四隅の重いノブをがちゃがちゃと回して開けて、操舵機関室へよろめくようにして入った。スミスは一目見て、右舷側のモーターが水浸しになって、左舷への回頭の半ばで停まっているのが解った。素早く、かつ注意深くスミスはモーターを動かした。油圧が長いラム（訳注：水圧機などのシリンダー内を往復するピストン）にかかって、舵は再び動き始めた。

艦橋では舵手が報告した。「操舵装置が直りました」。舵が効かなくなったと報告してから三八分後だった。エンタープライズは南へ真っ直ぐに進み始めた。故障を表す旗は降ろされた。ノースカロライナとポートランドは輪型陣の所定の位置につき、対潜哨戒から解放された駆逐艦の艦長達は半円型の警戒陣を作った。

操舵機関室であぶられた七人の乗組員のうち、六人は助かった。ウィリアムスは目が眩んでボゥーとしており、救出の途中で救助班から離れて大量の煙を吸い込んだ。命を助けようとあらゆる努力をしたが、無駄だった。

戦闘機と砲手が任務を果たした後、ハーシャルとウィリアム・A・スミスが「ビッグE」を守った。

翔鶴と瑞鶴の第二次攻撃隊は間違いを犯した。エンタープライズが攻撃には無力な状態でいる間、日本の急降下爆撃機は八〇キロ離れたところを南東へ飛んでいった。それからレーダーにはその編隊が引き返してくるのが映り、やがて消えていった。もし日本の編隊が北西ではなく北へ向かって引き返していたなら、一〇分後には「ビッグE」の真上にきていただろう。

スミスとロビンソンは操舵機関室に残っていた。機械類さえも沸騰点に近い温度の中では長くは動かなかった。通風孔を切り裂いて開けたので、泡と水がビルジ（訳注：下水溝）に流れ出し、新鮮な空気が入ってきた。また舵を操作する長いプランジャー（訳注：水圧機などのポンプのシリンダー内にあって、往復運動を行う棒ピストン）から溶けてなくなっていた潤滑油を新たに詰め替えた。だんだんと温度が下がって行く部屋の中で、二人は丹念に修理し調整し調べ油を差し、舵が効き続けるようにした。スミスは翌日の午後まで操舵機関室にいた。操舵装置が確実に動くようにするためである。

エンタープライズの乗組員が日本軍の投下した爆弾で発生した火災を消そうと努めている間に、攻撃部隊は敵の空母を求めて暮れていく海の上を分散して手探りで進んでいた。一一機のドーントレスを率いて飛び立ったターナー・コールドウェルは高空を飛んだので、数分間は沈んでいく太陽が翼と操縦士の顔を赤く染めた。一方、低空を飛行していたR・H・コーニー大尉率いる六機のアヴェンジャーは段々と濃くなる夕闇の中を通っていた。この二つの飛行隊の間のどこかに、エンタープライズの航空隊指揮官マックス・レスリーの乗るアヴェンジャーがいた。レスリーは飛行隊のどちらかを視野にいれるか、或いは無線で連絡をつけようとしていたが出来なかった。

攻撃部隊は北西へ二時間飛行した。コールドウェルは前方の空から夕陽の赤い光が薄れるのを見、また振り返って東の水平線から満月の先端が出てくるのを見た。もっと下を飛んでいたレスリーも同じ光景を見た。そして月光が自分達のために日本艦隊を照らし出してくれるのを期待した。しかし低空のちぎれ雲が増えてきて海上を隠し、攻撃任務が絶望的になるように思えた。

七時五分にレスリーの無線の故障が直った。コーニーは指揮下の雷撃隊が敵部隊上空にありと報告した。レスリーは即座に返事した。「攻撃せよ」。

高度三〇〇メートルで飛行していたコーニーの雷撃隊の操縦士は、夕闇の向こうに突然高速で走る艦隊の長い青白く光る航跡を見付けた。攻撃命令の必要はなかった。コーニーは僚機のジェイとステイブレインと共に左へ回った。ヘリマン、ベーカー、ホリーは右へ回り、海面近くにゆっくりと降下した。両側からの挟撃を狙ったのである。艦隊が一方の魚雷の航跡に平行になろうとして、どちらの方向へ変針しようとも、もう一方の魚雷に対しては横腹を曝すことになるのである。エド・ホリーはプロペラの油が風防に付いたため、前方が見えなくなった。それでフレッド・ヘリマンの右側にぴったり位置して、ヘリマンが魚雷を投下した時に、自分も投下しようと考えていた。

六機のアヴェンジャーは旋回して、低空を高速で目標に向かい、エンジンを全開にして、魚雷投下の準備をした。後部の丸い砲塔では銃手が緊張して身構え、半ば暗くなった空に戦闘機がいないか目を皿のようにして見ていたが、全然現れなかった。距離が縮まった。操縦士はゴーグルを押し上げ、体を乗り出し、目標を捜した。大きな航跡が海上に白く泡立っていた。艦隊はどこにいるのか？　毎分六キロの速度でアヴェンジャーは進み、突然目標の上に出た。

しかし艦影はなかった。高度一五メートルで航跡の上を通過した時、搭乗員は白波が渦巻いて砕ける様を見た。サンタイサベル島の北西の端から一六〇キロ沖にあるロンカドールリーフだった。

馬鹿をみたことにがっかりして、六機のアヴェンジャーは再集結して、さらに五分間北東へ飛び続けた。下には雲が広がり、また急速に暗くなっていくので、この夜は何も発見できないことがはっきり解った。コーニーは燃料の量と飛行計画表を調べ、重く高価な魚雷を捨てるよう命じた。約一、三五〇キロ軽くなったため、アヴェンジャーは七五〇メートルまで急上昇し、母艦へ帰る長い飛行についた。その後レスリーも同じリーフを見付けて同じことをした。

ずっと上空ではターナー・コールドウェル率いるドーントレス隊も帰艦し始めた。しかしドーントレスはアヴェンジャーよりも航続距離が短かった。それでガダルカナルはエンタープライズよりも八〇キロ近かったので、ガダルカナルへ向かった。

しかしこれは簡単なことではなかった。ガダルカナルの飛行場は舗装されておらず、照明もなく、不案内だった。無線誘導もなく、しかもしょっちゅう敵の砲撃を受けていた。やがて低いちぎれ雲が島の海岸を半分隠しているのが見えた。コールドウェルは編隊を味方の来る方角から誘導し、信号灯で敵味方識別を行った。海兵隊は灯油を薄く長く撒いて燃やし、そのほの暗い明かりで滑走路を示した。ドーントレス隊はやって来て、椰子の木の上をかすめて唸りを上げながら通過して土の上に降りた。

一方、アヴェンジャー隊はエンタープライズへ帰ろうと飛行していた。「ビッグE」がいるはずである場所に着いたのは夜の一〇時頃だった。しかしエンタープライズはそこにいなかった。アヴェンジャー隊は五時間近くも飛行してきており、燃料は残り僅かだった。しかもコーニーは「ビッグE」が沈没していないか確信はもてなかった。コーニーが最後に見た時は、「ビッグE」は炎上していて攻撃を受けていた。コーニーは編隊を高度二、四〇〇メートルに上昇させた。エンタープライズの高周波無線の帰艦案内信号を受信するためである。そして「ビッグE」が損傷を被ったけれど沈んでいなければ、エスプリットかヌーメアに向かっただろうと推測して南へ進路を変えた。上空に夜空が、下には黒くなにもない海があるだけである。無線には何も入ってこず、燃料計の針はゼロに近付いていていた。

しかし、他の者よりも耳がいい無線手が遂にかすかな信号を捉えた。コーニーが正しかったことが証明された。母艦は確かに南の方にいたが、一五〇キロも先だった。操縦士はエンジンの馬力がなくなるくらいまでガソリンの混合割合を絞り、機体を下に傾けて出来る限り長い距離を滑空するように進み、着艦の準備のため、またエンジンがもっと経済的に動くことができるような空気濃度がある高度まで下がった。エンタープライズの黒い艦体が見えた時は、燃料計はゼロになっていた。ベーカーは最初になんなく着艦した。一日中風防に油が付き、視界が妨げられていたエド・ホリーが次ぎに着艦した。ホリーは艦尾と着艦ワイヤーのかなり上を高速で飛行し、甲板に全然触れることなく真っ直ぐに艦橋に飛んでいってぶつかった。奇跡的に火災は発生せず、ホリーと二人の搭乗員は壊れた機体から無傷で這い出てきた。しかし重量のあるアヴェンジャーが甲板を塞ぎ、また穴の開いた箇所に当てていたボイラー装甲板もはがれたので、しばらくの間着艦は出来なくなった。

第一飛行管制ステーションにいたバート・ハーデンは残りの四機に、右舷二五キロにいるサラトガに着艦するよう命じた。燃料タンクに残っていたガソリンの揮発分を使って、アヴェンジャーは暗い海の上をかすめるように飛んでサラトガへ向かい、かろうじて辿り着いた。ヘリマンは三番目に着艦した。着艦ケーブルで機体が停止した時、すぐ前の着艦場所には別の機がいた。そして後ろを見ると最後のアヴェンジャーがすぐ後ろに迫っていた。サラトガの飛行甲板は自艦とエンタープライズの搭載機でいっぱいだったのである。「ビッグE」が攻撃を受けて損傷している間、サラトガは一日中エンタープライズの搭載機を収容していたからである。駐機している飛行機を着艦事故から守るために通常は立てられているバリアーさえも降ろされ、飛行機がその上にいた。コーニー、ヘリマン、ジェイ、スタブレインはそのままずっとサラトガにいた。身の回りの品は翌日駆逐艦が運んできた。

八月二四日の夜にはエンタープライズで寝ている者はいなかった。修理班は戦闘が終わってからは二四時間働き通しだった。艦を運転するのに必要な複雑な装置を絶縁して修理し、脆くなった甲板には補強材を当て、また損傷した機械は修理するか取り替えるかした。体が汚れる嫌で退屈な仕事だった。間に合わせの照明の下で目を血走らせ、汗で濡れたダンガリー（訳注：青デニム製の労働服）を着てずっと働いていた。時々チャーリー・フォックスの補給班からコーヒーの配給があって励ましになった。しかし最後にはそのコーヒーも量を減らされた。最初に命中した爆弾のため、一番たくさん物資が入っていた倉庫が水浸しになったからである。医者と衛生兵は火傷したり、切り傷を負ったり、骨折したり、煙を吸い込んだ負傷者をずっと手当てし続けた。その手際は良かった。九五人の負傷者のうち、死んだのは四人だけだった。重い怪我をたくさん負ったためである。

深夜になって消えたはずの火事が損傷を受けた居住区域でまた燃え上がった。煙の中を体をかがめて、重いホースを引きずっていって消し止めた。

八月二五日の夜明けにエンタープライズは戦闘区域から逃れていた。そして燃料を補給したワスプが護衛の部隊と共に帰ってきた。フレッチャー中将は戦闘を再び始めようとした。しかし敵はいなかった。龍驤は沈没し、翔鶴と瑞鶴の搭載機のうち、約七〇機が失われた。ミッドウェーの時のように、日本の戦艦や重巡洋艦はほとんど無傷だった。しかし制空権なしには、日本軍は戦闘を続ける危険を犯すことは出来なかった。

二五日の晴れた午後にエンタープライズは戦死者を葬った。七四名の死者は清潔なマットレスカヴァーに丁寧にくるまれ、五インチ砲弾を重しに付けて、従軍牧師が充分考えた祈りのこもった言葉と共に舷側越しに傾けて海へ流された。

二六日に「ビッグE」はトンガのトンガタブーへ寄って応急修理をしてからパールハーバーへ帰るよう命じられた。ノースカロライナ、アトランタと三隻の駆逐艦とは別れて、「ビッグE」はポートランドと四隻の駆逐艦を護衛としてパールハーバーへ向かった。六機の戦闘機と六機の爆撃機が上空戦闘哨戒と対潜哨戒のため残った。残りの飛行機はサラトガ、ワスプ、ヘンダースン飛行場、エスプリットサントに分かれて派遣された。

しかしデイヴィス艦長は自艦が長い間、戦闘任務から離れることはできないことを解っていた。日本軍は再びガダルカナル奪回のためにやってくるに違いない。その時はエンタープライズは日本艦隊を迎え撃つために南太平洋にいなければならないのである。

第一二章――サンタクルーズ海戦（日本側名称：南太平洋海戦）

エンタープライズはパールハーバーへ戻って、海軍工廠で爆弾三つの命中で損傷した箇所を修理するために、南太平洋での戦いを二ヶ月間、姉妹艦の空母に委ねた。しかし、その前にトンガ諸島のトンガタブ島のヌクアロフに寄って錨を降ろした。そして燃料と底荷を左舷に移し、右舷後甲板の損傷した箇所を海面から浮き上がらせた。それから平和な港の溢れるような陽光の下で、リーメスの修理班が戦闘時に取り付けたワイヤーの網やマットレス、枕を取り外し、ぎざぎざの縁を削り取って、穴に鉄板を内側と外側から溶接して付けて補強して、オアフ島までの四、三〇〇キロの航海に耐えられるようにした。

九月一日に第一六機動部隊の指揮官キンケイド少将は、太平洋艦隊司令長官ニミッツ大将からの緊急電報を受け取った。そこには海軍の伝統である控えめな表現で、賞賛の言葉が書かれていた。

「エンタープライズはよくやった」

トンガで修理を進めている時に、エンタープライズの乗組員は悪い知らせを聞いた。サラトガがこの年二度目の雷撃をくらって、「ビッグE」と同様に修理のため戦列を離れたということを。これでガダルカナルを守るために残った空母はワスプとホーネットだけになった。

パールハーバーまでの航海は長く平穏だった。しかし乗組員は朝と夕方の薄暗い時間には総員配置に付き、また砲手の三分の一は一日中戦闘配置に就いていた。しかし夜には乗組員は制服を脱いでシャワーを浴びてから、夜間当直の時間まで寝ることが出来た。家庭を懐かしみ、ハワイで送る手紙を書く時間があった。そして到着した時に受け取る手紙には何と書いてあるだろうと考えた。

八七機の搭載機のうち、一二機しか残っていなかったので、待機室と格納庫甲板はがらがらだった。士官達は海軍工廠で行う修理の計画を立てていたが、多くの水兵はほとんどすることがなく、充分に気分転換して楽しんでいた。しかし一つのことだけは全員が行った。長い太平洋の航海の間に全ての将校と水兵は一度か二度、ガンギャラリーの後ろのかつては右舷甲板があった所へ「巡礼」を行った。乗組員は「巡礼」とは思わなかったが。後部甲板へ歩いて行って見て、沈黙したまま、或いは小声で話しながら立ち止まった。目の前には黒くなってねじれた金属で出来た三層の甲板分の深い空洞があった。ここで同じ船の仲間が若い命を吹き飛ばされたのである。潮風に吹かれ、ホースの海水で洗い流したにもかかわらず、「ビッグE」の右舷後部甲板には血と油の入り混じった死の匂いが未だ染み付いていた。

パールハーバーでは海軍工廠は二四時間ぶっ通しで働いた。乗組員は毎日三分の一が午前一〇時から午後五時まで上陸した。エンタープライズは修理するだけでなく、近代化も行った。取り扱いの難しい水冷式中距離射程の二七ミリ対空砲は撤去して、代わりにボフォース四〇ミリ四連装機関砲が据えられた。この砲は恐らく第二次大戦で使われた最も優秀な対空砲だった。ダメージコントロールの面でも改善を行った。

「ビッグE」がパールハーバーにいる間も、ソロモン諸島に残った操縦士達は日本軍を撃退するために戦っていた。レイ・デイヴィスは第六爆撃飛行隊の生き残りと共に、エスプリットからニューヘブリデス諸島を半分ほど降った所にあるエフェテに行き、そこで先にきていた海兵隊の戦闘機隊と一緒に行動するよう命じられた。デイヴィスは全部で一二人の操縦士を率いていたが、ワスプへ四機編成の小隊を派遣するよう要請がきた時、全員にくじを引かせて選んだ。ディック・ジャカードはやせて背が高くひょうきんなカンザス州人で、ミッドウェーではビル・ピットマンと共にウエド・マクラスキーの僚機だったが、くじに当たった。

エンタープライズが海軍工廠に入渠してから五日後に、日本の潜水艦がワスプに直径六一センチの魚雷を三本命中させた。右舷に穴が開き、ガソリンと弾薬に火がついて、火災は広がり手に負えなくなった。ジャカードが哨戒飛行の後寝台で寝ていた時に、敵の魚雷の一つが士官の居住区に命中して粉々にした。これまでの多くの戦闘でゼロ戦や対空砲火の攻撃でも無事だった一二人の操縦士は、海中から発射された魚雷により、この日の午後寝台で死んだ。ワスプの乗組員は一時間以上過ぎてから退艦せざるをえなくなり、一番新しく太平洋にやって来た空母はこの日の夕方、火災のため放棄され、味方の駆逐艦の魚雷で沈められた。

ターナー・コールドウェル指揮下の第五偵察飛行隊と第六爆撃飛行隊の操縦士と銃手は事実上、陸上を基地とする急降下爆撃機の小さな編隊になっていた。そして八月二四日のエンタープライズの飛行スケジュールの表以後、三〇〇飛行隊と呼ばれるようになった。

泥とほこりに交互に覆われるヘンダーソン飛行場の滑走路を残骸を避けながら滑走し、椰子の樹にぶつからないよう急上昇することは、邪魔ものがなく風が吹くエンタープライズの甲板から飛び立つのとはずいぶん勝手が違っていた。ガダルカナルのジャングルの中のテントは、ピカピカに磨かれ、清潔なシートのある「ビッグE」の広間とは比べ物にならなかった。また食事の面でも森の中の空き地でK号携帯食糧（訳注：第二次大戦中に開発された非常用野戦食糧。アメリカの生理学者アンセル・キースの頭文字Kをとったもの）の缶詰と少量の日本軍の米を食べるのは、空母のテーブルクロスを敷いた銀張りの士官用食堂で食べ物を山のように盛った盆から取って食べるのとは全然違っていた。しかし戦いの場面では同じだった。飛行場からであろうと、甲板からであろうと一度空中に飛び出せば、常に海上に航跡を長く引いて進み、曳光弾を撃ち上げてくる敵の軍艦がおり、またいつもゼロ戦が妨害してきた。

三〇〇飛行隊は一ヶ月以上敵の攻撃と空襲、夜間の砲撃に耐えた。その間たこつぼ壕や戦車の置いてある所で虫のわいた日本軍の米か、海兵隊の乏しい配給食糧を食べ、泥まじりの小川で片一方の目で上空を見上げながら大急ぎで体を洗い、ひげは伸び放題で目を赤くし、やせこけていた。そして戦って一〇機のドーントレスを全て使い果たした後、九月二七日に最後まで残っていた操縦士がDC－3で避難した。

一〇月一四日、エンタープライズが造船所で後片付けを始め、出港するために荷物を積み始めた時、レイ・デイヴィスは第六爆撃飛行隊の八人の操縦士とそのコンビの銃手を連れてヘンダーソン飛行場にやって来た。そして一ヶ月以上海兵隊への支援任務についた。海岸や海上で上陸用舟艇を機銃掃射し、周辺の海で潜水艦を捜し、また水上部隊を求めて扇型の区域に分かれて捜索した。そして一度訓練を積んだ長く正確な急降下爆撃が可能となったなら、大型爆弾を敵艦めがけて投下した。飛行の合間には分け合える食料を持っている者とは誰とでも一緒に食べた。一日二回高々度からの空襲があったが、その時は第六爆撃飛行隊の飛行士は自分の飛行機に大急ぎで駆け付け、爆撃を逃れるために飛び上がるか、飛行場の爆撃目標から逃れて海岸まで全速力で走って行き避難した。一度爆弾が飛行場に次ぎ次ぎと落ち始めた時に、海兵隊員は二人の操縦士が椰子の生えた湿地を走り抜けていくのを面白がって見ていた。後ろの操縦士は赤毛のビル・ピットマンで、大きく息を吸い込んで前方に叫んだ。「おーい、リッチィー、待てよ。俺は死にたくないし、他の者が死ぬのを見るのも嫌だ」。

海軍の操縦士はしばしば海兵隊の銃手と組んで飛行した。ゼロ戦から逃げるためにフラップを開かずに垂直に急降下してダンカンの鼓膜が裂けたため、ピットマンは代わりの銃手を捜しにいった。最初に見つけた志願者は海兵隊の大きなパン焼き人で、ドーントレスの後部座席でうっかりとパラシュートの鍵を外したため、滑り出て来た大きく白いナイロンに危うく包まれそうになった。最終的にピットマンは戦車の小柄だが筋肉質の銃手を選んだ。飛行機については何も知らなかったが、銃に関してはよく知っており、その男が敵を七・七ミリ銃で射撃できる限りは、お粗末なエンジンや穴の開いた翼を苦にすることはなかった。

ガダルカナルにいるエンタープライズの操縦士は海軍と海兵隊の陸上基地航空部隊の一部にしか過ぎなかった。果たしてガダルカナルを保持できるのかどうか、誰にも解らなかった一九四二年後半の危機的な時期に、両航空部隊はヘンダーソン飛行場から出撃した。海兵隊の偵察機隊、爆撃機隊、戦闘機隊が主要戦力で、陸軍のP－三九エアラコブラ低高度戦闘機隊が支援していた。サラトガの第三偵察飛行隊と第五戦闘飛行隊、ワスプの第七爆撃飛行隊もいた。最近の空母での戦闘を経験した海軍の操縦士は熟練したベテランであり、その経験・知識を最近実戦を経験したばかりの海兵隊の操縦士に伝えることができた。

一〇月半ばには日本はガダルカナルに非常に多数の兵員を上陸させており、ヘンダーソン飛行場を守る海兵隊の陣地を激しく攻撃していた。ホーネットが今や南太平洋に残る唯一の空母であり、唯一隻の新鋭戦艦ワシントンの支援を受けていた。トラック島、日本本土と東アジアから、翔鶴・瑞鶴を含む敵の機動部隊がガダルカナルへの次ぎの攻撃のために集まってきていた。

エンタープライズの修理は急き立てられた。そして一六日に舫《もやい》を解いて再びホスピタルポイント（訳注：パールハーバー内の地名）とフォートカメハメハ（訳注：パールハーバー内の地名・ヒッカム飛行場の東の地点）を通って狭い水道を抜けた。ダイヤモンドヘッドが左舷後部甲板の向こうの海に隠れ、エンタープライズはソロモン諸島へ向かって帰っていった。

ジョン・クロメリンはリチャード・K・ゲインズ中佐に率いられてきた新しい第一〇航空群を鍛えることを始めた。クロメリンはこのできたばかりの航空群は直ぐに戦闘に直面するだろうから、それに備えて準備をするなら自分がやりたいと思った。他の部署の責任者も同じように感じたので、赤道を通り抜ける一〇日間の航海は、「ビッグE」の全ての乗組員にとって厳しい仕事の期間になった。飛行甲板には明け方の総員配置から夕暮れ後の総員配置まで喧騒が満ち満ちた。

一〇月二三日の夜明けにエンタープライズと護衛の艦はガダルカナルの南東約一、四〇〇キロの地点でタンカーのサビーネと会同した。そして二隻が両横に並んで給油を受け、海軍特製の黒い燃料用石油で燃料タンクをいっぱいにした。その日の遅くにホーネットを中心とする機動部隊が波静かな水平線の上に現れた。戦艦一隻と三隻の巡洋艦を除く、太平洋のアメリカ海軍の主要な戦力がトーマス・C・キンケイド少将の戦術指揮の下に集合したのである。キンケイド少将は帽子を被らずに、首から双眼鏡をぶら下げて「ビッグE」の指揮艦橋を歩いていた。

二三日の午後三時に合同した機動部隊はガダルカナルと、その北方にいて脅威を与えている敵艦隊の間に介在するために北西へ進み始めた。

日本軍は夜間に駆逐艦と大発で兵士を上陸させて（時たま日中のこともあったが）、徐々にガダルカナルの戦力を増強してきていたが、ついにミッドウェー以来最強の艦隊が出動してきた。四隻の空母、翔鶴・瑞鶴・瑞鳳・準鷹、八隻の重巡洋艦、二隻の軽巡洋艦、二八隻の駆逐艦から成る艦隊である。ガダルカナルの日本の陸軍部隊と、その数百キロ北方にいる海軍部隊の目標はヘンダーソン飛行場だった。先ず陸軍部隊が飛行場を占領する。空母搭載機が直ちに飛来する。アメリカ艦隊は空母とヘンダーソン飛行場に挟撃されて沈むか追い払われるだろう。孤立したアメリカの海兵隊は一掃される。不吉な感じが漂う、役に立たない無価値な島は日本の手に戻る。ソロモン諸島を攻め上がろうとするアメリカの反撃は阻止される。オーストラリアとアメリカをつなぐ生命線を断ち切る進撃を再開できるだろう。しかしとにかくヘンダーソン飛行場を占領することが不可欠である。

一番重要な飛行場の持ち主が変わる日として一〇月二二日が決められた。しかし海兵隊は戦車と歩兵の攻撃を撃退して、日本軍の計画を挫いた。海兵隊は二三日の真夜中頃に再び攻撃を撃退した。この時までにエンタープライズはパールハーバーから既に到着しており、ソロモン諸島のアメリカ海軍の戦力は二倍になっていた。

二四日までの約二週間、敵の有力な艦隊はトラックとガダルカナルの間を行ったり来たりしていた。燃料も忍耐心もなくなりつつあった。トラックにいた山本長官はガダルカナルの陸軍部隊の司令官に無線電報を打って、もしヘンダーソン飛行場が速やかに占領できないのなら、機動部隊は引き揚げざるをえなくなると言った。戦闘を行うには燃料があまりにも少なくなりそうだった。

二五日の深夜に陸軍から、ヘンダーソン飛行場は日本軍の手に入ったという知らせが来た。それで山本長官の機動部隊は南東へ向きを変えて進んだ。夜明けになって日本の兵士は最早ヘンダーソン飛行場の占領について自信がなくなった。キンケイド率いる艦隊は、エンタープライズとホーネットのドーントレスを前方に扇型に散開させながら、二〇ノットで真正面から近付いてきていた。日本艦隊が大急ぎで退却しない限り、ヘンダーソン飛行場を占領していようとなかろうと、戦闘は避けられなかった。

二五日の午後一時一〇分、サンタクルーズ諸島の約四〇〇キロ東の少し北にいたキンケイド少将は、敵がどの辺りにいるかを知った。エスプリットサントから飛び立った一機のPBYカタリナ飛行艇が、二隻の空母が前方五八〇キロを二五ノットで南東に進んでいるのを発見した。毎時約八〇キロ距離が縮まる中、爆装した一二機のドーントレスが午後二時三〇分にエンタープライズを飛び立って、西から北へ三二〇キロ余りを捜索した。

一時間後、航空群指揮官はドーントレス一二機とアヴェンジャー七機、護衛の戦闘機一六機から成る攻撃隊を率いて飛び立った。サンタクルーズ諸島の向こうまで、暮れてゆく太平洋のかなり北方まで捜索したが、何も見つからなかった。そして編隊が母艦の上空に帰ってきたのは日没から一時間後だった。多くの若い操縦士は未だ夜間着艦をしたことはなかった。フランク・ミラー大尉のワイルドキャットは母艦から六〇キロ離れた海上に墜落し、大尉は死亡した。恐らく高々度での長い飛行の間に酸素が足りなくなったためであろう。三機のアヴェンジャーと三機のドーントレスは着艦コースに入った時に最後の燃料を使い果たして着水した。駆逐艦が搭乗員全員を救助した。最後の飛行機が着艦ワイヤーを捕らえ、灯火管制で暗い「ビッグE」の甲板に停止した時は、ちょうど月が水平線を照らし出していた。

キンケイド少将率いる艦隊は敵のいる北西へ向かって、一晩中二〇ノットでジグザグの進路をとって進んだ。

エンタープライズの乗組員は全員、次ぎの日は敵と戦闘を交えることになると解っていた。新たに編成され戦いを熱望している飛行隊は、ハワイのカネオヘでの講義と訓練飛行を終えてから僅か一〇日しか経っていなかった。艦内では新米の乗組員は日本軍の爆弾や砲撃の下ではどう行動したらいいのだろうかと考え、ベテランの乗組員は注意深く自分の仕事に取り掛かり、それぞれの装備が翌朝への準備ができているかを確かめ、出来る限り迫っている戦いのことは考えないようにした。

ジョン・クロメリン中佐は士官用食堂兼談話室に操縦士を呼び集めた。操縦士達は襟の開いたカーキ色の軍服を着て、緑色のカバーを敷きコーヒーカップが置いてあるテーブルに並んで座った。煙草の煙が頭上のトランク（訳注：囲壁通風筒）とケーブルの間に漂っていた。クロメリンは操縦士達が聞いておかねばならないことを、率直かつ誠実に熱を込めて語った。

「諸君は入念にかつ徹底的に訓練を受けた。爆弾を投下し命中させるやり方を学んだ。そしてそれをうまく実行すると私は確信している。ガダルカナルを死守しようとする海兵隊の長く凄惨な戦闘の成否は今や一〇〇パーセント、エンタープライズの操縦士が自分の任務を如何に巧みに果たすかにかかっている。無駄なことをする余裕はないし、ミスに対する言い訳も許されない。もし諸君が戦場に行って過《あやま》ちを犯すなら、本国に残っていて、優秀な操縦士に寝台を譲って敵に打撃を与えた方がよかったのである」

最後の点を力説した時、クロメリンのアラバマ風のアクセントは強くなり、薄茶色と灰色の髪の毛が低い士管用食堂兼談話室の頭上の照明で輝いた。クロメリンはつらい任務になるであろうことについては誰も幻想を持たないように望んでいた。この室にいる者こそ日本軍とガダルカナルとの間に立ち塞がる主要勢力だった。そして南太平洋の戦いはガダルカナルにかかっていた。クロメリンは操縦士達を必要とあればいつでも、どのようにでも使うつもりだった。そして操縦士達が優秀になればなるほど、勝ち目も増していくことになる。クロメリンは操縦士達に何度も何度も繰り返し出撃させるつもりだった。しかし操縦士達は今は休みをとり、朝にはならず者どもを地球の表面からたたき出さねばならなかった。

クロメリンの戦歴を知っているエンタープライズの操縦士は皆、自分達の飛行機への信頼感を与えるために、クロメリンがカネオヘで高度三〇メートルでのゆっくりとした宙返りを行うのを見た。そして自分ができないことを操縦士達に要求しないということも解っていたので、操縦士達は寝台へ行って、瞼の裏にクロメリンの言葉を焼きつけながら眠りに落ちた。「……何度も何度も繰り返し」。

二六日の夜明け前、寝具のしわを未だ顔に付けたままの水兵に早い朝食が供され、また飛行機に武装が施されて再点検を受け、操縦士に状況説明が行われている時に、ヌーメアの南太平洋方面軍司令部からの無線が届いた。よく知っている調子で三つの言葉が書かれていた。

「攻撃せよ。繰り返す、攻撃せよ」

この命令を発することができるのはただ一人だけであり、「ビッグE」の乗組員はその人物のことをよく知っていた。ビル・ハルゼーが戦場に帰ってきたのである。

ハルゼーは南太平洋地区とその戦力の指揮を一八日に引き継いでいた。キンケイドの機動部隊が北西方面への偵察を行って敵を発見したのも、ハルゼーの命令によるものだった。エンタープライズ中に新たに信頼感が漲《みなぎ》った。

午前六時日の出の二三分前に、一六機のドーントレスが「ビッグE」の甲板を飛び立って南西から北の方角を三二〇キロの向こうまで、二機ずつペアを組んで朝の海上を扇形に捜索に向かった。それから少し過ぎてワイルドキャット八機が上空戦闘哨戒につくために急上昇し、さらに六機のドーントレスが対潜哨戒任務についた。

戦いの場所は既に決まっていた。マラリアの蔓延するサンタクルーズ諸島のすぐ北方に広がる一、五〇〇平方キロの広さの南太平洋である。その海は穏やかだったが、ただいつも波打っている長い土地の隆起があり、六ノットから一〇ノットで吹く潮風による小波が立っていた。白と金色の積雲が五〇〇メートルから六〇〇メートルの高さで漂い、夜明けの空の半分近くを隠していた。その雲の上には遮るものはなく、下方の視界は限りなく広がっていた。

指で探るように、「ビッグE」の偵察隊は敵がいるはずの海を西へ向かって捜索した。第一〇爆撃隊のウエルチとマクグロウは一四〇キロほど行った時に、反対方向へ向かうフロート一つの敵の偵察機一機とすれ違った。それから二〇分して初めて敵と接触した。仏教寺院の奇妙な搭のような形をした金剛級の戦艦の上部構造物が前方の水平線から突き出ていた。二機のドーントレスは急上昇して低い雲の底に入り、敵部隊から一五キロの距離をとって、明るい陽光と荒れ狂う灰色の積雲の中とを交互に出入りしながら旋回した。午前七時半にウエルチの敵発見を伝えるモールス信号のトンツーが、「ビッグE」の暗号室に通信訓練の時のように性急でなくはっきりと大きな音で鳴った。

「戦艦二隻、重巡洋艦一隻、駆逐艦七隻。南緯八度一〇分、東経一六三度五五分。進路北、速度二〇ノット」

エンタープライズの艦橋の乗組員がヘルメットを被ってライフジャケットを着けている中で、半袖姿で帽子も被っていないキンケイド少将は行ったり来たりしながら、いらいらしていた。そしてしばらく立ち止まって、対空捜索用レーダーの大きいベッドスプリング型のアンテナが上空をゆっくりと捜索するのを見つめていた。それから手すりの方へ歩いて行き、二一回目になるのだが、飛行甲板に爆弾や魚雷を搭載して並んでいるドーントレスとアヴェンジャーを眺めた。それから混み合っている操舵室を身をかわしながら通り抜けて艦橋の右舷の外側部へ行き、首からぶら下げていた双眼鏡を手で持って、一六キロ離れたところにいるホーネットの、待機している飛行機でいっぱいの大きい飛行甲板を見た。この日は「ビッグE」は偵察と小規模な攻撃が任務の日であり、ホーネットが主要な攻撃を担うことになっていた。

八時一〇分にキンケイドは待ち望んでいた知らせを聞いた。暗号室の無線が再び動き出し、当直はそれが、第一〇偵察隊隊長J・R・〝バッキー〟・リー少佐と一緒に飛行しているI・A・サンダーズ兵曹長の書き方だと明瞭に見て取ることができた。

「空母二隻と護衛の艦艇。南緯七度五分、東経一六三度三八分」

キンケイドは作戦センターへ入って行き、海図に近寄って見た。敵は北西に三二〇キロのところだった。鮮やかな旗が袋から出されて、帆桁に高く翻った。ホーネットの方を向いていた九〇センチの信号用サーチライトのシャッターが音をたてて動いた。部隊の速度は二七ノットに上がり、艦首は北西へ向けられた。

リーと僚機のW・E・ジョンソンは日本の空母の二五キロ東で、機首を上げてスロットルを前へ動かし、攻撃高度をとろうとした。リーの機の後部座席にいたサンダーズ兵曹長は敵発見の報告が確実に届くように更に三回打電した。それから無線のキーを降ろして、機関銃を上げて構えた。両機の下では敵の艦隊はあたかも細長い尾部のドーントレスを恐れたように、高速で西へ向きを変えて、厚い煙幕で艦影を隠した。

その時上空から上空戦闘哨戒を行っていた四機編隊の二つのゼロ戦隊が、らせん状に急降下して攻撃してきた。リーとジョンソンは後部の銃がゼロ戦の方に向くように機の向きを変えた。そして低高度で翼とプロペラと曳光弾が渦を巻く、胃が重くなるような乱戦に巻き込まれた。水平線が絶えず垂直になり、海がしばしば頭の上にきた。そして自信を持ち過ぎたゼロ戦三機を撃ち落とし、匿《かくま》ってくれる積雲の中に逃げ込んだ。その後も空中での必死の追い掛けごっこが続いたが、その途中でリーとジョンソンは離れ離れになった。敵の艦隊に再度近寄る機会はなく、僚機とも離れ任務も終えたので、両機は単独で母艦へと帰った。

この頃バーニー・ストロング大尉は僚機のチャールズ・アーヴィン少尉と共に、北方へ向かった三番目の扇型の偵察コースの先端部分にいた。サンダーズ兵曹長が報告した敵の二隻の空母からは一六〇キロ離れていた。二人はジョン・クロメリンの言葉をその通りだと思い、聞かされた積極果敢で決然とした精神を吸収していた。後部座席のガーローとウィリアムズはウエルチの戦艦部隊発見の報告を既に写しとっていた。明らかに戦闘は全て南の方で起こるに違いなかった。ここでは両機が抱えている五〇〇ポンド（二二七キロ）爆弾は役に立たず、搭載している燃料と弾薬は当てもなく空をさ迷っているだけである。ストロングの耳にはクロメリンが士官用食堂兼談話室で確信に満ちて語った声がまざまざと響いた。「無駄なことをする余裕はないし、ミスに対する言い訳も許されない」。

ストロングは素早く行動した。ボードの上に日本の戦艦部隊の位置を記し、飛行進路の線を引き、脇に鉛筆で直ぐに計算して燃料計の針を見て、側にいるアーヴィンに身振りで合図を送った。二機のドーントレスは右の翼の先端を上へあげて南へと向きを変えた。ストロングとアーヴィンは新たな進路をとって上昇を始めた時、燃料の混合の割合を減らし、回転計を見つめ、またエンジンの音を注意して聞いた。タンクに残っているガソリンで少しでも距離を稼がなければならなかった。長時間の捜索をした後で、攻撃高度まで上昇し、さらに数百キロ飛行して、敵を発見できたなら攻撃するつもりだった。リーの空母発見の報告が数分遅れて入ってきたので、進路を数度だけ変えなければならなかった。

ストックトン・バーニー・ストロング大尉は今から行おうとしている、敵の機動部隊に対する二機での攻撃については何の幻想も抱いていなかった。戦争開始以来ずっと空母で任務についていた。ギルバート諸島への攻撃、珊瑚海、そして八月の東ソロモン海海戦は全て間に合わなかった。ツラギとニューギニア沖のラエ、サラマウア地域への攻撃の時も。東ソロモン海海戦ではストロング大尉とリッチー少尉は小型空母龍驤を発見し、その位置と進路、速度、護衛部隊の構成を注意深く正確に報告したが、戦闘機と対空砲のため攻撃はしなかった。八月二四日以来ストロングはそのことをずっと考え続けた。そして考える度にあれは間違いだったと思った。ストロングは同じ間違いを繰り返すつもりはなかった。

燦々《さんさん》と輝く太陽の光の中を二機の細長いドーントレスに乗った四人は高度四、二〇〇メートルで敵の海軍戦力の中核に忍び寄っていった。リーとジョンソンが発見した空母は翔鶴と瑞鶴だった。敵の上空戦闘哨戒機は警戒についており、対空砲も装填して照準をつけていた。重巡洋艦一隻と駆逐艦七隻が空母の周囲を固めていた。

注意深い肉眼の捜索と、エンジン関係の計器、燃料計のチェックだけの航法だったけれど、風に流されることも考慮にいれた結果、リーの敵発見報告とストロングの傍受は非常に正確だったことが証明された。午前八時三〇分、ストロングは遥か下にこちらへ向かって滑るように進んでくる二つの細長くて黄色い甲板を見付けた。翔鶴と小型空母瑞鳳だった。瑞鶴は数キロ離れていて、雲の下にいたので見えなかった。

チャック・アーヴィンも同時に二隻の空母を発見し、近付いていった。二人の操縦士は銃に弾を込めた。ガーロウとウィリアムズは七・七ミリ連装銃の安全装置を外した。ストロングは二機を左へ旋回させて、太陽より上の攻撃位置に向かった。眼下では黄色の小さい長方形の甲板は時々ちぎれ雲の影に隠れた。ゼロ戦と対空砲は攻撃してこなかった。ストロングは全くの幸運により、この機会が与えられたことを知った。そしてストロングは天与の贈り物を前に決してためらわなかった。ストロングはアーヴィンに対して自分の頭を軽く叩いてみせて、操縦桿を引き急降下フラップを開けて、太陽のすぐ上から一番近くの空母瑞鳳目掛けて長い急降下で突っ込んだ。それこそあの一二月以来ずっとストロングの人生の目標となっていたものだった。

アーヴィンも三〇〇メートル後ろから続いた。まだゼロ戦はいなかった。対空砲火の妨害を全く受けることなく、急降下は訓練の時のようにスムーズにいった。銃手はあお向けになって空に敵機がいないのを不思議に思い、またいつ対空砲火が撃ち上がってくるかと身構えていた。一方、操縦士は前屈みになって汗ばむほど集中して、片目を筒型のスコープに当てて、十字の線が大きくなってくる甲板に重なるように右手と右の足のつま先に全力を込めた。両空母の甲板とも空であることに気付く時間はあった。敵の編隊は既に発進した後だった。四五〇メートルまで降下した時、操縦士は左手を降ろして前へ動かし、投下ハンドルを掴むと引っ張った。爆弾が投下された。と同時に対空砲火が撃ち上がってきて、またゼロ戦が四方八方からやって来たが手遅れだった。二つの爆弾は艦尾近くの飛行甲板に命中し、爆発が二つ別々に起こって大きな穴が開き、直ぐに黒い煙が湧き上がった。

それからドーントレスは白い波頭の上まで降りて水平飛行に移り、対空砲火とゼロ戦が繰り返し攻撃する中で、横に滑ったりひねったり、急に進路を変えたりした。爆弾がなくなったので、ストロングとアーヴィンは燃料の混合比、スロットル、プロペラの回転を目盛りの限度を越えて上げ、ジグザグに飛んで敵の攻撃をくぐり抜け、またお互いに援護し合おうとした。ガーロウとウィリアムズは七・七ミリ機銃を振り回して乱射しながら、母艦へ帰るという唯一つの心からの希望を持っていた。

時々ゼロ戦はうっかりミスを犯した。最初のゼロ戦は攻撃してきながら、あまりにも早く射撃を止めて機体を傾けて方向を変えたので、その無防備な横腹を曝した。ガーロウはその瞬間に弾を十分に横腹に撃ち込んだ。ゼロ戦は炎を出して爆発し、ひっくり返って海に落ちていった。そのすぐ後にウィリアムズも一機を撃墜した。その後はあまり近くまで迫ってきて攻撃しなくなったが、背後から機体を傾けて、銃の装備してある全ての翼の前縁とプロペラから射撃してきた。全てが外れた訳ではない。アーヴィンの機の右翼と尾部に穴が開き、速度が落ちた。ストロングは機体に穴が開くのを見て、また燃料が激減しているのを思い出して帰艦できるだろうかと不安になった。

しかし、キンケイド少将（そしてクロメリン中佐）が敵の空母に損傷を与えたことを知ることが重要だった。ゼロ戦は依然として攻撃してきており、ガーロウは粘り強く射撃を続けながら、無線を打って爆弾を二発命中させたことを告げ、また敵部隊の位置、進路、速度を報告した。それを何度も繰り返した。機動部隊の指揮官は戦術情報を知る必要があったし、ジョン・クロメリンは二機のドーントレスが標的に五〇〇ポンド爆弾を命中させたことを知る必要があった、二発の爆弾を投下して二発共である。爆弾も飛行機もガソリンも訓練も無駄にはしなかった。クロメリン、あなたでもこれ以上うまくはできないでしょう、もしあなたでも無事に帰艦できないならば。

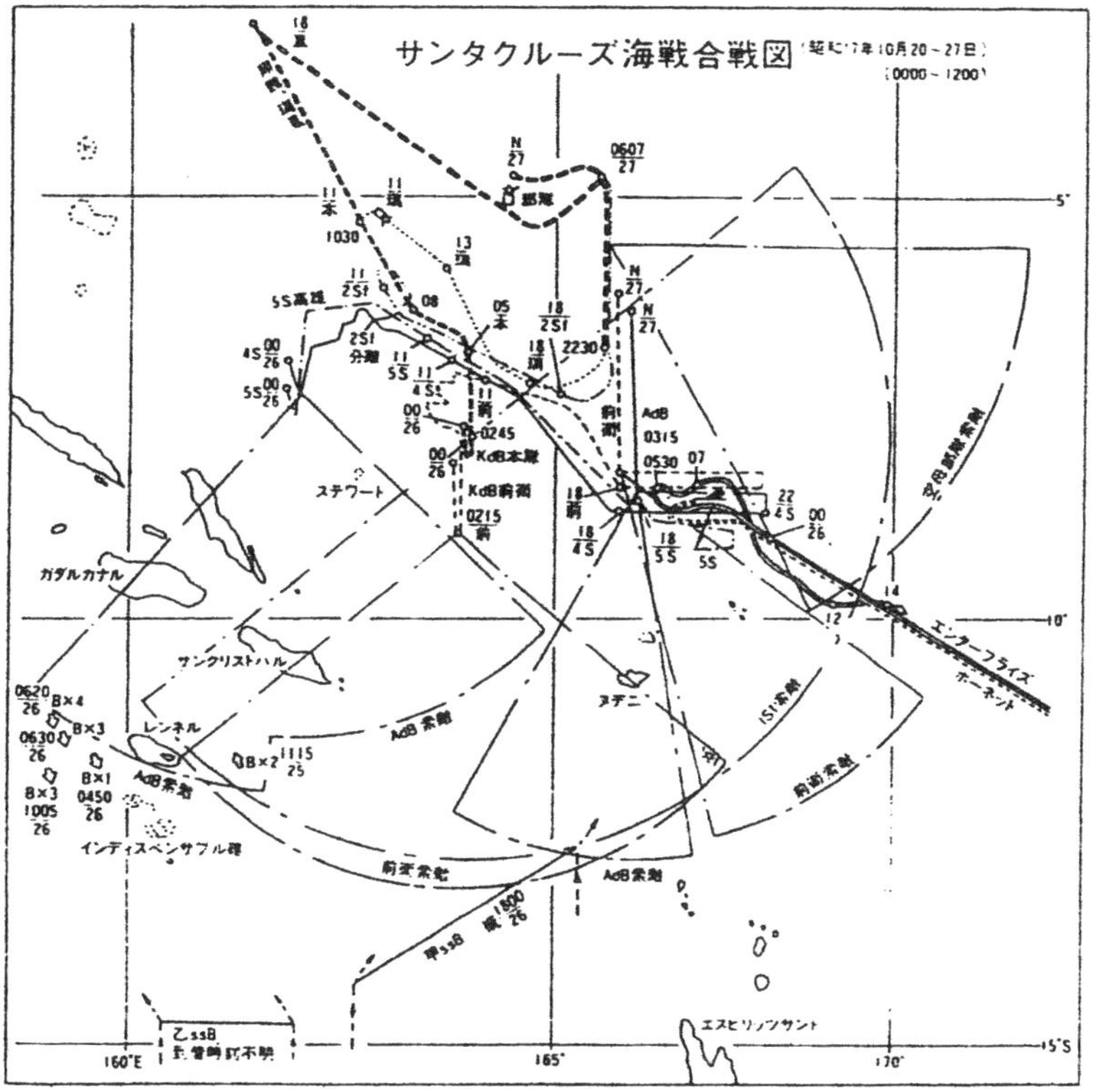

二機のドーントレスは散在している雲を利用して逃げ、七〇キロに及ぶ追跡劇の後、最後まで残っていたゼロ戦が九時に引き返した。今や母艦への飛行がただ一つの問題だった。しかしエンタープライズは敵が狙っている空母であり、約二五〇キロ彼方の海の上で無線封止をしたまま状況に応じて移動しており、その進路も速度も解らなかった。燃料タンクはほぼ空になり、機体も撃たれている状況では、間違えずに真っ直ぐに進路をとらなければ無事帰艦できる見込みはなかった。そして午前一〇時二六分、エンタープライズへの一回目の着艦コースに入ったス

トロングとアーヴィンにロビン・リンゼーの持つパドルが振られた。もう一度着艦をやり直すことが必要だったとしても、その分の燃料はなかった。

朝方偵察に向かった一六機のドーントレスは全機無事に帰ってきた。そのうちの半分が敵を発見した。そして邀撃しようとしたゼロ戦七機を撃ち落とし、空母一隻と巡洋艦一隻を炎上させた。

今度はキンケイド少将が敵を攻撃する番だった。実際攻撃隊は出発していた。二九機から成るホーネットの攻撃隊が初めに飛び立った。エンタープライズは続いて飛行可能な飛行機を全て発進させた。ただ上空戦闘哨戒機として二〇機の戦闘機は残しておいた。その後にホーネットの次ぎの攻撃隊が続いた。爆弾と魚雷を搭載し、三二〇キロ離れた敵を目指して、各編隊は合同するのを待ちきれずに、直ぐに別々に敵の方角へ出発した。

エンタープライズの攻撃隊は爆弾倉に長い魚雷を抱いた鈍重なアヴェンジャー八機と、一、〇〇〇ポンド（四五四キロ）爆弾を搭載したドーントレス三機、そして護衛のワイルドキャット八機で構成されていた。飛行隊隊長ゲインズ中佐が九機目のアヴェンジャーに乗って、編隊の背後の上空から飛行を指揮していた。昨日の夕方の長い偵察飛行から帰ってきた時、六機のドーントレスは海底に沈んだ。六機は機動部隊の対潜哨戒のために必要で、一六機は朝の偵察飛行から戻ってくる途中であり、「ビッグE」は絶対的に急降下爆撃機が不足していた。

攻撃隊は燃料を節約するために、ゆっくりと上昇した。四機の小隊二つで構成されたワイルドキャット隊は左右と前方、そして三〇〇メートル上空を飛行していたが、速度の遅いドーントレスとアヴェンジャーとの間隔が開くのを避けるために、スロットルを絞ってゆっくりと後へ戻ったり前へ行ったりした。第一〇戦闘機隊「グリム・リーパーズ（訳注：大鎌を手に持ちマントを着た骸骨姿の死神）」の隊長で海軍勲功章を受けたジェームズ・フラットレー少佐は右側の小隊を率い、ジョン・レプラ大尉が左側の小隊を率いていた。レプラはかってレキシントンのドーントレス隊に所属しており、レプラと銃手のジョン・リスカも珊瑚海海戦で海軍勲功章を受賞しており、フラットレーが引き抜いてきたのだった。

発艦してから二〇分後、七〇キロくらい行った所で、高度一、八〇〇メートルを飛行していた戦闘機の操縦士は銃に装填を始め、また前途には何が待ち構えており、どうしたらよいか考え始めた。戦闘機隊の背後の下、高度一、二〇〇メートルの所では、何機かのアヴェンジャーがまだ無線送信機のスイッチを入れていなかった。操縦士のイヤホン全部に小さなパチパチという音がしていたが、無線通信は全然飛びかっていなかった。ジム・フラットレーは自分の小隊を率いて右側にゆっくりと一分間近く旋回した。それからゆっくりと振り返って、左肩越しに編隊を一瞥した。第一〇雷撃飛行隊隊長ジョン・A・コレット少佐の操縦するアヴェンジャーがエンジンから炎と煙を出しながら、逆様になって錐揉みしながら落下していた。二番目のアヴェンジャーは斜めに海に向かって落ちていっており、そのキャノピーは閉じたままで、操縦士は座席に崩れ落ちていた。背後の下の方ではもう一つの小隊の四機のワイルドキャットが一二機のゼロ戦と共に激しい格闘を行っていた。

ゼロ戦二機が黒い煙の筋を引きながら落ちていった。前方では別のゼロ戦が二度目の攻撃をかけようとしてアヴェンジャーに向かって旋回してきた。フラットレーは左へ急降下旋回してそのゼロ戦を攻撃した。ゼロ戦は右へ旋回して上昇したが、フラットレーは更にその上へ上昇し、射程距離いっぱいで再度長い射撃を加えた。ゼロ戦は煙を出し始めたが、そのまま真っ直ぐに進んだ。さらに攻撃を加えて海へと叩き落とした。

ゼロ戦が次ぎ次ぎに無数にいるかのように太陽からさっと降下してきて、雷撃機の編隊を抜けた時、ダスティー・ローズ少尉は小隊の他のワイルドキャットと同じように、二秒間ほどはショックで茫然としていたが、それからもう一つの爆撃機の編隊の方へ向かって急旋回し、落下タンクを落とし銃を装填した。そしてスロットルをいっぱいに開き、エンジンの回転数と混合率を精一杯上げて、急降下しているゼロ戦に危険なまでの速度で追い付き、残っている爆撃機にゼロ戦を近付けまいとした。

ゼロ戦の敏捷さに対抗するためには、重く頑丈なワイルドキャットには高度の優位が必要だった。その重量を直ぐに速度を上げるのに使えるからである。この場合はゼロ戦は低速で護衛している爆撃機の高度に拘束されているワイルドキャットを先に見付けていた。それでワイルドキャットは速度を上げるために急降下して低高度で戦うことはできなかった。レプラの小隊が全速力で近付いてきて敵の方へ向かっている間、ゼロ戦は文字通りレプラの小隊を完全に取り囲んで、次ぎ次ぎに射撃を加えたので、青い翼には二〇ミリ機関砲と七・七ミリ機関銃による穴が開き、キャノピーは壊れ、操縦士は負傷した。

ローズとレディングは正反対のトラブルに見舞われていた。ローズの落下タンクは落下しないで敵の弾が命中したので、翼の下で大きな松明のように燃え上がった。レディングのタンクは離れたが、そのためにエンジンは停まってしまい、再始動しようとしてもどうしようもなく、らせん状に落ちていった。ローズの方はレディングの上空で火災を抱えたまま旋回し、ゼロ戦の攻撃を繰り返し受けていた。

ローズにとっては突然の悪夢のように、敵の戦闘機が周りを取り囲んで乱舞し、火災が発生し、曳光弾が飛び交い、スロットルをいっぱい広げたのでエンジンが甲高い悲鳴を上げ、急激に旋回するために腹に慣性力が掛かり、水平線は本来の位置を外れて上下左右にぐるぐる回転した。キャノピーは穴だらけになり、頭の上へ押し上げていたゴーグルは撃たれて吹き飛ばされ、計器盤は砲火で完全に破壊されたので、電動照準器は体の前の何もなくなった空っぽの場所にワイヤーからぶらさがって揺れていた。惨たる状況の最中にランヤン機関兵曹長の計器盤に銃弾の穴が開いていたことに強い印象を受けたことをどうにか思い出した。それは「ビッグE」への最初の調査報告で見たものであり、帰艦して仲間にこの有様を見せるという希望を持った。

ローズはレディングを援護するために編隊を離れてからはアル・ミードを見なかった。そしてレプラを最後に見たのは、レプラが一機のゼロ戦に向かって真正面から突っ込んでいった時で、別のゼロ戦がその背後から追い掛けていた。その後でローズは半分開いたパラシュートが海上へ落ちて行くのを視野の隅にちらりと捕らえたが、それはレプラに違いないと思った。そしてレディングは機体内の燃料タンクを使ってエンジンを始動させ、ローズの落下タンクの火災も最後のガソリンまで燃えると消えた。それで二機のワイルドキャットは合流してゼロ戦の群れに立ち向かった。

ローズの無線は計器盤と共に粉々に撃ち砕かれていた。レディングの電気系統も無線を含めて全て使えなくなっていた。しかし手の合図と長い間一緒に飛行していたことでお互いに解り合っていたので、合同して防御のためにはさみのようにペアで動く戦術を実行した。これはジミー・フラトレーとその友人のジミー・サッチが案出したもので、「サッチウィーヴ」として知られ始めていたものだった。

〈訳注：サッチウィーヴとは二機を一組としてウィーヴ〈交叉機動〉を利用した相互支援戦法。お互いに相手を警戒し、敵機が攻撃してきた時、攻撃されていない機は攻撃される機に急旋回して知らせる。攻撃されている機はこの動きを見て、僚機の方へ交叉するように急旋回して攻撃をかわす。目標が急旋回した敵機は攻撃をあきらめて急上昇して目標と反対方向に旋回した場合、攻撃されていない機に機体側面を見せることになる。また目標に向かって旋回・追尾した場合はいずれは攻撃されていない機に向かい合う態勢となる〉

どちらの操縦士も自分の機の尾部を見ることはできない。しかしお互いに相手の機の尾部を見ることはできる。ローズは初めにレディングの左側に位置した。レディングは一機のゼロ戦がローズの尾部へ近付いてくるのを見た。レディングは直ぐにローズの方、つまり左へ旋回し、敵へ機銃弾を浴びせた。ローズはレディングが旋回するのを見ると直ぐにその意味が解ったので、レディングの方、つまり右へ旋回し、ゼロ戦をレディングの射線へと引っ張り込んだ。ゼロ戦は方向を変えて逃げ去り、二機のワイルドキャットは位置を入れ替えて再び水平飛行に移った。すなわちローズが右側に位置し、先程と同じ動きをしようと準備していた。二人は何分間もこのウィーヴを繰り返したが、それはまるで何時間にも感じられた。

ゼロ戦はワイルドキャットの機首が自分の方へ向き始めると大体逃げていった。しかしゼロ戦の数は非常に多かった。ローズとレディングが背後の二機に対して「サッチウィーヴ」をとっていた時に、別の数機が前方もしくは横合いから攻撃を掛けてきた。そしてローズの機のエンジンは高度約八〇〇メートルで停止し、そのベアリングとヒューズは焼き切れ、プロペラは回らなくなり、ローズのちょうど前で止まった。ローズは速度を保つために機首から突っ込み、着水するために風上へ機の向きを変えた。

しかしゼロ戦の攻撃は終わっていなかった。別のゼロ戦が背後からやって来た。ローズは舵を動かすペダルを踏んだが、制御ケーブルが切れたために二つとも効かなかった。補助翼と昇降舵が使えて着水できたらいいんだがなあと思った。また飛行訓練の時に、古参の教官が三〇〇メートル以下では落下傘で脱出するなと言ったことを思い出したが、今はもう一五〇メートル以下だった。ローズはほとんど瞬間的な動作で粉々に砕かれていたキャノピーを後へ動かし、操縦室に立ち上がり、操縦桿を力いっぱい前へ、かって計器盤があった所へブーツで蹴り込んで、パラシュートの開き綱を引っ張った。エンジンの停止した穴だらけのワイルドキャットはローズの体から離れて落ちていった。パラシュートは開いて体は真っ直ぐになり、揺れながら落ちていき、海面にぶつかった。

ローズはかなりの速度で海面にぶつかり深く沈んだが、沈みながら体とパラシュートをつないでいた留め金を外し、パラシュートを外して再び海面に出た。頭上ではレディングの乗機が南へ向かい、その後からゼロ戦三機が追い掛けているのが見えた。突然の静けさの中で四機のエンジンが全力を出している甲高い音が聞こえた。また一機のゼロ戦が煙を出しているのに気付いた。

フラットレーが「ビッグE」の攻撃隊を再び集合させた時、戦力は半分になっていた。敵の待伏せ攻撃――自軍の機動部隊の近くで、太陽の上から真っ直ぐに攻撃を掛ける戦法――のため、編隊の指揮官の機を含む二機のアヴェンジャーが即座に撃墜され、一機は不時着水を余儀なくされ、もう一機はエンジンをやられたためエンタープライズに引き返した。レプラの戦闘機隊四機のうち、三機は撃墜され、ただ一人残ったレディングは突然の圧倒的な攻撃と大きな損失に動揺して呆然となり、三機のゼロ戦を振り切って穴だらけのワイルドキャットで「ビッグE」へ戻った（訳注：これは日本の第一次攻撃隊の端鳳の九機の戦闘機がエンタープライズの攻撃隊に遭遇して攻撃したもの）。

エンタープライズの攻撃隊は今やアヴェンジャー四機、ドーントレス三機、それに護衛のワイルドキャット四機に減っていた。ゲインズ中佐は敵に気付かれなかったか無視されたかで無事で、無線で戦闘報告を送り、減少した攻撃隊で進撃を続けた。

午前一〇時三〇分、積雲の幾つもの影が広がっている中を、波を切って北へ進む敵の戦艦と巡洋艦が見えてきた。攻撃隊は一〇分間旋回して、重なった雲の背後に空母を捜した。そして隊長が戦死した後アヴェンジャー隊を率いていたトンプソン大尉はフラットレーに、空母を捜すためにあと一四〇キロ飛行するのに充分な燃料があるかどうか尋ねた。フラットレーの戦闘機隊は明らかに燃料が足りなかった。ゼロ戦の待伏せ攻撃に反撃するために翼の落下タンクを捨てたので、帰艦するのに必要な量がかろうじて残っているだけだった。それでエンタープライズの攻撃隊は空母の代わりに戦艦・巡洋艦部隊を攻撃対象に選んだ。

三機のドーントレス（第一〇偵察飛行隊の搭乗員が操縦する第一〇爆撃飛行隊の機）は金剛級の戦艦に隊列を組んで攻撃を掛けた。リッチィーの大型爆弾は右舷艦首近くに落ちた。ヘンリー・アーヴィンは第二砲塔の上面にまともに命中させた。エステスは右舷側の真ん中に命中させた。大きい戦艦は振動して煙を出したが、そのまま波を切って進んだ（訳注：これは重巡筑摩のことであろう）。

ジム・フラットレーの戦闘機隊は何度も機銃掃射を行って、敵の砲手を混乱させた。アヴェンジャーは一隻の重巡洋艦を雷撃するために低高度で旋回した。そして接近して魚雷を投下したが、敵の艦長は全て回避した。

帰艦する途中で一機のゼロ戦が攻撃してきたが、それはその操縦士の最後の攻撃となった。三機のドーントレスが銃撃を集中して撃墜したからである。帰り道を三分の二ほど行った時に、「ビッグE」の一一機の飛行機はダスティ・ローズのちょうど真上を通り過ぎた。ローズはサンタクルーズ島の北二六〇キロ、スチュワート諸島の東で、半分だけ膨らみそして半分水浸しになった一人用の救命筏に不安そうに乗っていた。左足に当たった弾の傷の手当てをしながら、大海原の真只中で、それでもまだ生きていることに驚いて感謝の念を抱いていた。ローズは大声で叫び笛を吹き手を振ったが、飛行隊の搭乗員は気付かなかった。

ホーネットの第一次攻撃隊の急降下爆撃機はもっと大きな戦果を上げた。戦艦・巡洋艦から成る前衛部隊の上空で敵機と初めて遭遇し、護衛のワイルドキャットと九機のゼロ戦とで乱戦になったが、一機もドーントレスの方には近寄れなかった。そして一〇時三〇分に翔鶴と瑞鳳を発見した。三、六〇〇メートル上空からでも軽空母瑞鳳の飛行甲板に開いた二つの穴から煙が出ているのが見てとれた。ストロングとアーヴィンが爆弾を命中させた瑞鳳だった。瑞鶴はその攻撃の時は雲に隠れていたのだった。

ホーネットの爆撃隊は敵の上空戦闘哨戒機と戦って突破して、一、〇〇〇ポンド（四五四キロ）爆弾を翔鶴に数発命中させ、艦首から艦尾まで炎上させ、かろうじて操舵できる状態にした。第一次攻撃隊の雷撃隊と第二次攻撃隊は、エンタープライズの叩きのめされた攻撃隊と同じく空母を発見できず、巡洋艦一隻に命中弾を与えた。

キンケイド少将の午前の攻撃はこのようにして終わった。翔鶴と瑞鳳は戦闘不能になり、戦艦一隻と巡洋艦一隻がかなりの損傷を受けた。しかし瑞鶴と準鷹は攻撃を被らなかった。さらに悪いことに発見されることもなく、今や攻撃隊を発進させていた。

発艦してから僅か七〇キロ飛んだばかりの「ビッグE」の攻撃隊を奇襲して撃墜したゼロ戦は、翔鶴、瑞鶴、瑞鳳から飛び立った六五機の攻撃隊の一部だった。この攻撃隊は一五分後にアメリカの機動部隊を視野に捕らえた。キンケイドの第一六機動部隊は一五キロ離れた二つの緊密な灰色の輪型陣を作っていた。どちらの輪型陣も長方形をした平らな空母を真ん中にして、朝の海を二七ノットで波を蹴立てながら平行して進んでいた。敵のいる方角、西の上空には三八機のワイルドキャットが、レーダーの目と、エンタープライズの戦闘機管制士官の無線の声で指示を受けながら旋回していた。

エンタープライズの貴重な飛行甲板を取り巻いて、高速でも精一杯の転舵でかろうじて衝突をかわせるほど近くに新鋭戦艦と防空軽巡洋艦がいた。八隻の駆逐艦は更にその外側に円形の陣を作っていた。その一隻はショーだった。一二月七日にパールハーバーで翔鶴と瑞鶴から発進した九九式艦上爆撃機の攻撃を被っていた。ドライドックで動けない状態の時に、日本の爆撃機が攻撃して、艦首を吹き飛ばしたのだった。その時の艦長と六〇名の乗組員が艦上にいた。

「ビッグE」のかつての艦長だったジョージ・マレー少将の二つ星の将旗を翻しているホーネットは、防空巡洋艦二隻、重巡洋艦二隻、駆逐艦六隻に護られていた。

一〇時過ぎには輪型陣の真ん中にいたエンタープライズの甲板は空っぽになり、飛行できる飛行機は全て飛び立っていた。そして空の半分以上を覆い隠していた大きい積雲の一つの下を走っていた。暖かい雨が砲座と乗組員のヘルメットに音を立てて降り注いだ。レーダーのスコープには敵の飛行機が近付いてきているのが映り、ワイルドキャットの数個小隊は迎撃するよう命じられた。しかしそれは遅過ぎた。戦闘機の多くは適切な位置にいなかった。

敵の攻撃隊はスコールの中にいたエンタープライズを見逃した。それでホーネットを攻撃するために散開して急降下した。エンタープライズとホーネットのワイルドキャットは必死で敵機を求めて急上昇し、五インチ砲の厚い弾幕と絶え間なく撃ち上がってくる奔流のような曳光弾の中を背後から追い掛けて急降下した。

急上昇したスタンリー・W・ヴェジェタサ大尉は六丁の機関砲で遠距離からの射撃を行って、敵の爆撃機が爆弾投下ポイントに達する前に速度を落とさせた。アルバート・D・ポラック大尉は慎重に弾薬を節約して翼の一番外側の二丁の砲しか使わずに、最初の射撃で敵の急降下爆撃機の銃手を沈黙させ、それからその敵機が巧みにホーネットへの急降下へ入ると、六丁の機関砲を全て発射して敵機の横腹を炎上させたが、その残骸をかわすために急上昇しなければならなかった。ポラックの飛行小隊のスティーブ・コナ少尉も同じく急降下して一機を撃墜した。ドナルド・ゴードン少尉も二度目の攻撃で、編隊から数百メートル離れて、波頭の三メートル上にいた雷撃機一機を吹き飛ばした。〝フラッシュ〟・ゴードン（訳注：アメリカのコミックに「フラッシュ・ゴードン」というヒーローがいるので、それに掛けたニックネームであろう）はカネオへの訓練を終えて一〇日しか経っておらず、これが最初の戦闘だった。

しかし多くの爆撃機は迎撃を突破した。ジョージ・マレーの機動部隊では新鋭防空巡洋艦の自動発射火器と五インチ砲、他の艦艇の五インチ砲が何トンもの鉄の塊と高性能火薬を上空に撃ち上げた。日本軍機の多くは——時代遅れの固定式脚を付けていたので見間違うことはなかったが——、急降下の途中で突然砲火に捕らわれ、操縦できなくなって機体をよじった。他にも五インチ砲弾が命中してばらばらになり、一瞬閃光を発し、黄色い火の玉と黒い煙を出し、大小の破片になって落ちていった飛行機もあった。しかし日本の爆撃機の数は非常に多かった。急降下して近付き、勇敢に巧みに爆弾を投下した。日本の爆撃隊の隊長（訳注：坂本明大尉）はかなりの損傷を受けたので、大型爆弾二つを抱えたままホーネットの飛行甲板に体当たりした。さらに四つの爆弾と魚雷二本が命中して、ホーネットは炎上して停止した。一機の雷撃機が左舷艦首に突っ込んだ。

一〇時二五分にエンタープライズが偵察機を収容するために風上に向かって東へ転舵した時、飛行甲板にいた乗組員は南西の海上にホーネットが停止して、黒い煙を斜めに上げているのが見えた。ホーネットの四つの巨大な青銅製のスクリューは既に停まっており、ドゥーリトル中佐のＢ－二五爆撃機が東京へ向かって飛び立った飛行甲板はその夜、「ビッグＥ」のキールの五、〇〇〇メートル下の深海の泥に眠ることになるのだった。

エンタープライズは今やハワイから西での、アメリカの唯一の作戦可能な空母になった。日本軍はそのことは知らなかったかもしれないが、エンタープライズがガダルカナルを護ることが出来るただ一隻残った空母であることは非常によく解っていた。そして南雲はまだ無傷の空母を二隻持っており、その攻撃隊はアメリカ艦隊に向かっていた。

一一時にエンタープライズのレーダーは三七キロ彼方に接近しつつある敵の大きな編隊を捕らえた。ワイルドキャットは再び迎撃のために飛び上がったが、敵の爆撃機隊を発見した時は今度もその下の背後にいた。ワイルドキャットの四機から成る小隊の隊長はしばしば「左舷後甲板の方を見ろ」とか「右舷艦首の方を見ろ」とか言われたが、何キロも離れていて、しかも機動部隊が視野の外になることが多い操縦士にとって、その瞬間の艦隊の進行方向に基づいたそのような指示は無意味だった。小隊長は単純に艦隊からかなり離れて、敵が来る方角の高々度で待機し、レーダーによる敵編隊の情報を与えられて、自分の判断に従って行動することを許可されていたなら、もっとうまくいっていたであろう。レーダーはうまく作動していたのだが、その情報を運用するのが拙劣だった。

レーダーが敵を捕らえてから約二分後に自分の小隊の三機のワイルドキャットと共に機動部隊上空を旋回していたデイヴ・ポラックは、一隻の駆逐艦が鮮やかな黄色の楕円形をしたゴムボートの側に停止しているのに気付いた。操縦士を救助しており、デイヴはそれが朝の攻撃で行方不明になった「ビッグE」の操縦士であるように願った。ポラックが見つめている時に駆逐艦から横に数百メートル離れた青い海に何らかの動きが起こった。水面の直ぐ下を不規則に円を描いて航跡を残しながら走っているものがあった。魚雷だった。一、五〇〇メートル上空にいたデイヴにはそれがよく見えた。しかし駆逐艦の低い甲板や一〇メートルくらいの高さしかない艦橋からではそれを見つけるのは難しいことはデイヴには解った。駆逐艦に警告しなければならなかったが、無線では戦闘機管制士官としか連絡できなかったし、リレー式に大急ぎで伝える時間はなかった。

デイヴは舞い降りて、鉄板の薄い魚雷を自分の機関砲で射って爆発させようと決意した。軍艦の神経過敏になっている砲手が撃ってくるだろうことは解っていたが、少なくとも魚雷に対する注意は喚起できるであろう。デイヴは隊列の先頭から外れて海へ向かって急降下した。予想していたように駆逐艦は直ぐに撃ってきたし、近くにいた駆逐艦も激しく撃ってきた。ポラックは悪態をつきながら曳光弾は気にしないように努め、円を描いて走っている魚雷目掛けて何度も機銃掃射を繰り返し、弾丸が魚雷の周りの海面をかき乱した。二度目の機銃掃射を終えた時、駆逐艦の砲手は味方機のマーキングに気付いて射撃を止めた。同時に駆逐艦はポラックの警告に気付いてスクリューが回り始めた丁度その時、魚雷が駆逐艦の艦体の真ん中で爆発し、水が高く舞い上がり破片が散らばった。ポラックは悲しげに上昇し、自分の小隊と合流した。

その駆逐艦はポーターだった。ポーターはR・K・バッテン大尉と銃手のR・S・ホルグリムの救助を終えていた。バッテンは「ビッグE」の攻撃隊が朝奇襲攻撃を受けた後、乗機のアヴェンジャーを不時着水させたのだった。敵が近くにいるのでポーターを修理して曳航することは出来なかった。駆逐艦のショーが生存者を救助するために、ポーターに横付けした時に、バッテンとホルグリムはショーへ飛び移った。そしてショーの甲板から損傷したポーターが五インチ砲と共に沈んでいくのを見守った。

不適切な位置に配置され、指示も悪かったワイルドキャットが敵機を見つけて射撃しようと奮闘し、またポラックがポーターを救おうとしていた間——結局は駄目だったが——、エンタープライズの砲撃管制係は新しい砲撃管制レーダーを接近しつつある敵機に合わせようと一生懸命努力していた。理論的にもまた確認テストの時にも、この新式レーダーの管制による五インチ砲の砲撃は、遠距離でまた雲や暗闇で見えない標的に命中させることが出来た。しかし今はそのスコープはやって来る敵機を捕らえようとはしなかった。

一一時一五分、東ソロモン海の時のようにエンタープライズの乗組員は帝国海軍のぴかぴか光っている急降下爆撃機が晴れ渡った空から頭上に現れたのを見た。銀色に輝いて、小さなブーンという音を出していた。最初は小さくて、ばかげたことだが動いてないように見えた。見上げている者の目に向かって真っ直ぐに進んできているから動いていないように見えただけだった。それから敵の爆撃機は急速に大きくなり始め、待ち構えていた全艦艇では砲手が砲撃を開始した。その瞬間、下を見ていたフラットレーのリーパーズの一人はサンジュアンに爆弾が命中して爆発したと思ったが、実際は全ての砲が砲撃を開始しただけだった。サウスダコタでは一〇〇門の砲口が機械的な正確さで一斉に火を吹き、濃褐色の火薬の煙が甲板と上部構造物に広がり、艦尾から流れ去った。円型の警戒陣を敷いていたポートランドと全駆逐艦も上空に砲弾を撃ち上げた。しかしエンタープライズのオーリーン・リヴダール指揮下の砲手は砲撃が一番やり易かった。「ビッグE」の砲手には方向偏差（訳注：標的と目を結ぶ線、または砲身軸線が向いている方向と照準線とが成す角）がなかった。

飛行機は全て「ビッグE」の砲身めがけて向かってきたからである。エンタープライズは敵の一番の目標だった。

艦橋ではオズボーン・B・ハーディソン艦長がヘルメットを左手に持ち、急降下爆撃機が機体をひねって数珠つなぎに自分の艦へ向かってくるのを真っ直ぐに見つめて、狙いを外すために舵を一杯に切った。一、〇〇〇メートルも離れていない四五、〇〇〇トンの戦艦も「ビッグE」の転舵に合わせて転舵し、航空隊の小隊の僚機のようにずっと側についていた。

エンタープライズは雨あられと降る爆弾と落ちてくる飛行機の中をジグザグに進んだ。艦の周囲には水の柱が林立し、水中の爆発により水が艦体にハンマーのように当たって振動して音を立てた。エンタープライズは古くからの敵である翔鶴、瑞鶴の甲板から飛び立ってから二時間もたっていない、日本軍の熟練して決然とした飛行士と四分間戦った。日本の爆撃機の半分は対空砲火の濃密な網の目に捕まってバラバラになり、太平洋の広い海上で瞬時に燃えるガソリンの塊になった。撃ち上げる砲弾に妨害されて早く爆弾を投下し離脱する機もあったが、迎撃に失敗したフラットレーのワイルドキャット隊の銃口に飛び込むことになった。

上甲板の乗組員は一定の間隔をおいた五インチ砲のドカーンという音と、もっと口径の小さい銃のリズミカルなタッタッタッタという音の間から、敵機のエンジンの唸り声が大きくなってくるのを聞き、甲板を横切って上昇した後は、その音が突然小さくなるのを聞いた。下の甲板の乗組員は「ビッグE」が右に左に精一杯舵を切って艦体が傾いた時、機関室やボイラー室の油だらけの格子の床の上で足を広げて踏ん張った。修理班は先に戦闘時には使わない全てのハッチとドアと舷窓を堅く閉め、六六二ある水密区画がしっかりと閉じているか何度もチェックしていた。そして今は薄暗い赤い戦闘時の照明の下、道具や器具を回りに置いて、通路と小さい区画の鉄の床に座って、爆発や金属のぶつかる音がすれば飛び出そうと待機していた。

一一時一七分になった。ジョン・クロメリンはヘルメットを被ってライフジャケットを着けてむき出しの艦橋に立って、突っ込んできた急降下爆撃機が見事な手並みで爆弾を投下するのを見つめていたが、突然叫んだ。「畜生、あいつは命中するぞ」。二五〇キロ爆弾が飛行甲板の前部の張り出しの真ん中の少し左舷よりを突き抜けて、約五メートルほど空中を落ちて船首楼甲板に当たって突き進み、左舷から外へ出ていった。その遅発信管は艦の中心部で爆発させようとしたのだったが、結局左舷艦首近くの水面のすぐ上で爆発した。破片が艦側に飛び散って、五ミリから三〇センチまでのいろんな大きさのぎざぎざの穴を開けた。また右舷艦首に駐機していた一機のドーントレスが舷外へ吹き飛ばされた。そして後部座席で七・七インチ連装銃を受け持っていた一等航空機関兵曹長のサム・デイヴィス・プレスリーが死亡した。

無線方位測定室で一人が死亡し、数人が負傷した。タンクに海水が入ってきた。飛行甲板の穴の縁には小さな火が燃え、下の倉庫でも火事が発生した。もう一機のドーントレスにも火が付き、穴の開いた翼のタンクからガソリンが流れ出して火が更に燃え広がった。ガソリン係のビル・フルーテ機関兵曹長は飛行甲板を前方に向かって走りながら、大声を上げて助けを求めた。フルーテはガードレール沿いに走って行った。そして攻撃が続き敵が飛行甲板を機銃掃射している中で、燃えている飛行機を押して、急速に熱くなっている五〇〇ポンド爆弾と共に海へ落とした。

一等撮影手のラルフ・ベーカーは飛行甲板の前部の縁で落ち着いて戦闘の写真を撮っていたが、顔から一〇センチくらいの所でカメラを構えた時、爆弾の破片のため左手の人差し指が切断され、カメラに大きなへこみができた。

その時にもう一つの爆弾が前部エレベーターのすぐ後ろの飛行甲板の真ん中に命中し、エレベーターを真二つにした。爆弾の一部が格納庫甲板で爆発し、予備の飛行機二機を高く吹き上げて壊し、さらにその下敷きになって五機が壊れた。爆弾の先端の半分は更に二つの甲板を突き抜けて、第二修理班が待機していた士官居住区で爆発し、第二修理班は吹っ飛ばされた。またそこの戦闘服室で待機していた医療班も吹き飛ばされた。爆風のため四〇人の体がばらばらになったり、致命的な火傷を負ったりした。破壊された士官居住区では火災が発生し、士官達の寝台、衣服、身の回り品が燃え上がった。照明が消え、動力が停まり、艦内電話が不通になった。消火用パイプの本管も壊れ、そこから流れ出した海水に血や油が混じった。艦体が揺れる度にばらばらになった手足や内臓が滑り動いた。息苦しくなるような煙が格納庫甲板に流れ込んで、上の小さな穴から外へ出ていった。ハーシェル・スミスのダメージコントロールチームは艦首から艦尾まで、火災の発生した修羅場を閉鎖した。

第二修理班の隣の給弾室にいた六人の乗組員のうち四人が死亡した。二人は爆風で飛ばされ、真っ黒の煙が満ちている残骸の中に落ちた。そこには仲間達のちぎれた体が散乱していた。三等砲手のジム・バッグウエルは半ば意識を失いながらも燃えている場所を抜けて、粉々に砕かれたハッチから上の格納庫甲板からの明かりが洩れてきている所へと手探りで進んだ。そして痛みをこらえながら短い垂直の梯子を昇り始めた時、もう一人生き残った仲間の士官付き三等コックのウイリアム・ピンクニーも同じハッチを見付けた。爆弾が爆発してからの数秒間は被害にあった区画は、想像できるどんな地獄よりもひどかった。目と肺を焦がした煙の中から炎が高く舞い上がった。かつて鉄の甲板があった所には真っ暗な穴が開いていた。半ば意識の朦朧とした者さえガソリンの匂いを感じていた。それはいつでも甲板全部を吹き飛ばすことができるくらいの量だった。

小さな黒人のビル（訳注：ウィリアムの愛称）・ピンクニーはバッグウエルが梯子を昇るのを注意して手伝っていた。バッグウエルは梯子の一番上でハッチを捜して触った時、痛みのため甲高い悲鳴を上げて甲板に落ちて気を失った。上と下の火災のため格納庫甲板のハッチは焼き鏝《ごて》のように熱くなっていたのだった。ピンクニーは煙のためほとんど何も見えなくなり、かろうじて息ができる状態で、まだショックが残っていて、耳の中には数秒前に数メートル離れた所での爆発の音が鳴り響いていたが、バッグウエルを助け起こして無事にハッチを通り抜けさせてから、自分も梯子を昇った。

戦闘の間もエンタープライズの損傷箇所の修理はずっと続けられた。頭上を通過する時は堅く結ばれていたように見えた急降下爆撃機の列が隊列を解いて次ぎ次ぎに舞い降りてきた。翔鶴と瑞鶴の搭載機の操縦士は甲板の穴と煙を目にして、止めを刺そうと執拗に攻撃してきた。投下した爆弾のため何トンもの水が「ビッグE」の甲板に降り注ぎ、乗組員をなぎ倒し、大砲や機関銃を台座から吹き飛ばした。敵の爆撃機の機関銃は甲板と銃座を掃射した。「ビッグE」の乗組員も怒りながらも確実に五インチ砲や四〇ミリ機関砲、二七ミリ機関砲、七・七ミリ機関銃で反撃した。戦艦サウスダコタは美しい海の男の友情を発揮して、エンタープライズのすぐ側に寄ってきて、一〇〇門の砲で効果的な砲撃を絶えず加え支援した。

日本軍の爆撃機は上空から急降下してきて、一機につき二個の爆弾を投下した。直ぐに「ビッグE」の艦橋からは三機が炎に包まれ煙を出しながら海に落ちて行くのを見ることができた。代償は高かった。しかし、ただ一発の爆弾が命中しただけでもアメリカ軍に残った唯一の空母に止めを刺し、ガダルカナルを日本の手に取り戻せるかもしれなかった。

一一時一九分に右舷のアイランドの後方で押し殺した爆発が起こり、エンタープライズで立っていた者はほとんど甲板に倒れ込んだ。損傷しながら走っていたエンタープライズは二四〇メートルの艦全体を激しく震わせ、艦内のどの場所も数秒の間上下に五〇センチ揺れ続けた。機械や設備・備品ははめ込んである所から弾き飛ばされた。艦体が左舷へ急回頭したので飛行甲板は右舷へ傾いた。飛行甲板が上下に動く度に、駐機していた飛行機は空中へ抛《ほう》り上げられ、駐《とま》っていた所よりも右舷寄りへドスンと落ちて、段々右舷の端へ寄っていった。一番前方の右舷寄りにいたドーントレスは艦外に落ちた。もう少し後ろにいたドーントレスはガンギャラリィーへ落ちた。頭の上に取り付けられていた器具や設備は壊れて格納庫甲板へ落ちた。大きいマスタージャイロスコープ（訳注：回転儀、支持台が動いても常に回転軸が同じ方向を指すようになっている器具、平衡を保ち方向を決定するのに使う）からは水銀がこぼれ落ちた。前部マストが基台の中で四センチ回転し、そこに一列に並んで取り付けられていたアンテナをぐちゃぐちゃにした。「ビッグE」を走らせていた高圧スチームタービンの一つの後部ベアリング軸受け台が割れた。燃料タンクの外側に穴が開き、エンタープライズは敵が追跡しやすいように幅の広い油の跡を引き始めた。空になった二つのタンクには海水が入り、艦体は少し右へ傾いた。一一時二〇分に攻撃は終わったように見えた。

装塡係は砲の周りから積み重なった熱い空薬莢を取り除いた。四〇ミリ機関砲の砲手は素早く砲身を交換した。使用した砲身は冷水の入ったタンクにシューという音をさせながらしばらく漬けた。

艦橋ではハーディソン艦長が艦内電話の側に立って、セントラルステーションのハーシェル・スミスとジョージ・オーヴァーから被害の報告と復旧作業状況を聞いた。ハーディソン艦長は艦の傾斜を直すのに必要な反対側の注水を直ちに許可し、また第二修理班の死傷者の深刻さを聞いて顔をしかめた。

キンケイド少将は指揮所で参謀達と共に海図を覗き込みながら、ホーネットを救助する試みを無線報告で聞いていた。ジョージ・マレー少将はホーネットでは無線通信ができなくなってから、将旗を巡洋艦ペンサコラへ移していた。巡洋艦ノーサンプトンがホーネットを曳航しようとしていた。

エンタープライズでは艦全部の消火班が集って第一エレベーターの周囲の火災を消したので、煙は少なくなった。割れたベアリング軸受け台を別にすれば、推進機械は無傷だったので二七ノットを維持できた。しかし戦闘時救急ステーションでは先任医療将校のジョン・オーズリー中佐、主任薬剤師アデアとその他の医療チームが休みなく痛みと出血と死と戦い、薬を注射し止血器と添え木を当て、火傷を手当てし傷口を縫い、ずたずたになった手足を切断していた。

下の第一艦底甲板では一〇人が前部の五インチ砲への給弾室に閉じ込められていた。唯一つの脱出路はトランク（訳注：囲壁通風筒）を通ってすぐ上へ行くことだったが、そこは火災を消すためにホースから放水した海水が今は二・五メートルもたまっていた。閉じ込められたうちの一人は二〇歳の小柄なグアム出身のヴィンセント・サブランだった。サブランはパールハーバーの時、日本人は「非常に汚くてずるいことを知った。しかし我々アメリカ人は非常に賢明である。。我々は日本人を捕まえて地獄に送らなければならない」。サブランはこのことを話した時から一〇ヶ月経って大いに成長していた。その間サブランが過ごした場所は甲板の大砲の音が遠く響き、至近弾の音は大きく響く一番底の給弾室だった。今現在サブランは九人の仲間――三人は白人、四人は黒人、二人はフィリピン人――と一緒にそこに閉じ込められているのだった。

一一時二七分に見張りが右舷横に潜望鏡発見と報告した。「ビッグE」は急回頭して艦尾をそちらに向けたが、結局それはイルカと解った。一一時四四分に同じ場所にまた潜望鏡が報告されたが、今度は転舵している暇はなかった。一五機の雷撃機がエンタープライズを攻撃するために、艦首の両側から迫ってきたからである。ホーネットを雷撃した時と同じで、エンタープライズがどちらに転舵しても命中させられるようにである。

南雲中将はこの中島九七式艦上攻撃機隊を急降下爆撃隊と一緒に翔鶴と瑞鶴から発進させた。そして同時に攻撃して対空防御の砲火を分散させ、回避行動をほとんどできなくさせる手筈だった。しかし雷撃隊は急降下爆撃隊から三〇分遅れて到着した。今や機動部隊の対空砲は全て、海面上低くやってきて、接近して魚雷を投下しようとしている雷撃隊に向けられていた。

一定の間隔を置いた五インチ砲の砲弾が水面近くで炸裂して弾幕を張り、八、〇〇〇メートル彼方で一機の雷撃機が炎上した。その機が落ちた所に直ぐ水飛沫が上がり、油の混じった煙が立ち昇った。ハーディソン艦長は対空砲火が効果をあげられるように、また雷撃機のどのグループが最初に魚雷を投下するのかを見極めながら艦の進路をとった。艦首の両側では駆逐艦がエンタープライズと敵機の間に入るために、もし必要ならば魚雷を引き受けるために、煙を勢いよく出しながら速度を上げた。大砲や機関銃は水平に向き、高角度で装填したり、空の眩しさに目を細めなければならないという問題はなかった。

曳光弾は敵機を迎撃するために真っ直ぐ水平に飛んでいった。左舷艦首の五、〇〇〇メートル向こうで日本の雷撃機が突然機首を上げて逆様になり、壊れて墜落した。さらに二機が離れてやって来たが、距離三、〇〇〇メートルで二〇ミリ機関砲が発砲したので墜落した。それから右舷艦首側で残っていた五機の九七式艦上攻撃機が次ぎ次ぎに魚雷を投下して旋回して去った。

ハーディソン艦長は素早く左舷側を見た。四機がやって来ていたが、未だ魚雷は投下していなかった。今やハーディソン艦長は右舷の少し前方に三本の魚雷の航跡を見て取ることができた。航跡は接近して高速で平行に走っており、真ん中の一本が少し前に出ていた。見事な雷撃で、もしエンタープライズがこのまま進めば、艦体の真ん中に命中して切り裂くだろう。一秒間艦橋の当直者は黙ったまま待っていた。操舵手、機関室テレグラフの側にいる水兵、当直士官も艦長の命令を待っていた。長く感じられた瞬間の後、命令が発せられた。

「面舵いっぱい」

「面舵いっぱい、サー」

操舵手は舵輪を回した。右腕で舵輪の一番上を摑んで力を一杯入れて一番下へ来るまで回し、それからひざまずいて手の甲を舵輪の中に入れて、別の持ち手を摑むために手を伸ばした。舵輪に付いている舵角指示器の灰色の針は右側へ滑り、三五度を示して停まった。後部の操舵機関室では右舷の水圧ラム（訳注：水圧機・水圧だめなどのシリンダー内を往復するピストン）は完全に後ろに引っ込み、左舷の水圧ラムは光っている長さ全てがむき出しになった。甲板三層分あり、その一番上は艦体の三メートル下に位置していた舵は、右舷側へ大きく向きを変え、右舷のスクリューの起こす水流が舵に当たって効果を増した。「ビッグE」の艦尾は左へ滑り始め、艦首はゆっくりと右へ回り、魚雷に衝突するかのようにその航跡の方へ向いた。穴から煙のくすぶっている飛行甲板は左へと傾き、やれることは全てやったハーディソン艦長は艦橋の左舷の外側部に立って、成功か失敗かを見ようとした。キンケイド少将は黙ったままやって来て、ハーディソン艦長の側に立った。

今やエンタープライズと海面に泡を出している三本の魚雷の航跡との距離は僅か数百メートルしかなかった。艦首が航跡の方へ向いたので、魚雷の速度は一層増したように思えた。それから艦長が「舵真ん中」を命令して甲板が向きを変え、航跡は左舷の張り出しの下に入ったので、艦橋からは見えなくなった。命令に従って操舵手は舵輪を左へ回した。エンタープライズは回頭を止めて真っ直ぐになった。三本の魚雷は一直線に走ってきて、「ビッグE」の左舷一〇メートルの所を四〇ノットで平行に通り過ぎた。

エンタープライズは自分に向かって投下された魚雷の脅威からは逃れたが、今度は駆逐艦スミスに向かって真っ直ぐに突き進んでいた。スミスはエンタープライズとの衝突の危険がなくとも、既にトラブルを抱えていた。敵の雷撃機が二機のワイルドキャットに追いまくられた後、煙を出しほとんど操縦出来なくなり、スミスの前部砲塔に突っ込んだのだった。炎がマストよりも高く上がって、艦橋と上部構造物を飲み込んだ。そして敵機の魚雷が炸裂して煙突から前にはいられなくなったので、乗組員は艦の前部から退避し始めた。スミスはどうにか部隊での進路と速度を保持して、エンタープライズを攻撃してくる敵機を後部の砲で激しく迎撃し続けた。

ハーディソン艦長は再び艦橋の左舷側にやって来て、スミスを交わして進んだ。スミスは落伍していたが、速度を上げて戦艦サウスダコタの艦尾に付き、戦艦のあげる高いウエーキに燃えている艦首を突っ込んだ。数分経つと火災は消え、艦長は艦橋に戻って輪型陣の任務に再び就いた。

しかしエンタープライズの戦いは未だ終わっていなかった。別の魚雷が右舷艦首方向に見えた。今度は回頭してその進路の内側に入る余裕はなかった。魚雷はあまりにも近く、また非常に高速だった。艦首は既に魚雷の進路を横切っていた。ハーディソン艦長は再度面舵いっぱいを取った。「ビッグE」の艦尾は左へと滑り、魚雷は右舷三〇メートルを通り抜けた。八、〇〇〇メートル走った後、魚雷の航跡は消えた。エンタープライズはその魚雷を投下した雷撃機の残骸の側を通ったが、二つの半ば沈んだ東洋人の顔が憎しみを込めて見上げていた。

さらに艦尾の真後ろから五機の九七式艦上攻撃機が水面上を低く高速で、雷撃地点につくためにやって来た。ミッドウェー海戦でジーン・リンゼーが加賀を攻撃した時と同じように、しかしもっと速度の早い飛行機で日本軍の操縦士は「ビッグE」の左舷を狙うために大きく旋回した。加賀の戦死した艦長のように、オズボーン・ハーディソン艦長も右へと回頭し続けて狭い艦尾だけが目標になるようにした。その間、機動部隊の砲は旋回している雷撃機に間断なく射撃を浴びせた。そしてミッドウェーの時のように、このやり方は成功した。エンタープライズに一、五〇〇メートル以内に近付いた時、部隊の全ての二〇ミリ機関砲の嵐のような射撃によって、三機の雷撃機は次ぎ次ぎに撃墜された。投下地点の近くまで来ていた四番目の機は突然急上昇して、その時に魚雷を投し、それから急角度で左へ傾いて海へ落ちた。五番目の機は艦尾のほぼ真後ろから巧みに魚雷を落下したが、ハーディソン艦長は艦を魚雷の進路と平行にもっていき、左舷を通過するのを確認した。

もしヴェジタサ大尉の活躍がなければ、さらに一一機を相手にしなければならなかったであろう。スウィード・ヴェジタサは四機のワイルドキャットから成る小隊の指揮官で、午前九時に既に上空戦闘哨戒に就いていた一二機のワイルドキャットを増強し、敵の急降下爆撃機を迎撃するために発進した。他の隊員はハリス大尉とルーロウ大尉、レダー少尉である。いきなり襲撃に遭遇したが、ヴェジタサは急上昇して巧みに射撃を加えたので、ホーネットを急降下爆撃しようとしていた敵機を事前に撃墜することができた。しかし他の爆撃機を迎撃するには既に遅く、また高度も低かったので、小隊を率いて爆撃を終わって退避しつつある二機の敵機を攻撃した。二機とも火災を発して海に落ちた。それから長い間小隊は戦闘機管制士官の指示に従って、高度三、〇〇〇メートルで旋回して敵の雷撃機を捜索した。その間に更に敵の爆撃機がエンタープライズを攻撃するために上空にやって来た。

正午直前にヴェジタサは、戦闘機管制士官が別の戦闘機小隊に北西へ向かうよう命じるのを聞いた。それで自分の小隊を率いて同じ方角へ向った。戦闘機管制士官がやって来る飛行機は帰ってくる味方の偵察機かもしれないと警告したちょうどその時、ヴェジタサは下の方に陽の光で輝いている濃緑色の九七式艦上攻撃機隊一一機を発見した。敵編隊は三機でV字になり、そのV字が三つ階段状になり、後に二機が付いていた。ルーロウとレダーは二機のゼロ戦と小競り合いをした後、この編隊を発見し攻撃していた。すぐ側にいたハリスと一緒にヴェジタサは急角度で高速の横からの攻撃を行うために急降下に入った。敵の雷撃機隊はエンタープライズに近付いており、雷撃コースに入るために時速四六〇キロで降下していた。ヴェジタサとハリスは最初の降下攻撃でそれぞれ敵一機を炎上爆発させた。それからその速度を維持して、三機のV字型の編隊の一つが大きな積雲に入ろうとしたちょうどその時に追いついた。積雲の中は荒れ狂っており、ヴェジタサとハリスはばらばらになったが、ヴェジタサは敵を見失わなかった。

ヴェジタサは戦闘機管制士官が指示を間違えたため、午前中ずっと迎撃の機会を逃したことに怒っていたが、頭の中は冷静だった。操縦しているワイルドキャットは愛用のライフル銃の滑らかな台尻・握り・引き金のようだった。ヴェジタサは注意深く間違いを犯さなかった。まず始めにV字の左手の機を狙った。真後ろから近付くと六丁の砲の短い射撃を二度行って吹き飛ばした。次ぎの順序として方向舵のペダルを踏んで機体を右へ滑らし先頭の機の背後についた。最初の射撃で敵機の方向舵を壊して高く舞い上がらせた。方向舵はヴェジタサの頭上を越えて飛んでいった。それで敵機が横に揺れ始めた時、二度目の射撃が命中して炎上し、左へ錐揉みしながら落ちていった。雲の中では曳光弾は加速されたローマ花火（訳注：火の玉が飛び出す筒型花火）のように輝いた。湿った灰色の雲の中でヴェジタサは残りの一機に簡単に追いついた。その敵機は右へゆっくりと旋回し始めていた。ヴェジタサは六丁の砲で一回だけの長い射撃を加え、敵のエンジンの後ろから尾部まで掃射した。敵機は激しく燃え上がり、急角度で落ちていった。

頭上から左手へ流れる切れ切れの霧の中にヴェジタサは別の機影を見付け、横の低空からの攻撃飛行コースから急上昇したが、撃墜に失敗した。ヴェジタサはその敵機を追って雲から出てきたが、機動部隊の対空砲が直ぐに撃ってきた。ヴェジタサはその敵機が雷撃するには高度が高過ぎ、また速度も早過ぎると解ったので、対空砲に任せることにした。駆逐艦スミスを損傷させたのはその敵機だった。ヴェジタサは駆逐艦の輪型陣の外側を高度九〇〇メートルで旋回した。そして雷撃後低高度で避退しようとしていた五番目の雷撃機を最後の弾丸で撃ち落とした。

このようにスウィード・ヴェジタサ大尉は一回の戦闘飛行で敵の急降下爆撃機二機と雷撃機五機を撃墜し、さらに一機が撃墜確実だった。母艦を攻撃しようとして散開していたのを発見した一機の雷撃機のうち、ヴェジスタは自分で五機を撃墜し、僚機に六番目の敵機を任せた。他の三機は魚雷を捨てて逃げ去った。そしてヴェジタサの隊長ジム・フラットレーの意見では、「残りの二機は士気を挫かれやる気をなくした」。

ハーディソン艦長はホーネットを漂流する船にしたのと同じ熟練した技術で投下された九本の魚雷を、素早い頭の回転と完璧なタイミングで全て交わした。ヴェジタサの活躍がなくて、さらに一一本の魚雷が投下されていたら、それも全て回避することは難しかっただろう。

昼エンタープライズは低いちぎれ雲の下を、機動部隊の真ん中に位置して二七ノットで走っていた。サウスダコタは依然として「ビッグE」の右舷後部甲板の近くに付き、「ビッグE」の艦首が沈んでいるのを見て取れた。黒い煙が飛行甲板の穴から後へ流れ出ていた。エンタープライズの搭載機のほとんどは周囲三〇キロ以内で小さな編隊を組むか、或いは単機で旋回していて、燃料・弾薬は少なくなっており着艦を待っていた。翔鶴の甲板にオイルサーディンの缶詰のような穴を開けたホーネットの飛行隊も、今や着艦できるのは「ビッグE」の損傷した飛行甲板だけだった。しかしエンタープライズの甲板には穴が開き煙がいぶっており、下では爆弾の被害が生々しく、レーダーのスクリーンには正体不明の機影が映っており、飛行機を着艦させることはできなかった。大砲や機関銃は装填して待機しており、レーダーと双眼鏡は空と海に敵影を捜している中で、エンタープライズは損害の修理と負傷者の手当てに全力を挙げていた。

二番目に命中した爆弾は中心線にある第一エレベーターの直ぐ後ろで炸裂し、甲板を三つ引き裂いていた。格納庫甲板では破壊された飛行機が炎上し、火の付いたガソリンが前部エレベーターの竪穴に流れ落ちた。二つの甲板では特別室、トイレ、仮手当て所、私物ロッカー、給弾室がめちゃくちゃになった。煙が立ち込めて何も見えない中で、炎が切断された電気ケーブル、壊れた器具や鋼鉄の破片をなめた。扉とハッチは吹き飛ばされ、甲板と隔壁は爆風で形がゆがみ、配管は切断され、機械類は穴だらけになった。

そして一番被害のひどかった箇所の下には前部の五インチ砲へ砲弾を供給している給弾室があり、サブランと九人の仲間がいた。その部屋の後ろには五インチ砲の弾薬庫があり、両側には燃料タンクがあって、給弾室との間には狭い空っぽの空間があるだけだった。前方の固い水密隔壁の向こう側には作業室とエレベーターの機械があった。下には飛行機用ガソリンがあり、上は倉庫だが爆弾が爆発した場所の直ぐ下だったので破壊されていた。サブラン達の所へ行く途は一つしかなかった。

壊れた倉庫を通っている垂直のトランク（訳注：囲壁通風筒）である。ただそのトランクのサブラン達の区画の頭上の所にはしっかりと閉まった水密ハッチがあった。爆弾で破壊された居住区画のある甲板の直ぐ上にあった同じようなハッチは、既に吹き飛ばされていた。上部での消火作業のため、トランクには海水と化学薬品が三メートル近くたまり、また爆発の残骸や吹き飛ばされた人間の体の一部が詰まっていた。給弾室には照明はなく、空気は残り僅かだった。戦闘用電話は通じなかった。

二等エレクトリシアンメイト（訳注：艦の照明や電気関係の設備一切に責任を持つ職種）のポール・ピーターセンは上級上等兵曹として給弾室を指揮していた。他に同じエレクトリシアンメイトのカール・ジョンソン、五人の士官担当コック、バグスビー、リチャードソン、コードン、タイジェロン、サブラン、食堂兼談話室世話人が二人、ラメンタスとハワード、そして水兵のシュワーブがいた。パニックやヒステリックな騒ぎは起きなかった。ピーターセンは戦闘用ランタンの電池を節約して長い時間使えるようにし、また全員に貴重な空気を無駄に消費しないように静かにしているように言い渡した。一人が再び通じるかもしれないという希望を持って、音のしない電話のヘッドホンを付けていた。頭上で消火活動をしている音がしたので、勇気づけられた。二人のエレクトリシアンメイトは艦内のダメージコントロールがどのように行われるか知っており、沈没しない限り自分達は救助されることが解っていた。一〇人の乗組員は暗闇の中でじっと待っていた。

セントラルステーションではハーシェル・スミスとジョージ・オーヴァーが艦の大きな略図に被害箇所の印を付け、消火班と修理チームから報告を受けていた。爆発から数分後には大勢の乗組員が被害を最小限にくい止めるために働いていた。

修理チームの仕事は下の甲板で成果を上げ始めた。海水の放水と化学薬品の泡剤で火災は消え、送風装置で煙は追い出されて、新鮮な空気が送り込まれた。負傷者は運び出され、非常用照明が張り巡らされた。戦闘用電話の回線が修理されてつながり、チーフのフォレストが下のピーターセンと話ができるようになった。

フォレストはピーターセンに言った。「絶対そのハッチは開けるな。ハッチの上に海水が三メートルも溜まっている。落ち着いていてくれ、必ず助け出すから。ただちょっと時間がかかるけれど」。

一二時一五分にジョン・クロメリンは機体に穴が開いていようがいまいが、損傷を受けていようがいまいが構わずに飛行機を着艦させ始めた。飛行甲板の左舷の後ろ端ではロビン・リンゼーがその雄弁なパドルで合図を送った。これまでどの着艦信号士官もこんな難しい状況に直面したことはなかった。飛行機の多くは損傷しており、思い通りには操縦できなかった。第二エレベーターはいったん下に降りたままで動かず、艦尾から九〇メートルも離れていない飛行甲板には大きい四角の穴が開いたままだった。レーダーには正体不明の影が絶えず映り、潜望鏡発見の報告が頻繁にきたので、エンタープライズは低い雲の下をジグザグに進み、変針する度に甲板は傾いた。

着艦しようとする操縦士にとっては、狭く煙が出て、着艦場所に穴が開いており、しかも絶えず向きを変える甲板に降りることは不可能に見えた。しかし操縦士達はリンゼーの有能さと燃料タンクが空になっていることを思い起こし、勇気をふるって降りてきた。リンゼーの合図に応じて一機また一機と空母の航跡の上を唸りを上げながら飛んできて、艦尾の一番端にドスンと降りた。着艦ギアがいっぱいに伸びて、飛行機を下に降りたままのエレベーターのすぐ手前で停止させた。それから飛行機はスロットルの唸りを上げて、穴の周りを回って邪魔にならないように前方へ自力でゆっくりと進んだ。

数機が着艦した時に第三次攻撃隊がやって来た。一二時二一分に機動部隊の対空砲が砲撃を始めた時に、他の機は車輪をしまって旋回していった。

南雲の二〇機以上の急降下爆撃機が突然、雲の底から四五度の急降下で降りてきて、エンタープライズを攻撃した。厚い雲は最初対空砲火から爆撃機を隠していたが、雲から姿を現した時、その浅降下は対空砲火には狙い易かった。「ビッグE」の熟練して怒りに燃えていた砲手は八機をばらばらにし、他の機を穴だらけにしたので、敵の爆撃機はすぐに爆弾を落とし逃げ去った。ロビン・リンゼーはパドルを投げ捨てて、自分が着艦させたばかりのドーントレスの後部座席に飛び乗り、攻撃してきた敵機に残っている弾薬を全て撃ちまくった。至近弾が艦の周囲にお馴染みの水柱を噴き上げた。エンタープライズは右へ急角度の回頭をして、艦体は左舷へ傾いたので、爆弾が一つむき出しの右舷艦腹の喫水線の下をかすめて落ち、三メートル離れた水面下五メートルの所で爆発した。そのため艦腹はへこみ、艦体の外殻の裂け目から水が入ってきて二つの空の区画を水浸しにした。

「ビッグE」は激しく打たれたように艦全体が震え、甲板は数秒間再び三〇センチ上下に揺れた。第一エレベーターは一番上の位置で止まって動かなくなった。第三甲板で緊急照明の下で汗をかいて働いていたダメージコントロールチームの乗組員は投げ出されて、足元の血と油とちぎれた金属の中に倒れた。ピーターセン、サブランやその他の者は壊れたトランクから漏れ落ちてくる水が腰の辺りまで達したので、暗い穴の中で緊張していた。

密閉され水が徐々に溜まってきている給弾室の約六〇メートル上では、至近弾による「むち打ち」と敵の機銃掃射がエンタープライズのメインアンテナにかなりの損傷を与えたため、捜索レーダーには何も映らなくなった。レーダーが機能しなくなると、見張員の視力だけが頼りになるが、その視力は雲と靄と目をくらます日光と影のためかなり制限された。また戦闘機の管制も出来なくなった。ブラッド・ウイリアムス大尉はアメリカ海軍で事実上最初にレーダー係に選ばれた士官だった。ウイリアムスは提督や艦長よりもレーダーの能力についてはよく知っており、敵機が跳梁《ちょうりょう》する状況下でレーダーが機能しない軍艦が生き残ることは難しいことも解っていた。

ハーディソン艦長と砲手が敵機を撃退している間に、ウイリアムスは道具箱を持ってマストに登り、艦で一番高く一番攻撃に身を曝す場所で仕事にかかった。両手で摑んだ塗料を塗ったマストには、塩と煙突から出る煙の煤が粒状にこびりついていた。ウイリアムスは片手でしっかりとマストを摑み、もう一方の手でアンテナとモーターを修理しようとした。しかしとても片手では修理できなかったので、遂にアンテナに体を綱で結びつけて、両手で修理しなければならなかった。もしウイリアムスが機銃掃射が続いていたり、爆弾が近くに落ちたり、「ビッグE」の回頭につれて艦体が傾いた時に、レーダーの台座も激しく揺れたことに気付いたとしても、下にいる者には誰もそれは解らなかった。ウイリアムスは敵機の機銃掃射に応戦している五インチ砲の砲口を見下ろすことができ、発砲した時はその熱気を感じた。甲板の端に並んでいる四〇ミリ機関砲と二〇ミリ機関砲は絶えず吠えて、その曳光弾はウイリアムスの側を通って敵に向かっていった。

エンタープライズの右舷の艦腹をかすめた爆弾はウイリアムスの直ぐ側を落ちていったので、ウイリアムスが上を見た瞬間には、その太い魚雷の形は縮小して丸い玉のように見えた。その爆弾の炸裂のためウイリアムスの耳は何週間も聞こえなくなった。また綱で結びつけていなければ、ウイリアムスはマストから吹き飛ばされていただろう。ウイリアムスは塗料と塩の腐食でボルトが動かなくなっているのに悩まされながらも、手早く一生懸命働いて仕事を終えた。それで下のレーダー室では再びレーダーが使えることが解った。作戦行動に早く復帰できるように望むあまり、技師がアンテナを回すモーターのスイッチを入れた。それでウイリアムスはマストヘッドで一〇回以上もぐるぐる回った。ウイリアムスは怒って叫んだが、砲撃の轟きにかき消された。しかしやっと艦橋の士官が、ウイリアムスは水平線を捜索するために自分で意図して回っているのではないことに気付いた。

飛行甲板にいる乗組員が無言で緊張してせわしなく働き、下の暗闇に閉じ込められた水兵達には比較的緊張が緩んで三分ぐらいたった時、修理したレーダーが新たな攻撃隊がやってくるのを捕らえた。レーダーの示す所を前部の測距儀の高精度の望遠鏡で見ると、敵編隊は距離二八キロ、高度五、〇〇〇メートルにいた。二つのグループに分かれた一五機の九九式艦上爆撃機で、上空には九機のゼロ戦が護衛についていた。二時間半近く攻撃や攻撃の恐れが続いた後だったので、迎撃のワイルドキャットは弾薬が尽き、燃料も少なくなっていた。今や防御はオーリーン・リヴダール率いる砲手と、機動部隊のサウスダコタ以下の艦艇の決然とした支援に掛かっていた。

距離一八キロになった時、空には高い所にだけ日の光の断片があったが、敵の攻撃隊は雨雲の背後に隠れた。二分間無数の砲身が静かに回り、何千もの若い眼が雲を突き抜けまぶしい太陽を睨み返そうとして上空を見つめた。それから敵の爆撃機は頭上に現れ急降下を始め、対空砲は再び砲撃を開始した。二〇ミリ機関砲の幅の広い操作レバーを握って、丸い照準器を通して曳光弾の光跡を追い掛けて前方を注視していた若い砲手も、四〇ミリ機関砲のトラクターのと同じような椅子に座ってブーンと唸りを上げる装置と共に回っていた若い砲手も、この日の午後までにベテランになっていた。砲手達は敵が自分達を殺す前に、自分達の砲で敵を殺せることを経験しており、また爆弾による血腥《なまぐ》い損害も見てきていた。今や砲手達は沈着冷静で、オーリーン・リヴダールの入念な訓練はその効果を発揮していた。多くの砲手は上を見上げれば、アイランドの上部の対空戦闘指揮所にリヴダールがいるのを見て取れた。冷静で思慮深く有能なリヴダールが身を曝しているのを。

敵の爆撃機が連なってこの日三度目の急降下攻撃を掛けてきた時、リヴダール指揮する砲は曳光弾を撃ち上げ、方向を変えて絶えず一点に集中するように狙った。装填係は素早く弾を補給し、砲は念入りに手入れされていたので故障や弾詰まりはほとんどなく、休みなく撃ち続けた。砲座指揮将校は激しい砲撃の下で、最も脅威を与えそうな敵機を撃つように狙いを変えていった。そして砲搭長ウィルソン大尉は「ビッグE」が甚大な被害を被るのを防いだ。一機の爆撃機が爆弾を命中させるのに失敗したので、引き返してきて甲板に体当たりしようとした時、五インチ砲を指揮してその機を撃ち落とした。

サウスダコタの前部砲塔の頂上部で爆弾が一つ炸裂したが、非常に厚い装甲が施されていたので、砲塔員は命中に気付かなかった。しかしその破片で艦長は重傷を負い、サウスダコタの操艦は後部の副長に任されたが、副長はしばらくの間操舵室と連絡が取れなかった。巨大で重く高速を出しているサウスダコタは戦闘の間巧みに操艦されていたが、このためにエンタープライズに向かって真っ直ぐに突っ込んできたので、ハーディソン艦長は危ういところでこれを交わした。

サンジュアンにも大型爆弾が命中した。爆弾は薄い甲板を全て貫通して艦底を抜け出てから爆発した。その爆発で高速で走っていた脆弱な軽巡洋艦は激しく揺さぶられたので、操舵機構を守っていたブレーカー（遮断器）がはじけ飛んだ。それでサンジュアンも舵が操作できなくなり、高速で右へ回り始めた。機動部隊の他の艦艇は散らばって衝突を避け、操舵装置が回復するのを待った。

一二時四五分になってレーダーで近くの空には敵機がいないことが解ったので、エンタープライズは再び搭載機を着艦させ始めた。戦闘機と急降下爆撃機は航続距離の長いアヴェンジャーよりも優先されたが、それでも多くの機が不時着水した。水飛沫を上げて着水しても無事だった操縦士は、機首が沈んでも翼の燃料タンクが空っぽのおかげでしばらくは機が浮いていたので、脱出してゴムボートに乗るのに十分な時間があった。駆逐艦はその救助作業で大忙しだった。

エンタープライズの甲板の一番前にある第一エレベーターは永久に動かないように見えた。他の二つのエレベーターの上にも飛行機が着艦していたので、エレベーターを下に降ろせなくなった。そして四時までに「ビッグE」の長い飛行甲板はエンタープライズとホーネットの搭載機でいっぱいになったので、ロビン・リンゼーはこれ以上着艦させられなくなった。スリム・タウンゼンド率いる飛行甲板担当の乗組員は午前中長時間働き、戦闘も経験した後で、再び仕事に取り組み始めた。後部エレベーターを使って飛行機を降ろし、一三機のドーントレスをエスプリットサントに向けて発進させた。そして空中で待機している最後のアヴェンジャーを収容するスペースを作った。

先程のが最後の攻撃のようだった。おそらく日本軍には攻撃に差し向けられる飛行機はもうなかったのだろう。エンタープライズとホーネットへの攻撃と、自軍の防御のために一〇〇機もの飛行機を失い、二隻の空母は作戦不能になっていた。燃料の消耗と事故のため失われた飛行機がもっとあったはずである。

山本長官は空母に北西に退避するように命じ、高速の水上部隊に夜戦のために前進するよう命じた。しかし、キンケイドは日本軍との一〇ヶ月に及ぶ戦いの経験からそれを予想して、南方へと避退した。敵の駆逐艦が見付けたのは燃えて傾いている放棄されたホーネットだけだった。敵の駆逐艦は魚雷でホーネットを海底へと送った。

戦いは終わり、ガダルカナルはしばらくの間安全になった。日本軍が次ぎの攻撃のために部隊を増強し、準備を整えるには少なくとも数日間はかかるだろう。これまでの戦いの歴史でエンタープライズが被ったような航空攻撃を受けて生き残った軍艦は唯一隻だけである。すなわち地中海でルフトバッフェ（ドイツ空軍）と戦ったイギリス海軍のイラストリアスである。イラストリアスも固定脚の時代遅れの急降下爆撃機（スツーカ）に攻撃された。今や乗組員を救い、損傷を修理し、出来るだけ早く戦闘に復帰できるようにすることが「ビッグE」の任務だった。

飛行甲板担当の乗組員が損傷を受け、燃料も弾薬もない飛行機を甲板に無理に押し込んで並べている間、ハーシェル・スミスの修理班は下で、ポンプで水を汲み出し、材木を継ぎ合わせてつっかい棒にしていた。午後五時過ぎになってピーターセン達が閉じ込められていた給弾室の頭上の脱出用の狭いトランク（訳注：囲壁通風筒）の中に詰まっていたものが除去され、そこから出られるようになった。二つ上の甲板のハッチのカバーでは、主任のフォレストが水の溜まったトランクから取り出した人間の骨と手足をきちんと積み上げていた。フォレストは戦闘用電話でピーターソンに伝えた。

「おまえ達はもうそのハッチを開けられるぞ。だが注意しろ、上に未だ水とごみが残っている。早くハッチを開けて出て来い。そうすればもう大丈夫だ」

ピーターセン達はすぐその通りにした。ずぶ濡れになり、非常用照明の下で目をしばたたきながら、オリンピックのロープ登りの選手のような機敏さでトランクから出て来てた。

戦闘配置に就いてから一三時間四七分経った八時三分前に、乗組員は自分の持ち場を離れた。暖かい食事は出たが、損傷のため真水の供給量が少なくなったので、風呂を浴びる代わりに体を軽く拭くだけで済まさなければならなかった。しかし工作・修理部門にはその夜も次ぎの日も休みはなかった。艦全体の照明、動力、水圧、そして空母を運営するのに不可欠なあらゆる施設・道具を復旧させなければならなかった。

一方、北西四〇〇キロの真っ暗な海の上ではダスティ・ローズ少尉が空気があまり入っていないゴムボートに乗っていた。エンタープライズとの間には敵の部隊がいたので、サンタクルーズ島があると考えた方角へ向かって断続的に櫂を漕いでいた。午前中に海中へ突っ込んだ後、海面に浮上するや、直ちに救命胴衣の留め金を引っ張った。一つは開かず、もう一つは直ぐに膨らんだが、まもなく空気が抜けてぺちゃんこになった。ローズは立ち泳ぎしながら、苦労して救命胴衣に息を吹き込んで膨らました。幸いなことに大きくてたくましく、胸の厚いローズは肺活量が多かった。その時に初めて自分の脚に傷があることに気付き、血が海中に流れ出ているのを見た。血が鮫を招き寄せることを知っており、鮫の気を引くようなものが海中に垂れ下がらないように祈った。

周りに手を伸ばして包みからゴムボートを取り出して、膨張留め金を引っ張った。ボートはきれいな形に膨らんだが、救命胴衣と同じように徐々に空気が抜けていった。ローズは取り付けてあるハンドポンプを捜して摑んだが、手からこぼれ落ちてしまった。パニックになりかけたが、それを自覚して強い精神力で自分をコントロールした。そしてボートに息を吹き入れる口を見つけて、数分間必死で息を吹きこんだ。そして黄色のゴムに弾の穴が一つ開いているのに気付き、他にも幾つか穴が開いているのに違いないと解った。

弾が包みの中のボートを貫通した時、折り畳んだ紙に穴を一つ開けたようなものだった。紙やボートを広げた時は、たくさんの穴が開いていることになる。ローズのボートには穴が六つ開いていた。ローズはどうしても血の出ている脚を海の中に浸けておく訳にはいかなかった。ボートにはそのような非常事態のための道具一式が備えてあり、その中にはパンク修理用の継ぎ当てと小さなゴムの栓が二つ入っていた。

南太平洋の何百キロも離れた所で救命胴衣だけを頼りに、ローズはナイフと継ぎ当てを使って修理をしていた。その時にチップ・レディングを追い掛けていた三機のゼロ戦が帰ってくるのが目に入った。既に煙を出していたそのうちの一機は、今やかなりひどく煙を引いており、ローズが見守る間に長く滑降していって、数キロ離れた向こうで水飛沫を上げて海に落ちて、機体はばらばらになった。ローズは他の二機のゼロ戦の機銃掃射から逃げるために、救命胴衣を外して水中に潜る準備をしたが、ゼロ戦はそのまま飛び続けて北方へ消えて行った。

ローズは出来るだけの努力をして全ての穴を塞いで、もう一度ゴムボートに息を吹き込んで、乗るのに十分な空気を入れた。そして縁の低い端を越えて乗ってうつ伏せにばったりと倒れた。それから仰向けに体を回して、半分体を起こして顔を上向けた。懸命にやったが、ローズはボートを全体の約四分の三しか膨らませられなかった。そして座っている所には常に水が数センチ溜まっていたが、ともかくも腕と血の出ている脚は海から出すことが出来た。

継ぎを当てた所から絶えず空気が洩れており、二〇分毎にボートに空気を吹き込まなければならなかった。そのためには縁越しに吸入用チューブまで体を伸ばさなければならなかった。ローズの持ち物は飛行服の脛の部分に縫い付けた鞘に入った狩猟用ナイフと、腰のベルトに付けたホルスターの中の四五口径のオートマチック拳銃だった。拳銃はずっと水に浸かっていて、昼までにうっすらと錆の膜が浮き出していた。しかしローズが試しに射ってみると弾が出た。ローズはびっくりしたので、危うくボートの外へ落としそうになった。

ローズはボートに座って食料を食べながら、救助されるまでどれくらい掛かるだろうかと考えていた。その時爆音を聞き、自分が護衛した攻撃部隊のドーントレス、アヴェンジャー、ワイルドキャットを見た。編隊はエンタープライズへ帰るところだった。ローズは手を振り大声で叫び笛を吹いて、自分に気付いてもらおうとする一方、機数を数えて全機無事で、攻撃で一機も失われなかったことが解った。編隊の爆音が南へと消え去ると、ローズは何もない海の上で前よりも孤独を感じた。

エンタープライズが必死になって戦っていた長く熱い午後の間、ローズはずっと一人だった。水飛沫が色白の肌に懸かって冷やし、一時間に付き三度ボートを膨らませなければならなかった。時々一分か二分くらい微風に乗って白い雲の塊が北西へ流れていき、大海原を穴の開いた空気製のドーナッツで漂流している小さな人の姿の上に影を投げ掛けた。その間だけは涼しくなり、空気も柔らかく心地よくなった。そして赤道の太陽が再び顔を出し、体を焦がし微風は感じられなくなった。日暮れまでにローズの口は吸入用チューブを何度も吹いたため炎症を起こし、左足は弾の怪我のため硬直してきた。その間ローズには考える時間はたっぷりあった。そして特にジョン・レプラがどうにか生き延びたように願った。そしてレプラがこの戦闘に関してある予感を持っていたことを思い出した。ローズはレプラが幸運の分け前を使い果たしたので、今回は帰還できないだろうと言うのを聞いた。レプラは家族に遺書すらも書いていた。

サンタクルーズ沖海戦が終わった後の熱帯の夜はいつまでも明けないようだった。ローズはただじっと座ってばかりいられなかった。方角に確信はなかったけれど、夜明けになれば東の方角が解るのを半ば待ちながら、小さな櫂を手首に結び付けて、南だと思った方向、すなわちサンタクルーズ島の方向へボートを漕いだ。相変わらず二〇分毎にボートを止めて、チューブに息を吹き込んだ。

とうとう太陽が水平線から現れたが、それはまるで怒りで真っ赤になった丸い玉のようで、積雲をピンクに染めた。またローズの塩のこびりついた顔と、飛行服が縮んだため露出していた手首と足首を焼いた。その日の早い時間にローズは飛行機の編隊――機動部隊の上空戦闘哨戒のワイルドキャットだと思った――がずっと離れた所を行くのを見たが、何も起こらなかった。何も。海と空と太陽とそして時々現れるありがたい雲があるだけだった。

午後三時頃、微風は数回不規則に吹いた後止まり、ボートに波が当たる小さい響きとボートに溜まった水がたてる響き以外は何の音もしなくなった。そしてまたボートに空気を吹き込む時間になろうとした時、ローズは背後で小さな音がするのを聞いた。蛙の鳴き声のような音だったが、ローズの注意を引くのには充分だった。振り返ると鮫がやって来るのが目に入った。三匹の鮫が海面のすぐ下を平行に並んで泳いでおり、背鰭が水面からピンと出ていた。まるで見えない三連装の発射管の中で射出を待つ三本の魚雷のようだった。一番近い鮫はローズが手を伸ばせば鼻に触れられそうなほど近かった。

ローズは口の中がからからになり、逃げ出したくなった。心の中では鮫の顎(眼には見えなかったが、充分想像できた)から自分の体を守ってくれるのは、薄いゴムだけだぞという叫びが渦巻いた。必死になってその叫びを押さえて、ゆっくりと体を動かして、すぐ側までやって来た長い灰色の姿を見つめ、ナイフを取り出し膝の上に置き、それから腰の辺りまである暖かい水の中に手を伸ばして、四五口径の拳銃を掴み、安全装置を外して構え、一番近くの鮫の頭に狙いを付けた。醜い姿の悪魔は自分を襲うかもしれないが、そう簡単には餌食にはならないぞ。

ローズがナイフと拳銃を持ってじっと動かずに、波静かな海の上でボートの揺れに体を任せていた時、ボートの空気が抜け続けてフニャフニャになっていくのを感じた。しかし膨らますためには一番近くの鮫から六〇センチしか離れていない海の中に入らなければならなかった。いらいらしながら時間は過ぎてゆき、敵意をもって我慢強く動かない三つの姿の圧迫で、ローズの神経は張り詰めていた。

五分、一〇分、一五分と過ぎていった。四五口径の拳銃は段々重くなってきたので、ローズは肘を膝の上に置いて支えなければならなかった。そしてローズの体が徐々に海に深く沈むにつれて、海水がボートの中にますます入ってきた。それから愚かにもゲームをあきらめたように、一番遠くの鮫は身を翻して去り他の二匹もそれに続いた。三つの背鰭は海をジグザグに切って進み、やがて全く見えなくなった。ローズはぐったりと疲れ、びっしょり汗をかいていたが、縁を越えて海に入り、吸入チューブを見つけてせわしなく息を吹き込んでボートをもう一度膨らませ、中の増えた水を汲み出した。

午後遅くなって小さいマストの列が現れ、東の水平線に沿ってゆっくりと北へ移動した。ローズは錆の出た拳銃を空へ向けて射ち、白いTシャツを脱いで、規則正しいリズムで長い時間振り続けた。遠く離れたマストはローズのいる海域の端を依然として進み続けた。しばらくして一隻が横に走る動きを止めて近付いてくるように見えた。水平線の上に煙突が現れ、続いて上部構造物が、そして砲塔が見えた。駆逐艦が艦首を向けて高速でやって来たのだった。ローズは白い波が装甲の薄い艦首から盛り上がって丸くなり後ろへ落ちていくのを見た。

元気が出てきたローズは、パドルを漕いで出来るだけその進路に近付こうとした。駆逐艦の乗組員がローズを見付けたのであり、数分後に救助されることには疑う余地はなかった。その駆逐艦は後進をかけ、艦尾で海水が泡立ちながら速度を落とした。しかし行き過ぎたので戻らなければならなかった。ローズはパドルを漕いで艦側の基部まで寄っていったが、波のうねりで上下に揺れた。ロープが投げ落とされたので、両手でしっかりと掴んで昇ろうとしたが、体が非常に弱っており、また艦側の鉄板は濡れていて非常に滑り易かった。ボートはスクリューの起こす流れで流れ去っていたので、ローズは海に落ちてしまった。ローズはロープを掴んだまま、初めて甲板の人間を見上げた。そして思わず口を大きく開けて、昇るために舷側に垂らされたネットやつり網に向かって大声で叫んだ。ずっと上の方の手すりに並んだ顔は全て日本人だった。

一〇月一三日、ダスティ・ローズが「救助」されてから三日後、エンタープライズはニューカレドニアのヌーメアの熱帯の港に錨を降ろした。港の周りには丘があり、丘の上にはパリのノートルダム寺院の白く小さいレプリカがあった。甘く暖かい香りが「ビッグE」をやさしく包んで流れ、格納庫甲板から出る燃料の匂いを消しさり、送風装置を伝わって艦内に流れ込んだ。

第一三章――「スロット」

（訳注：すき間の意味。ブーゲンヴィル島から南東に進み、コロンバンガラ島とニュージョージア島の間を通ってガダルカナルに至るルート。日本軍はこのルートを通ってラバウル、ショートランドとガダルカナルの間を往復した）

一九四二年一一月、日本とアメリカは、一つは基本戦略のため、もう一つは占領するために費やした兵士の命の数と軍艦や装備を考えれば、もはや引き返せないほど深くガダルカナルに捕らわれていた。サンタクルーズ島沖で双方かなりの犠牲を出して戦い、引き分けに終わったが、アメリカが日本の再占領の企てをしばらく阻止したという点ではアメリカの勝利といえた。その後は両者とも自軍部隊を強化し、敵の増援を阻止する作戦を計画した。日本軍は夜間小規模な部隊を上陸させるだけでは不十分なことは解っていた。上陸した部隊が集結して有力な部隊になる前に、海兵隊に掃討されるからである。今回は一三、〇〇〇人の兵士が一一隻の輸送船に分乗して、「スロット」を南下せよという山本長官の命令を待っていた。その間も夜間の小規模な上陸は引き続いて行われていた。

ビル・ハルゼーは引き分けで満足するような人間ではなかった。戦いの結果、ハルゼーにはやらねばならない任務が三つあった。

①ガダルカナルの占領を確実にするために、充分な増援部隊と補給物資を送り込むこと。
②日本軍が増援部隊を上陸させるのを阻止すること。
③輸送途上においてできるだけ多数の敵艦船を沈め、できるだけ多くの日本軍兵士を殺すこと。

一一月七日、一隻の駆逐艦がガダルカナルで海兵隊用の弾薬九〇トンを降ろした。六、〇〇〇人の兵員がエスプリットとヌーメアで七隻の輸送船に乗り込んだ。そして九日までに全てがガダルカナルに向かって出発した。

敵の動きはもっと遅かった。一一隻の駆逐艦が一一隻の輸送船を護衛して一二日の夕方に、ショートランドのファイシーを出航した。

両軍の無防備の輸送船には護衛が必要だった。甲板にいっぱい溢れている陸軍の兵士と海兵隊員は、ひとたび装備と共に上陸して展開すれば強力な戦力になり、敵に大きな打撃を与えるだろう。しかし海の上では無防備で脆弱《ぜいじゃく》な存在でしかなかった。

南東に伸びている島々のアメリカ軍の基地から、またカロリン諸島とショートランドの日本軍の港から、武装し装甲した艦艇が護衛を提供するために動き始めた。ハルゼーが動員できるのは二隻の高速戦艦と八隻の巡洋艦、そしてそれに随伴し周りに警戒陣を張り廻らすのに充分な駆逐艦だった。唯一の空母エンタープライズはヌーメアに錨を降ろし、サンタクルーズ沖で被った爆弾の被害を必死で修理しようとしていた。山本はもっと恵まれていた。指揮下には二隻の軽空母、五隻の戦艦と巡洋艦一〇隻、それを支援する駆逐艦を擁していた。

日米両軍の潜水艦は敵のガダルカナルへの連絡路で哨戒に当たり、エスプリットの陸上基地から発進した飛行機はラバウルから飛び立った敵の飛行機とぶつかった。両者の目標であるヘンダーソン飛行場は陸軍、海軍、海兵隊の飛行機がブンブン飛び回っていて、実際のところ動かない不沈空母であった。

サンタクルーズ海戦の後「ビッグE」はヌーメア港の停泊地に戻った。穏やかな風が入り江を守っている二重の山並みから吹き降りてきた。山並みの頂にある街は戦争などないかのように、熱帯の陽光の下でまどろんでいた。しかしエンタープライズの艦上では明かりが一晩中点いて、空気ハンマーと溶接のスパークと火花が休みなく動いていた。修理船ヴェスタルの約六〇名の士官と水兵、シービーズ（訳注：アメリカ海軍の建設部隊。土木作業に熟達した海兵隊員で構成されている）の一個大隊がハーシェル・スミスの工作・修理班と一緒に二四時間ぶっとおしで働いた。

エンタープライズの航空隊はトンツータ（訳注：ニューカレドニアの地名、フランスの飛行場があった）の草の生えた飛行場に移っていた。隊員は埃っぽい道を一、五〇〇メートルほど行った所にある川で水浴びをした。帰ってくる途中でトラックやジープが側を通り過ぎた時は、行く前と同じように埃だらけになった。ガダルカナルへ向かう途中の海兵隊の爆撃隊の操縦士の腕前をチェックするために、ドーントレスは昼間草の生えたでこぼこの滑走路をバウンドしながら走って空に舞い上がった。

夕方になると飛行隊員は歩いたり、ヒッチハイクしたり、ジープに乗ったりしたりしてヌーメアに出掛けた。中にはフランス人と親しくなる者もいて、フランス人の家庭に招かれて、音楽と会話とおいしいフランス料理とワインで楽しい夕方を過ごした。しかしそれは飛行隊員を悲しく切なくさせた。これから何年も戦いで消耗しなければならないからである。将来を見通そうとしたが、終わりは見えなかった。パールハーバー空襲からほぼ一年が過ぎていたが、飛行隊員がかなりの損失を出したにもかかわらず、敵は依然として強力なように思えた。別世界の幸福な家族と楽しい夕方を過ごした後、真っ暗な道を飛行場へ帰る途中で、ソロモン諸島の戦いはますます苛烈になり、損害はいっそう増すように感じた。

ヴェスタルの修理担当士官は、エンタープライズを作戦可能な状態に戻すのには三週間かかるだろうと見積もった。しかし一一日経って、ハルゼーは「ビッグE」をこの新たな戦闘に参加するように命令した。それでシービーズとヴェスタルの修理班が未だ忙しく働いている状態のまま、ガダルカナルに向かって出港した。ニューカレドニアの緑色の海岸が北西の方角へ長く伸びているのが見えた時、飛行隊が艦上に帰ってきた。どの隊員も清潔な寝台とトイレとシャワーに感謝した。

ビル・ハルゼーほどソロモン諸島での作戦におけるエンタープライズの価値を認識している者はいなかった。それで充分注意して扱い、出来るだけ敵の攻撃に曝さないようにし、また出来うる限りの護衛をつけるつもりだった。「ビッグE」はガダルカナルの南西地点へ向かった。そこからは搭載機がヘンダーソン飛行場を中継基地として使って、「スロット」の交通路を長距離で攻撃できた。ドーントレス、アヴェンジャー、ワイルドキャットが既にヘンダーソン飛行場から飛び立っていたので、エンタープライズの航空隊がヘンダーソン飛行場から飛んでもエンタープライズの存在を暴露することにはならなかった。「ビッグE」の両側には新鋭で高速の姉妹戦艦ワシントンとサウスダコタが付き添い（訳注：ワシントンとサウスダコタは同型艦ではない）、前方には駆逐艦が半円形の警戒陣を張っていた。

エンタープライズがガダルカナルに向かって出港した日に、アメリカの三隻の輸送船がガダルカナルに着いて、海兵隊の増援部隊を降ろした。輸送船は日本の空母搭載の爆撃機の攻撃を受けた。一二日、キンケイド少将率いる機動部隊が珊瑚海を横断してやって来る間、さらに四隻の輸送船が無事に海兵隊と陸軍部隊をガダルカナルへ上陸させた。同じ日に日本軍の一一隻の輸送船団が出発し、その部隊が無事に到着するように戦艦と巡洋艦がガダルカナルの防衛態勢を叩くために出港した。情報部は二隻の敵空母が北方で行動中であると報告した。

サンタクルーズ海戦の再現のようだった。

エンタープライズはあの海戦の痛手から完全には回復していなかった。第一エレベーターは一見した限りでは修理されていたが、ハーディソン艦長はそれをテストする許可を与えなかった。もし第一エレベーターが下に降りた時に動かなくなったらどうなるだろうか？「ビッグE」は飛行甲板の前の端に深く四角い穴が開くので、一機の飛行機も発進させられなくなる。これはソロモン諸島で唯一残った飛行甲板である。当然航空作戦に支障をきたす。飛行機が着艦している間は、収容、整備、修理のために他の飛行機を下の甲板には降ろせないことになる。着艦作業が始まるや、最後の飛行機が着艦して後部甲板の二つのエレベーターが使えるようになるまで、全ての飛行機は飛行甲板に待機していざるを得なくなる。飛行甲板の右舷側の着艦エリアには未だ邪魔になる膨らみがあった。その下の士官の居住区では七〇組の部屋が破壊され、「亡命者」は幸運にも部屋が無事だった者の小さい控え室に押し込まれていた。サンタクルーズ沖で二発目の爆弾が炸裂した箇所では、水密は完全には効かなくなった。一つの区画に浸水すると、裂けた隔壁と甲板、設備を通って六つ以上の区画に直ぐに水が広がるであろう。燃えている油やガソリンも同じようになるだろう。

一三日の金曜日朝八時にエンタープライズはガダルカナルのヘンダーソン飛行場の約四五〇キロ南にいた。一〇機のドーントレスが夜明けの偵察に出発し、一〇個の偵察エリアに分かれ最大飛行距離の三二〇キロまで飛んだが、敵を発見することなく戻ってきた。

八時二二分に完全装備の九機の雷撃機と六機の戦闘機が、ヘンダーソン飛行場の司令官の指揮下に入るよう命令を受けて飛び立った。クロメリン中佐は敵艦がガダルカナルの西にいるかもしれないと思って、西側からヘンダーソン飛行場に近付くよう指示した。

ジョン・クロメリンはこの任務に関しては不安を持っていた。司令官の許に届いた報告によれば、空母を含む有力な敵部隊が「スロット」を南下して来ているということである。日本軍は明らかにガダルカナル奪回のために南太平洋にある全ての戦力を投入しようとしている。「ビッグE」の一五機の飛行機は、虎を殺すために送られる雀の群のようである。編隊が到着した時にヘンダーソン飛行場が未だアメリカ軍の手中にあるという保証すらないのである。もしヘンダーソン飛行場をアメリカ軍が確保していなければ、飛行可能距離の中には空母も他の飛行場もないのである。クロメリンは自分の航空隊の全ての隊員を個人的に案じていた。その日の朝クロメリンが第一〇雷撃隊に

作戦の説明をしている時、その目は濡れていたという者もいた、
サンタクルーズ海戦の奇襲攻撃でコレットが戦死した後、第一〇雷撃飛行隊の隊長になったアル・コフィン大尉がアヴェンジャー隊を率いた。ジョン・サザーランド大尉が護衛のワイルドキャット隊を指揮した。

雷撃隊は高度一五〇〇メートルで積雲の下を飛行した。戦闘機隊はその一、〇〇〇メートル上空の両側を飛行した。一〇時三〇分までにガダルカナルの南海岸のジャングルが見えてきたので、飛行コースを西向けに取った。三〇分後、依然として海上低く飛んで西からサボ島とエスペランス岬に近付いた。すると日本の戦艦一隻と駆逐艦四隻に出会った。敵の部隊は信じられないことにサボ島の僅か一六キロ北におり、真っ昼間にヘンダーソン飛行場に向かって真っ直ぐに堂々とした様子で進んでいた。

〝スクーファー〟・コフィンのアヴェンジャー隊は全速力で機体を傾けて、積雲の背後に隠れて急上昇した。サザーランドは六機のワイルドキャットを率いて、戦艦部隊を援護しているに違いないゼロ戦隊を捜して四五度に近い角度で上昇した。積雲の上でサザーランドはゼロ戦隊を見付けたが、ワイルドキャットが向かっていくと、ゼロ戦は方向を変えて逃れた。サザーランドの戦闘機隊は慎重なゼロ戦と、今や攻撃地点に近付いた雷撃隊の間に止まって、警戒しながら旋回していた。

アヴェンジャー隊は雲の背後を一、五〇〇メートルまで螺旋《らせん》状に上昇して、それから二手に分かれた。一一時二〇分に第一〇雷撃隊は攻撃を開始した。機体の大きいアヴェンジャーはできるだけ長く、白く厚い雲の背後に位置するように散開して降下し、比叡の両側から迫った。対気速度は増し高度計の針は下がった。二～三キロ進んだ所で八機のアヴェンジャーは時速四六〇キロ以上で雲の下から抜け出して、高度を下げながら両側から真っ直ぐに比叡に向かった。戦艦比叡と護衛の駆逐艦は砲撃を始めた。黒煙がアヴェンジャーの周りで炸裂し、曳光弾がかすめるように飛んできた。

しかし戦艦の対空砲火は二方向からの攻撃のため分散し、雷撃隊員が予想したほど激しくはなかった。距離二、五〇〇メートルで魚雷投下高度の四〇メートルに達したが、あまりにも機の速度が早過ぎた。もし時速三三〇キロ以上で魚雷を投下すれば、魚雷が海面に衝突してばらばらになるか、或いはうまく作動しないか、もしくは真っ直ぐに走らないかもしれなかった。

アヴェンジャーのコックピットでは曳光弾が飛び去り、高射砲弾が前方に炸裂する中で、スロットルを絞った。速度が落ちるにつれて、エンジンの音も静かになったが、操縦桿と舵を使って機体を水平にし、真っ直ぐのまま突っ込んだ。距離九〇〇メートルで速度が三一〇キロになった時、長い魚雷を投下し始めた。比叡は必死になって、左舷から攻撃してくるコフィン率いる四機のアヴェンジャーに向かって、主砲の一四インチ砲の一斉射撃を行った。その巨弾は頭上を低く重々しい音を立てて飛んでゆき、アヴェンジャーの銃手は数千メートル後ろで海上に一列に並んだ水柱が上がるのを見た。

距離八〇〇メートル以下で全ての魚雷を投下し終えてから、アヴェンジャーの操縦士はスロットルを精一杯戻して、海上低く水平に飛行した。一機また一機と比叡の下甲板の高度で舷側近くまで接近した。そこだと比叡の砲は狙えなかったからである。それから対空砲火を避けるために旋回しながら散開して艦尾から離れた。アメリカの操縦士が全速力でグラマン独特の四角い翼の端が比叡の舷側をこするほど近くを飛び去った時、比叡の防御砲火がなぜ弱かったか解った。上部構造物は焼け焦げて穴だらけで、金属は曲がってずたずたになり、所々で大砲の砲身が曲がって黒くなっていた。戦艦は戦闘の修羅場にいたのだった。

魚雷は八〇〇メートル走るのに約一分掛かった。そして三発の爆発がほぼ同時に比叡に起こった。一発は左舷に、一発は右舷に、あと一つは艦尾に。傷ついた戦艦は速度が落ち、右方向へ回って北へ向かった。舵は壊され、機械室に浸水していた。

〃スクーファー〃・コフィン率いるアヴェンジャー隊は一機も失わなかった。高々度にいた八機のゼロ戦はサザーランドのワイルドキャットと戦おうとしなかった。一一時四五分に一五機の飛行機はヘンダーソン飛行場に着陸した。アメリカ軍が未だ飛行場を確保していた。

エンタープライズの操縦士はガダルカナルの海兵隊員から、昨夜サボ島の周囲で水上艦艇同士の激しい戦闘があり、比叡は乱打されたが沈まなかったのだと教えられた。（訳注：これはガダルカナル沖海戦、日本側名称：第三次ソロモン海戦の第一夜戦である）エンタープライズの操縦士はヘンダーソン飛行場へ行く途中で、同じように損傷を受けながら沈まなかった軍艦を見ていた。巡洋艦ポートランドである。「アイアンボトム・サウンド」（訳注：鉄底海峡の意。ガダルカナルとサボ島の間の狭い海峡。多数の軍艦や船が沈んだので、海峡の底は鉄で出来ているといってアメリカ軍はこう呼んだ。船がここを通るとコンパスの針が振れるとのことである）の比叡とは反対側でタグボートや小艦艇がポートランドを取り囲んでいた。ガダルカナルの作戦の開始以来、ポートランドは全ての戦いにエンタープライズと行動を共にしており、その艦影は飛行士全員に馴染み深かった。比叡が操舵できるようになった時に、コフィンの雷撃隊が魚雷を命中させた。第一〇雷撃隊はポートランドを戦艦の巨砲から救ったと思いたかった。

着陸してから二時間四五分後にコフィンのアヴェンジャー隊の三分の二に当たる六機は、海兵隊のドーントレス八機と護衛の戦闘機八機と共に発進した。再び雲の背後を旋回しながら一、五〇〇メートルまで上昇して、今や海上にほとんど停止している巨艦の両側から降下した。午前中使った戦術を再度繰り返し、距離八〇〇メートル、高度四五メートルで魚雷を投下して、スロットルを前へ倒して、弱くはなっているが未だ危険な戦艦の砲撃の下を海面すれすれに飛行した。コフィンとウエルスの二人が魚雷を命中させた。一つは艦体の中央に、もう一つは艦尾に。海水が更に艦内に流れ込み、黒い煙が損傷箇所から上がり、比叡は停止した。ノートンの魚雷はあらぬ方向へ走って外れた。左舷へ三本命中したが、一つしか爆発しなかった。あとの二本はうまく作動しなかったか、ヘンダーソン飛行場のお粗末で原始的な取り扱い設備のため起爆装置が損傷していたかであろう。第一〇雷撃隊は再び一機の犠牲もなく逃れて、ガダルカナルでその夜を過ごすために戻った。

ヘンダーソン飛行場は陸軍・海兵隊・海軍の操縦士、そして昨夜の「アイアンボトム」の海戦で沈んだ巡洋艦と駆逐艦の何百人もの生き残りでごったがえしていたが、雷撃隊の操縦士と乗員は宿舎には恵まれた。シービーズ（訳注：アメリカ海軍の戦闘訓練を受けた建設部隊）が迎え入れてくれたからである。シービーズには清潔で頑丈なテントと上等な簡易寝台があった。また恐ろしい粉末の卵と缶詰の豚肉の代わりに、オーストラリアの塩漬け牛肉とホットケーキを持っていた。そしてグレープフルーツジュースがあったので、魚雷のアルコールと混ぜてカクテルを作り、ヘンダーソン飛行場に雷撃隊員が無事に到着したことを祝い、天皇に早く報復することを祈って乾杯した。空母から飛び立って長く不安な飛行を行い、そして比叡を二度攻撃した後だったので、この乾杯は非常に楽しく、やっと一一時半前になってふらふらして幸福な気分で歌いながら自分達のテントへと帰って眠った。

一三日に「ビッグE」がガダルカナルと「スロット」へ近付いた時、重巡ペンサコラと二隻の駆逐艦が午前九時に合流した。一〇時四五分に「ビッグE」は潜水艦の攻撃を回避するために、最大速度で舵を一杯に切ってジグザグ運動をした。一時間後ペンサコラと共に新たに加わった駆逐艦が、エンタープライズの右舷後部甲板に速度を落として近付いてきて、ヌーメアで積み込んだ数個の郵便袋をハイラインにぶら下げて「ビッグE」の甲板に送り込んだ。

エンタープライズの水兵達は一二本の手がその貴重な郵便を区分けするために運んで行くのを見つめ、一時間後には小さな船の上の狭苦しい部屋や隅っこで乗組員が別れて、故郷からのかけがえのない便りに読みふけることになるだろうと思った。ただ操舵に携わっている者、当直士官、そして現在弁を操作している機関兵だけは、穏やかだが天候の変わり易い南太平洋とは別の世界があることを思い出させてくれる手紙をしばらく読めないだろう。手紙を受け取らなかった少数の者は下へ降りて自分の寝台に横たわって、ぼんやりとして天井を見ていた。ほかの者は当惑してしばらくの間避けようとした。まるで家族に死者が出て、何も言うべき言葉が見つからないようだった。

一二時八分に上空戦闘哨戒のスウェード・ヴェジタサの小隊が日本の偵察機を撃ち落とした。エンタープライズの六〇キロ北で、四発エンジンの川西の飛行艇だった。キンケイドの機動部隊の位置を報告したに違いなかった。「ビッグE」は一日中総員配置に就き、隔壁を閉めた。戦闘部署にはサンドイッチとコーヒーが配られた。上空戦闘哨戒機は全て発進し、対潜哨戒機も飛び立ってずっと上空で警戒に当たった。

午後七時一五分に二隻の戦艦と護衛艦は部隊から離れて前方の暗くなって行く海に消えた。エンタープライズは総員配置を解除した。乗組員は風呂と暖かい食事を取るために下に降りた。そして当直者以外は戦闘前の睡眠を取った。午後一一時にキンケイド少将は二五ノットを命じ、機動部隊はガダルカナルに向かって闇の中を突っ走った。

艦の中央部の第二甲板と第三甲板では一晩中切断と溶接の火花と閃光が続いた。シービーズ、ヴェスタルの修理班、「ビッグE」の工作・修理チームが甲板と隔壁の水密性を回復させ、少しずつ損傷箇所を減らしていった。

一四日の夜明けにはスコールが吹き荒れ、雲が低く早く流れ、暖かい雨が激しく降り、そのため朝の偵察飛行は七時過ぎまで延期になった。しかし六時までにエンタープライズは戦闘態勢を整え、乗組員は持ち場に就き、艦内は損傷に備えて閉め切られた。それから一〇機のドーントレスと八機のワイルドキャットが雨の溜まった甲板を次ぎ次ぎと滑走して飛び上がった。ワイルドキャットは急角度で上昇して二手に別れて、上空戦闘哨戒の態勢を取った。ドーントレスは割り当てられた偵察区域に行くために扇形に散開した。サンタクルーズ海戦の時と同じように、最初に偵察を行い、それから攻撃を掛けるのである。クロメリンは先ず注意深く正確な接敵報告を行い、その後に攻撃せよと命じた。飛び立ったドーントレスは全て五〇〇ポンド（二二七キロ）爆弾を抱えていた。

ドーントレスが西と北の空に消えた時、エンタープライズではソロモン諸島での戦略的、戦術的状況がほとんど解らなかった。ハーディソン艦長はそのことを上手く述べている。

「一四日の夜明けの状況はあいまいだった。敵の空母に関する報告は受け取っていなかった。空母以外の敵の部隊が攻撃可能距離内にいるかどうかも解らなかった。ガダルカナルの状況や、飛行場が我軍の手中にあって利用できるかどうかの情報も一切なかった」

このような状況下で出来る最良のことは、必要最小限の偵察機を送り出し、上空戦闘哨戒機を多めにし、出来るだけ強力な攻撃隊を直ぐに発進できるように待機させておくことだった。

偵察機が敵を発見するのには長くはかからなかった。八時八分に一番北寄りの偵察区域をチャック・アーヴィン少尉と共に飛んでいたW・I・マーティン大尉が、一〇機の敵編隊が「ビッグE」から二二〇キロ離れた地点を高度七五〇〇メートルで機動部隊へ向かっていると報告した。ノーサンプトン、サンディエゴ、ペンサコラはエンタープライズのかけがえのない甲板の近くに寄り、六隻の駆逐艦はその周りに円形の陣を形作った。レーダーは朝の空を捜索し、大砲は砲口が敵を嗅ぎ付けたように回って上を向いた。上空戦闘哨戒機を増援するために更に一二機のワイルドキャットが飛び立った。一、〇〇〇ポンド（四五四キロ）爆弾を搭載したドーントレス一七機と護衛の戦闘機一〇機がその直ぐ後に続いた。キンケイドは攻撃隊を発進させると決断したのだった。攻撃隊は無線で目標を指示されるか、自分自身で見付けるかどちらかだった。

甲板は空になり、大砲や機関銃は準備を整え、二〇機の戦闘機は上空で警戒に当たり、エンタープライズは二五ノットで走って日本軍がやって来るのを待ち受けた。

九時一五分にロバート・D・"フート"（訳注：ふくろうのホーホーという鳴き声、野次り声）・ギブソン中尉が最初の接敵報告を送ってきた。ギブソン中尉はニュージョージア諸島の数キロ南、エンタープライズからは約四四〇キロ北西の地点で九隻の艦隊を発見した。九時二一分に中尉は報告した。「……天候は急降下爆撃に好都合」。そして九時三五分に敵の艦種を識別した。「戦艦二隻、巡洋艦二隻、改造空母と思われる空母一隻、駆逐艦四隻。……」。雲がかかっており、また距離が離れていたのと対空砲火のため、ギブソンは艦種の識別を間違えたのだが、実際は前夜ヘンダーソン飛行場を砲撃して現在は引き揚げる途中の、重巡洋艦四隻、軽巡洋艦二隻と護衛の駆逐艦から成る日本の砲撃部隊を発見したのだった。

一方、砲撃部隊がその進路を開こうとした輸送船団はその間も「スロット」を進んでいた。二機のドーントレスは午前八時五〇分に低高度で初めて敵砲撃部隊を発見した。それから旋回して上昇して、長距離からの対空砲火の洗礼を受けたが、九時一五分までに最初に報告するのに充分なデータを得た。それから優に一時間以上雲の中を上昇して旋回し、敵部隊の動きを全て報告してから攻撃位置に就いた。その間に二人は日本軍部隊が可能な速度よりももっとゆっくり走っていることに気付き、その理由も解った。一隻の重巡洋艦が右舷に傾き、幅の広い石油の膜を流していたのだった。

エンタープライズが報告を全て受け取ったと確認した後、二人は損傷した巡洋艦を攻撃しようと決めた。山本長官は全ての戦闘機を輸送船団の援護に振り向けており、ニュージョージアの反対側を基地へ帰ろうとしている巡洋艦部隊には上空援護はなかった。それで一〇時一五分にギブソンとブキャナンが最後の報告を送って、高度五、二〇〇メートルから損傷して速度の落ちた巡洋艦目掛けて舞い降りてきた時は、妨害するものはその巡洋艦の対空砲火しかなかった。その大砲や機関銃は健在で、射撃は激しく正確だった。

二機が急降下している時、周りや下で砲弾が炸裂したので、機体はガタガタと揺さぶられ、曳光弾が長い線を引いて掠め去った。高度六〇〇メートルで五〇〇ポンド爆弾を投下した。爆弾は速度を増しながら落下した。ドーントレスは高度三〇〇メートルで水平飛行に移り、急降下ブレーキをしまってスロットルを開き、海上を低く飛行した。ギブソンの爆弾は巡洋艦の前部甲板の右舷側に、ブキャナンの爆弾は艦体の中央のやや左舷寄りに命中した。重巡洋艦は黒い煙を吹き上げ、速度が落ちた。二機は一二時二〇分にヘンダーソン飛行場に着陸した。ブキャナンのドーントレスの胴体には直径二〇センチの穴が開いていた。重巡の大口径弾が当たったのだった。

ギブソンの最後の二つの報告の間、エンタープライズは自分自身の緊急事態に捕らわれていた。ビル・マーティンが報告した敵の攻撃隊は明らかに「ビッグE」を発見しなかった。レーダーや肉眼でも敵影は映らなかった。しかし、山本はキンケイドの部隊を追い続けていた。九時二〇分にレーダーがうろつき回っている影を捕らえた。それでマクレガー・キルパトリック大尉率いるワイルドキャットの分隊が迎撃のため派遣された。五分後にキルパトリックと僚機は同時に空から舞い降りてきて機銃を撃ちながら、横合いから攻撃を掛けた。四発エンジンの大きい川西の飛行艇の太い横腹に弾が命中して、飛行艇は傾いて海へ落ちていった。飛行艇は低高度で機動部隊を偵察していたのであり、キルパトリックが発見した時は部隊の北五〇キロにいた。「ビッグE」の甲板からも炎上する飛行艇の黒い煙が見えた。

一方、敵を発見した偵察隊の機は全て、ジョン・クロメリンの指示通りに行動した。射程距離外で旋回し、慎重に位置、進路、速度を報告して、それから攻撃に移った。

フーガーヴァーフ少尉とハローラン少尉はギブソンとブキャナンが帰った直後に、巡洋艦部隊の上空にやって来た。数時間前にガダルカナルを砲撃して成果を挙げた敵の部隊は今はまとまりがなく、隊形も乱れていた。主力は北西へ向かって二五ノットで進んでいた。ギブソンが爆弾を命中させた巡洋艦は激しく燃え上がって、喫水が低くなって海上に停止し、二隻の駆逐艦が側についていた。軽巡洋艦一隻と駆逐艦一隻が沈みかけている巡洋艦の一五キロ西にいて、主力と平行して走っており、重巡洋艦一隻と駆逐艦一隻が見捨てられた艦の約二〇キロ南西を西へと向かっていた。

二人の少尉は主力部隊の上空を二度旋回してそれぞれの目標を選び、フーガーヴァーフは重巡洋艦に、ハローランは軽巡洋艦に狙いを定めた。両機は東から太陽を背にして風下へと攻撃を掛けた。そしてギブソンとブキャナンと同じように高度五、〇〇〇メートルから急降下に移ったが、戦闘機の妨害はなかった。巡洋艦の砲手は太陽の光に眩惑されて二機のドーントレスを発見できず、高度三、六〇〇メートルまで突っ込んできた時に、初めてその機影を見付けた。レッド・フーガーヴァーフは重巡洋艦の艦尾から急降下したが、爆弾は艦尾から五メートル離れた広く白い航跡に落ちた。フーガーヴァーフは海面上を低く飛びながら南へと方向を変え、ハローランに合流するように無線で呼んだ。しかし返事はなく、代わりに軽巡洋艦への直撃弾があり、煙が激しく上がった。ハローラン少尉と銃手からの連絡は一切なく、その姿も再び見られなかった。

上記の二つの偵察隊が攻撃をしている間に、〝バッキィー〟・リー少佐率いる一六機の爆撃隊は、一六個の一、〇〇〇ポンド爆弾を抱え、一〇機の戦闘機が頭上を警戒しながら、砲撃を終えた日本の巡洋艦部隊に近付いていた。偵察隊と同様に、つまり四個爆弾を投下して三個命中させたのと同じ割合でリー少佐の爆撃隊が攻撃できたならば、無事に東京湾に錨を降ろせた敵艦はなかったであろう。

一六のエンジンは力強い唸り声を上げ、コックピットを開けた濃青色の機体と細長い尾部はお互いの位置を適当にずらしていた。数人の操縦士は顔をしかめて、翼越しに手でサインを送った。モールス信号で送る者もいた。手の上に握り拳を置けば点、手を開けば線である。多くの者は編隊を組みながら飛行し、自分の考えに捕らわれていた。銃手は何度も自分の銃をチェックし、空や海上を見回し、時々インターコム（機内通話装置）を通して操縦士と短い会話を交わした。味方の戦闘機は安心させるように機首の前方の両側にいた。

攻撃隊がガダルカナルに近付いた時、リーは左へ三〇度変針するよう命令した。無線のコイルを変えるには時間がかかるため、戦闘機隊は爆撃機隊が使っていた「偵察と攻撃」用の周波数ではなく、依然として上空戦闘哨戒用の周波数を使っていた。フラットレーのワイルドキャット隊は二機を除いて、爆撃機隊の針路変更を見逃して三三〇度の針路を進み続けた。そしてずっと北西の方向へ飛び続けてサンタイサベル島の北岸まで行き、西の方をしばらく捜索した。燃料が少なくなったので母艦へと引き返して、午後一時に着艦した。長く成果のなかった飛行に関してフラットレーが思い巡らしていたのは、ミッドウェー海戦でのジム・グレイの悲劇的な間違いだけだった。それで戦闘機が敵のいない高々度を飛行している間に、ゼロ戦の大群がリーのドーントレス隊を全滅させることを想像しないようにしなければならなかった。

スタン・ルーロウ大尉と僚機は一一時半まで爆撃機隊と一緒に飛行し、燃料が乏しくなったのでヘンダーソン飛行場へ向かった。リーは二時間と四五分飛行した一一時半に砲撃部隊の主力、六隻の巡洋艦と四隻の駆逐艦を発見した。敵部隊は二五ノットで引き揚げていた。巡洋艦は三隻ずつの二列縦隊で走っていた。リーの爆撃隊は後ろから追い掛けながら、決断しなければならなかった。これがその日の接敵報告が示していたこの地域にいる敵の主力部隊なのか？　エンタープライズがこの日に送り出した一番多数の攻撃隊にとって、相応《ふさわ》しい目標なのか？　それともこれは囮《おとり》なのだろうか？　サンタクルーズ海戦の時のように、この巡洋艦部隊はわざとエンタープライズと敵の空母の間に位置して、エンタープライズの攻撃を引き受けて、その間に九九式艦上爆撃機と九七式艦上攻撃機が「ビッグE」に襲いかかる手筈になっているのだろうか？　白い積雲が海上の半分近くを覆っているので、空母はその辺りに潜んでいそうだった。敵の攻撃隊は準備を整えただろうか？それとも既に発進しただろうか？

敵の上空戦闘哨戒機は護衛なしのドーントレスに襲い掛かる態勢をとっているのだろうか？攻撃地点に達した時、リーは折衷案を採用した。第一〇爆撃飛行隊のトーマス以下の五機に重巡洋艦を攻撃させた。自分の編隊のドーントレス五機をバーニー・ストロングに率いさせて軽巡洋艦を狙わせた。そしてリーは第一小隊の五機のドーントレスを率いて空母がいるに違いない積雲の下に突っ込んで、広く捜索した。しかし雲の影だけが浮かんでいる太平洋の青い海面があるだけだった。リーは上昇しながら巡洋艦の方へ戻った。

トーマス、ウエークハム、スチーヴンス、ヴェルチ、キャラムは激しい対空砲火の中をくぐり抜けて、右側の列の先頭の重巡洋艦に向かって真っ直ぐに急降下した。バーニー・ストロングは自分の分隊を左側の列の先導軽巡洋艦に向かって攻撃させた。高速で軽快な艦は急降下爆撃機が次ぎ次ぎと攻撃してくる中を激しいジグザグ運動を行い、全ての艦の砲は爆撃機の周りを切り裂き真っ黒にした。しかしフィンローとバーネットは軽巡洋艦に爆弾を命中させた。軽巡洋艦は艦体から黒い煙を吹き出し、その煙は後ろに流れて海面を暗くした。そして速度が落ちて、進路から逸れて左舷に傾いた。

背後に五機のドーントレスを従えた〝バッキー〟・リーは攻撃高度を取るために二、二〇〇メートルまで上昇して、二番目の軽巡洋艦に向かって攻撃を掛けた。四個の爆弾が高速で回避中の軽巡のすぐ近くに落ちたので、数秒間軽巡は高く上がった白い水飛沫に隠れた。二個の爆弾は投下に失敗した。

撤退中の巡洋艦部隊の東の射程外でリーは散らばった編隊を再び集結させた。コックピットを開けた、細長い尾部を持ち青い星を描いたドーントレスは、ある機は全速で上昇し、ある機はスロットルを戻して滑空して、あらゆる方向からやって来た。単機からペアに、そしてV字型にと段々隊形を整えて、分隊長・小隊長の下に集まって本来の位置についてヘンダーソン飛行場へ向かった。東へ五分ほど飛んだ時、帝国海軍の重巡洋艦が転覆して沈みつつあるのを見た。光っている艦底を曝し、周囲の海には破壊された装備が散らばり、洩れた油が虹色にきらきら光っていた。その重巡が姿を消してから数分後、飛行場へ向かっているドーントレス隊は小さな水飛沫が幾つか上がるのを見た。浮力のあるものが沈みつつある艦体から離れて海面から飛び上がって落ちたのだった（訳注：この沈んだ重巡は衣笠である）。

一方、九時四九分にドーン・カーモディ中尉は輸送船団を発見していた。全部で一一隻になる船団はこれまでずっと使ってきたコース「スロット」を進んで来ており、中程に当たるニュージョージア島とサンタイサベル島の間にいて、六隻の駆逐艦、三隻の軽巡洋艦と二隻の重巡洋艦のように見えた艦艇（訳注：実際は一二隻の駆逐艦）に護衛されていた。船団はガダルカナルから僅か二〇〇キロの所まで来ており、一四ノットで進んでいた。停止させるか、速度を落とさせるか、或いは引き返させるかしない限り、午後七時には荷物を降ろし始めるだろう。そうなると一五日の朝にはヴァンデグリフト将軍の海兵隊は、ヘンダーソン飛行場の周りの悪臭を放つ繁茂したジャングルに一三、〇〇〇人の新手の敵兵を迎えることになるだろう。

カーモディ中尉とW・E・ジョンソン中尉は二人の最後の報告をエンタープライズが受信した直後の一〇時に、敵の二二隻の艦艇に襲い掛かった。三、二〇〇メートルの高度からそれぞれ輸送船に狙いを定めた。二人はしばらく翼越しにお互いの目を見ていたが、先ずカーモディーが急上昇して急降下に入り、ジョンソンが続いた。両機の周りに対空砲火による黒煙が炸裂し始めた。輸送船の姿は急速に大きくなり、褐色に塗装されているように見えた甲板は、八〇〇メートルまで降下すると実際は兵士達が肩と肩を触れ合わんばかりにひしめいているのであると解った。

高度四〇〇メートルで爆弾を投下して機首を上げて、銃手が撃てるように高速で水平飛行に移った。カーモディの爆弾は船尾から三メートル外れて落ちたが、ジョンソンの爆弾は船体後部にうまく命中した。二機のドーントレスが雲に逃げ込もうと向かっている時に、追い払おうとして七機のゼロ戦がやって来た。カーモディと後部座席のリスカは避退中前方に現れて射撃してきた駆逐艦を、しばらく機銃掃射した。しかしジョンソンは雲に辿りつけなかった。リスカは一機の飛行機が横滑りして「スロット」の海面へ落ちていくのを見た。カーモディは二機のゼロ戦がドーントレスが落ちた海面を機銃掃射しているのを見て真っ青になり、気分が悪くなった。カーモディとリスカはエンタープライズに一二時三三分に着艦した。五時間と二一分飛行しており、燃料は二〇リットルしか残っていなかった。

ヘンダーソン飛行場においては、この一一月一四日の貴重な明るい時間をどう使うかで、ガダルカナル作戦が決定づけられるだろうことは明確だった。

午前七時一五分に第一次攻撃隊がヘンダーソン飛行場を飛び立った。エンタープライズの朝の偵察隊が出発してから四五分後、リー少佐率いる攻撃隊が発進する一時間半前である。攻撃隊は雷撃機六機、急降下爆撃機七機、戦闘機七機から構成されていた。雷撃機のうち、三機は第一〇雷撃飛行隊のマッコーノヒー、ボードレックス、オスカーのアヴェンジャーだった。残りの三機は海兵隊所属だった。二七〇キロ飛行した所で引き揚げつつある巡洋艦部隊を発見して、直ちに攻撃を掛けた。上空にはちぎれ雲があり、朝の透み切って穏やかな大気の中、「ビッグE」の操縦士は冷静で決然としていた。高速の水平飛行でやって来て、機体をがたがた揺さぶり水飛沫をあげる対空砲火を気にせずに、魚雷投下のために速度を落として、計器盤の上に付いている円筒形の魚雷照準装置を時々見つめて、爆弾倉を開けて魚雷を投下した。

三本の魚雷は小さな水飛沫を上げて海に突っ込んで深く沈んだが、直ぐにあらかじめセットした深度で水平になった。それからアヴェンジャーがエンジンを全開にして巡洋艦の艦側の海面低く逃れている間、魚雷は尾部の二つの小さなプロペラがそれぞれ反対方向に回転して、圧縮空気の泡を背後に出しながら、真っ直ぐに突き進んだ。アヴェンジャーが八〇〇メートルも離れずに未だ激しい対空砲火を受けている時に、三つのずんぐりした弾頭は相次いで巡洋艦の右舷に命中して、重い衝撃音がして汚れた水柱が空高く上がった。爆発したTNT火薬の威力はそのまま直に敵艦の艦体の中に広がっていった。少し後に海兵隊のアヴェンジャーの投下した魚雷が左舷に命中して穴を開けた。大きな巡洋艦は速度が落ち、猛烈に煙を上げて停止した。三〇分後にギブソンとブキャナンがその巡洋艦を見付けて、爆弾を二つ投下した。そして二時間半後に帰る途中のリーの攻撃隊はその艦が沈むのを目撃した。

アヴェンジャーが重巡を攻撃している間、ドーントレスは軽巡洋艦に爆弾を二発命中させ、重巡と同様に速度を落とさせ、炎上させた。七機のワイルドキャットに掛かって来るゼロ戦はなく、二〇機は全機無事に一〇時一五分、ヘンダーソン飛行場に戻った。

ドーン・カーモディの敵の輸送船団についての所在報告が届いたので、ヘンダーソン飛行場は塚を蹴り壊されて騒ぐ蟻のようになった。うだるように暑く、風のない大気に緊張感が走り、全ての兵士、水兵、海兵隊員を大急ぎの航空作戦に何らかの形で巻き込んだ。圧倒的な敵部隊が「スロット」を着実に進んできており、しかも数時間と離れていない所まで来ていることを全員が知っていた。野戦病院のテントにはサボ島沖海戦の巡洋艦の負傷者が溢れていた。怪我をしなかった何百人もの生存者は野営地に詰め込まれていた。敵部隊はどうしてもガダルカナルの手前で食い止めねばならなかった。そしてヘンダーソン飛行場にいる者は皆、飛行場が最も強力な防衛手段であることを知っていた。

焼け付くように肩を照らしている真昼の太陽の下で埃と油まみれになって大汗をかき、地上勤務の水兵と海兵隊員は二度目の大規模な攻撃隊が二時間後に発進できるように準備をした。一二機の戦闘機が海兵隊のドーントレス一八機と第一〇雷撃飛行隊の七機のアヴェンジャーを援護するために破壊された椰子の上を急上昇した時、陸軍の兵士達と海兵隊員はブラッディーリッジ（訳注：「血染めの丘」、ヘンダーソン飛行場の南にある小高い丘、日米両軍が飛行場の争奪で激戦を交え、多数の死傷者が出たので、アメリカ軍はこう名付けた）と、飛行場を取り巻くジャングルの中の踏分け道に塹壕を掘り、監視し耳をそばだて、それぞれの個人のやり方で祈るか、思いに耽《ふけ》るか、或いは短い猥雑なやり方で幸運を願った。

空と海とジャングルの戦いで負傷した者は激しい痛みをモルヒネで抑え、包帯の下は汗をかいて痒くなりながら、エンジンの唸り声を聞き、日の当たっているテントのキャンバスの裏側か、椰子の木の上をゆっくりと流れている雲を見つめて思った。「やつらをやっつけてくれ！　頼むからやつらをやっつけてくれ！」　編隊が集合を終えて西へと向かい、ブンブンという音が消えた後しばらくの間、飛行機で戦ったことのない者は、広い空での素早い戦いの仕方は鉄の甲板からの戦いよりも、むしろジャングルの接近戦に似ているのだろうかと想像した。それから負傷者はうとうとするか眠りに落ちるかしたが、飛行場の方は想像する時間も寝る時間もなく、爆弾と魚雷や缶の中のしっかりと巻いた銃弾ベルトを押し動かしたり持ち揚げたりした。また燃料を補給し、油を入れ、変な音を出すエンジンの壊れた部品を差し替えた。埃が飛び散り、ハイオクタンのガソリンのツンとした匂いが漂った。

ヘンダーソン飛行場にいたアヴェンジャーの隊長である〝スクーファー〟・コフィンが敵の輸送船団を発見するまでは、驚いたことに三〇分もかからなかった。高速で不恰好な輸送船団は三列になって南東へ進んでいた。駆逐艦が牛の番をするコリー犬のようにその側翼を守っていた。コフィンは海兵隊のドーントレスが急降下を始めるのを注意して見ていた。それから未だ攻撃を受けていない二隻の輸送船を選んだ。コフィンは四機のアヴェンジャーを率いて一隻の輸送船に向かい、一方トンプソンは三機を率いてもう一隻の輸送船に向かった。六機のゼロ戦が現れ高速でやって来たが、ワイルドキャットが迎撃に向かった。対空砲火の曳光弾が飛び交い、黒煙が炸裂する低高度での格闘戦でゼロ戦は追い払われ、コフィンの四機の編隊は目標に魚雷を二本命中させた。トンプソンの三機の編隊は一本命中させた。海兵隊のドーントレスはもっと多くの爆弾を命中させた。異様な塗装をした数隻の輸送船は傾いて炎上しながら隊列から落伍した。しかし残りの船は依然として前進した。二隻の輸送船を停止させるには、全ての船を沈めるか、動けなくさせることが必要であることは明らかだった。たとえ一隻になっても沈まずに操船できる限りは、ガダルカナル目指して前進するであろう。日本軍もこの日の重要さを解っていた。

コフィンが午後一二時二〇分に輸送船団に対するヘンダーソン飛行場からの第一次攻撃隊と共に飛び立った時、ギブソンとブキャナンは五時間に及ぶ朝の偵察と巡洋艦部隊への攻撃を終えて、飛行場に着陸するために旋回して待機していた。三五分後には〝フート〟・ギブソンは一七機のドーントレスから成る攻撃隊の一員として輸送船団へと向かった。ギブソンの僚機としてレン・ロビンソン少尉が飛行し、海兵隊のベネーク三等軍曹が分隊の三番目のドーントレスだった。攻撃隊が前進してくる輸送船団に近付いた時、一機のゼロ戦がロビンソンの機の背後の下から射撃を続けながら上昇してきた。コックピットとエンジンの間の、ちょうどロビンソンの顔の前に立っていた平いアンテナマストが切断されて、ロビンソンの頭を越えて後ろへ吹き飛んでいった。ギブソンはロビンソンの機の翼の下に開いた穴を見ることが出来た。分隊が降下する直前にギブソンの機の後部座席のシンデールが七・七ミリ連装機銃を撃ってゼロ戦を撃退した。

オレンジ、ピンク、白の塗装を施した輸送船団は依然として三列縦隊で進んでいた。ギブソンは真ん中の列の二番目の船に狙いを付けた。敵は一番大事な船を船団の隊形の中央付近に置いて、前後左右の他の船で守ろうとするだろうと考えたからである。高度一、八〇〇メートルから急降下したが、対空砲火は正確かつ熾烈であり、曳光弾がすぐ近くを飛び交い、砲弾の激しい炸裂に揺さぶられて照準の十字線が標的から外れた。ギブソンとロビンソンはお返しに二丁の固定銃で機銃掃射を行った。ギブソンは午前中に五〇〇ポンド爆弾を命中させたように、午後も一、〇〇〇ポンド爆弾を上手く投下し、爆弾は船体中央部に命中した。ロビンソンは五秒後にその命中箇所の近くに当てた。ベネーク軍曹は自分の爆弾を船体近くに投下した時、その大きい輸送船が真二つになり、後部が破壊され、切断箇所から人間と装備がこぼれ落ちるのを見た。三機のドーントレスは海面近くまで降りて退避する時、壊れた後部船体を機銃掃射した。

長い午後の時間、飛行機はヘンダーソン飛行場と、不屈の意思で進んでくる敵船団との間をほとんどずっと往復し続けた。エンタープライズは距離を詰めながら進んで、午後二時一〇分に飛行できる爆撃機を全て発進させた。ただ一八機の戦闘機は自艦の防衛のために残した。第一〇爆撃飛行隊と第一〇偵察飛行隊の八機の急降下爆撃機は、再び「リーパー・リーダー」・フラットレーが指揮する一二機のワイルドキャットに護衛されて飛行した。輸送船団まで二時間と二〇分掛かった。

乗組員は戦闘配置に就き、上空戦闘哨戒機は上空を警戒し、甲板には飛行機は一機もなかったエンタープライズは、頼みとなる厚い雲へ向かって南へと変針した。

午後が終わり始めた頃、キンケイドの機動部隊に付きまとっていた川西の飛行艇の報告に基づいて、ラバウルから二四機の双発の一式陸攻が飛び立った。エンタープライズの偵察機は全て「スロット」上空での戦闘に従事していたので、「ビッグE」が敵を発見できる範囲は捜索用レーダーと上空の戦闘機の操縦士の視界が及ぶ距離だけに限られており、自分の方に向かってきている敵の急襲のことは何も知らなかった。午後二時三〇分までにヘンダーソン飛行場から五〇〇キロ南に来ていたが、帯状の低気圧が急速に近付いてきたので、ハーディソン艦長は乗組員を戦闘配置から外した。ラバウルから飛び立った一式陸攻が毎分約五キロのペースで近付いて来ている時、エンタープライズは午後三時に風上に向きを変えて、上空戦闘哨戒の八機のワイルドキャットを収容した。「ビッグE」は敵の前にかつてなかったような無防備な姿を曝した。上空には飛行機は一機もなく、大砲や機関銃の半分にしか人員は配置されてなく、水密扉とハッチの多くは開いたままだった。一式陸攻は南太平洋の空高く一団の斑点となって接近してきた。爆弾倉には爆弾が一杯に搭載され、搭乗員は海上に攻撃目標である空母を捜した。三時八分にキンケイドの機動部隊の艦艇の平たい鉄の表面に最初の豪雨が音を立てて降り注ぎ、視界は八〇〇メートルまで下がり、エンタープライズは空から攻撃される恐れはなくなった。一式陸攻は間違った位置を知らされており、一〇〇キロほど西の何もいない海をあちこち捜し回ってから、運んできた爆弾をラバウルへ持ち帰った。暖かい雨が太陽に熱せられた鉄板に降り注いだので、キンケイド部隊の艦船の甲板からは蒸気が立ち昇った。「ビッグE」の航空隊を戦闘に送り出した後なので、機動部隊には今や中心にある空っぽの飛行甲板を守ることしかやることはなかった。

一方、ジミィ・フラットレー率いる二〇機の編隊は「スロット」の戦場を目指して飛行中であり、ヘンダーソン飛行場からも大急ぎで攻撃を続けていた。

太平洋の遠い片隅にある忘れられた島のジャングルの中にある、焼け付くように暑く何度も叩きのめされた滑走路で、あらん限りの人間の努力と錬度が、出来るだけ早く飛行機を再整備し再武装し再発進させることに注がれた。その緊急度は非常に強かったので、しばしば飛行中隊規模の攻撃隊の編成さえも待てないほどであり、整備する時間さえもないこともあった。敵の艦船はそこまで来ており、ますます近付いていてきていた。出来るだけ遠くで魚雷や爆弾を投下することが至上命令だった。

午後二時四五分に三つの攻撃隊が別々に発進した。一番小さい攻撃隊は四機のドーントレスで構成されていた。三機は海兵隊の機で、もう一機は隊長である第一〇偵察飛行隊のジョン・リッチィー少尉の機だった。第二の攻撃隊はドーントレス九機から成り、そのうち七機は海兵隊で、二機は海軍で、〃バッキィー〃・リーとグレン・エステスの機だった。リーとリッチィーは一、〇〇〇ポンド爆弾を二隻の輸送船に叩き込んだ。

三番目の攻撃隊は第一〇偵察飛行隊の八機のドーントレスで、ビル・マーティン大尉が指揮していた。敵の空母が近くにいるかもしれないという不安がヘンダーソン飛行場の司令部にあった。それでビル・マーティンの任務は北西の方角へ向かって敵の空母を捜して攻撃することだった。そして何も見つからなければ、爆弾を輸送船に投下することになっていた。マーティンはラッセル諸島の北西の高度五、〇〇〇メートルの上空からニュージョージア島とサンタイサベル島の間の海上を捜したが、空母の姿はなかった。それで輸送船団を目指して南へと向きを変えて戻った。八機のドーントレスと護衛の戦闘機は「東京急行」（訳注：ラバウルないしショートランドからガダルカナルへの物資補給を行う日本の輸送船や駆逐艦に対して、アメリカ軍が付けた呼び名）のルートに沿って、その日の攻撃で損傷を被って遺棄された輸送船を伝って「スロット」の上空をガダルカナルの方へ飛行した。そしてその先には隊列の乱れた七隻の輸送船がおり、駆逐艦が横に付いていた。

マーティンのドーントレス隊は整然とした梯形から五、〇〇〇メートルの急降下に移り、四つ以上の一、〇〇〇ポンド爆弾を人員・物資を満載した輸送船に命中させた。爆発が起こって火災が発生し、船は傾いて速度が落ち、油を流した。だがマーティンがヘンダーソン飛行場へと帰る時、輸送船団は依然としてガダルカナル目指して進んでいた。既に四時になっていた。

四時一〇分に船団の上空で突進してきていたゼロ戦の群からただ一機のドーントレスが逃れて、指揮船に急降下してきた。ずっと襲撃に悩まされてきた敵の砲手はそれを見てびっくりした。普通は対空砲火を分散させていたのを、この時は部隊の全砲火をこの一機のドーントレスに集中させた。

ドーントレスは真っ直ぐに高速で突っ込んできた。雨のように撃ち上げる対空砲火をかわし、大口径砲の砲弾が炸裂する間を降下しているように見えた。そして甲板にいる汗まみれの兵士達は翼の後ろの穴の開いた急降下フラップが見分けられ、長い爆弾が離れて自分達の方へ落ちてくるのを見た。多くの兵士にとってはそれが最後に見た光景だった。チャック・アーヴィンの爆弾は敵の輸送船を直撃した。そしてアーヴィンは四時四五分までにヘンダーソン飛行場に戻っていた。

ジム・フラットレーはエンタープライズの第二次攻撃隊を率いて、四時一五分に目標上空に到着した。日没までは僅か二時間しかなかった。七隻の輸送船は、多くは損傷を被り炎上しながらも、依然としてガダルカナルに向かって進んでいた。今や敵部隊の上空に来ているフラットレー隊の二〇人の操縦士は敵船団を阻止するためには、これ以上ないうってつけの存在だった。全員が空母飛行隊の厳しい訓練を受け、サンタクルーズ海戦を経験していた。各分隊の隊長はまる一年間戦闘を体験していた。飛行機は全て空母の充分な訓練を積んだ乗組員によって整備され、爆弾や弾丸を装備していた。「ビッグE」の設備や機能はヘンダーソン飛行場の応急設備よりは断然優っていた。

ジム・フラットレーほどこの攻撃の重要さを知っていた者はいなかった。眼下に二列で並行して走っている輸送船団は今やサボ島の北西一〇〇キロまで来ていた。フラットレーは各ドーントレスに一隻ずつ船を割り当て、余った機は失敗した場合に備えさせた。遠くではゼロ戦の編隊が旋回していたが、直ぐには攻撃して来なかった。ドーントレスは割り当てられた目標を攻撃するために散開した。第一〇偵察飛行隊のエドワーズ、カーモディ、エドモンドソンは左の列を攻撃するために、船団の後ろの上空を旋回した。ゴダード、ウイギング、ウエスト、マクグローとフリッセルは右側の列を攻撃した。しかし第一〇偵察飛行隊の三機のドーントレスが急降下地点に達する前に、フラットレーの戦闘機隊を避けていた五機のゼロ戦が襲い掛かってきた。ボビー・エドワーズの銃手W・C・コリーはその銃撃に怒って応戦して、二機を続け様に撃って、海まで五、〇〇〇メートルを炎上しながら落ちて行くのを見つめた。エドモンドソンの銃手R・E・リーメスも一機を撃墜した。そしてその時、急降下に移る時間になった。ゼロ戦には急降下フラップがなかったので、後についてこられなかった。

ドーントレスは高度五、〇〇〇メートルから急降下に入った。着実に慣れている急降下を続けた。一二機の「グリム・リーパーズ」が背後を援護しているので、下の駆逐艦と輸送船の砲火にだけ注意すればよいと確信していた。そして高度二、七〇〇メートルで曳光弾に直面し始めた。弾の数は多かったが、日本の砲手は疲労し、また繰り返された攻撃で負傷しており、狙いは不正確だった。第一〇偵察飛行隊の三機は左の列の輸送船に対して続け様に爆弾を投下して水平飛行に移った。三発の一、〇〇〇ポンド爆弾はそれぞれの船を直撃した。右側の列への攻撃では、ゴダードの爆弾が外れた。ウイギングの爆弾も外れたが、至近弾になった。最後尾にいたウエストは右側の輸送船が無傷なのを見て、自分の爆弾は鮮やかに船体中央に命中させた。フリッセルとマクグローは真ん中の船を攻撃した。フリッセルの爆弾は左舷近くの上甲板に命中して突き抜けて、海の中で爆発した。マクグローは船体の中央の左舷寄りに命中させた。船の舷側は吹き飛びかなり傾いて停止したが、火災は起こらなかった。

ジム・フラットレーの一二機の戦闘機隊は高度五、四〇〇メートルで旋回していた。各機は一二・七ミリ口径の機関砲六丁を備え、各砲には四〇〇発の弾があった。四機のワイルドキャットをフリッツ・フォークナー大尉の指揮下に高度三、〇〇〇メートルで援護に当たらせるために分派してから、フラットレーとデイヴ・ポロックは四機から成るそれぞれの分隊を率いて、機銃掃射するために降下した。各分隊は大きくて明らかに無傷の輸送船を選んで六〇度の急降下で攻撃を掛け、高度約一、二〇〇メートルで六丁の銃で掃射を始め、三〇〇メートル近くの高度で引き金から指を離して、再攻撃するために水平飛行に移った。四角い翼のずんぐりしたワイルドキャットは次ぎ次ぎに斜めに降下し、灰色の硝煙を背後に引きながら、敵船の兵士・物資を満載した甲板を曳光弾で船首から船尾まで縦射した。船体と甲板から小さい破片が吹き飛び、火災が発生した。「グリム・リーパーズ」は高度三〇〇メートルを時速五〇〇キロで飛んでいたので、輸送船の甲板を言葉では言い表せないような惨状にした流血と人間のちぎれた体を見ることは出来なかった。

エド・コールソン少尉はデイヴ・ポロックの分隊の最後尾にいて、機銃掃射の途中で数百メートル遅れてしまった。それで直ぐにゼロ戦四機から攻撃された。四機とも下の方から攻撃してきて、二機は前方から、二機は背後から迫ってきた。コールソンは急降下速度を使って宙返りを行って前方の二機のゼロ戦をかわし、背後の二機の後ろに食い付いた。そして一機を素早く撃ち落とした。残りの一機は逃げ去った。

フラットレーの編隊の二〇機は五時三〇分までに全機ヘンダーソン飛行場に帰ってきた。一方、五隻の輸送船は屈することなく南東へ進んでいた。

「ビッグE」の第二次攻撃隊が敵船団の上空に着いた時、第一〇雷撃飛行隊の三機のアヴェンジャーが一七機の攻撃隊の一部隊としてヘンダーソン飛行場から重そうに空に飛び立った。三機のアヴェンジャーは海上に停止している二隻の輸送船に滑るように近付いた。輸送船は兵員を大勢乗せており、駆逐艦に兵員を移乗させて、暗くなってからガダルカナルに突入させることも可能だった。コフィンとトンプソンはそれぞれ五〇〇ポンド爆弾二つを投下した。二人とも一個は命中させ、一個は至近弾になった。

午後四時三〇分、〝スクーファー〟・コフィンのアヴェンジャー隊に遅れること一五分、エンタープライズの第二次攻撃隊が敵の輸送船団上空で攻撃中に、J・A・トーマス少佐率いる第一〇爆撃飛行隊はヘンダーソン飛行場から攻撃に出掛けた。戦闘機の援護はずっと行われてきた。しかしヘンダーソン飛行場と船団の間を何度も狂乱したように往復したために、戦闘機隊と爆撃機隊はお互いを見失った。それでトーマス少佐は戦闘機の援護なしで、二つの分隊編成の七機のドーントレスを率いて出掛けた。V・W・ウエルチ大尉が第二分隊を指揮し、ジェフ・キャラムが右側にいた。ウエルチはエンタープライズの第六爆撃飛行隊のベテラン操縦士だった。ウエルチのドーントレスは道路を走るようにしっかりと安定して飛行していた。〝リトル〟・ジェフ・キャラムはガダルカナルの海岸を背後にしながら、ウエルチのような操縦士の僚機として飛行することはどんなに楽しいことだろうと再び思った。

敵の輸送船団を発見するのにそんなに長く飛ぶ必要はなかった。午後五時前に高度三、六〇〇メートルで飛行していた第一〇爆撃飛行隊の操縦士は敵の船団を目にした。五隻の大きい船が依然としてガダルカナルに向かって進んでいた。その背後には停止しているか、燃えている船があった。そして一隻か二隻が西の方へ帰っていくようだった。トーマスがマイクを摑んで目標を指示している時に、七機のドーントレスは突然ゼロ戦に襲われた。

真新しい低翼のゼロ戦一二機が爆撃機の編隊の左側へ急降下してきた。暗緑色の塗装を施してぴかぴか輝いている機もあれば、塗装はなくアルミニュウム地のままで、翼に大きな赤い日の丸を描いただけの機もあった。ゼロ戦は全機通常通りに翼の前縁に二〇ミリ機関砲を、機首にプロペラを通して撃つ七・七ミリ機銃を装備していた。編隊の一番左にいた〝フート〟・ギブソンのドーントレスが最初の標的になった。後部座席のシンデールは迎撃するために七・七ミリ連装銃を左へ向けた。

二機のゼロ戦がギブソンの機に射撃を集中した。シンデールは一機のゼロ戦に命中させた。そのゼロはエンジンから煙を引きながら傾いて脱落していった。しかしギブソンのドーントレスにもかなり穴が開き、スピンしながら編隊から離れた。ギブソンは操縦桿を精一杯前へ倒し、必死で方向舵のペダルを踏んで、スピンを止めようとしたが、ごつごつした小さいドーントレスは海面近くまで滑り落ちていった。穴だらけになり、タンクから燃料が漏れ、操縦装置が機能しなくなったので、ギブソンはこの日一一月一四日に自分の幸運の割り当てを使い切ってしまおうと決心し、ヘンダーソン飛行場に無事に帰還することに集中した。後部の機関銃は故障し、後ろからゼロ戦が追い掛けてきている中、疲れたボクサーのようにあちこち動いてかわしながらラッセル諸島の上を低空で越えた。ゼロは弾が尽きたので去っていった。

ゼロ戦が左側の真横、前方、後方、下方から攻撃してきたので、一番近い相手を迎撃するために回転機銃を左右に回して射撃しながら、トーマスとスチーヴンスは急降下に移る地点まで突き進んで、甲高い音を響かせて急降下に入った。

ゼロ戦は急降下ブレーキによる七〇度の急降下についてこれなかったので去っていった。散らばって士気阻喪した船からの対空砲火は弱く、急降下地点に入る前に突然襲撃を受けたにもかかわらず、二人の操縦士は一、〇〇〇ポンド爆弾を無傷だった輸送船の中央に命中させた。それから海面の上を低く飛びながら、機銃の及ぶ限り兵士でいっぱいの甲板を機銃掃射した。

ロビンソンとウエークハムは七機編隊の最後部にいた。敵の操縦士もこの両機に特別の注意を払っていた。先頭にいたトーマスとスチーヴンスと同様に、この二機のドーントレスも緊密な編隊を組み、銃手は機体を傾けて相次いで襲ってくるゼロ戦に対して、四丁ある七・七ミリ機銃で防戦するために、操縦士の直ぐ後ろに座っていた。しかしゼロ戦は前方と後方から同時にやって来た。ウエークハムとロビンソンは前方の敵機に固定銃を撃ちながら、急降下に入る地点目指して進んだ。その間、銃手のスタンレーとテイシャクは後方へ回転銃を撃ち続けた。ロビンソンは自分の撃った曳光弾が正面からやって来たゼロ戦のカウリングをばらばらにし、そのゼロが下方を通り過ぎる前に、そのプロペラの回転が落ちるのを見た。それから二〇ミリ弾と七・七ミリ弾が左の翼に当たるのに気付いたので、ウエークハムの機の右側に上昇した。ロビンソンが銃撃から逃れて右側に横滑りした時、テイシャクはスタンレーが機銃の尾部に前屈みに倒れ込んで、その機銃が沈黙し先が跳ね上がるのを見た。

ロビンソンが再び急降下地点に近付く前に、二〇ミリ砲弾がエンジンで炸裂した。エンジンは停まり、炎がキャノピーを舐めるように伸びてきた。ロビンソンは激しい横滑りをして、横風でエンジンの火災を消した。それからずっと追い掛けて射撃し続けてきたゼロ戦から逃げるために、猛烈な急降下に入った。急降下フラップがなく、大きい爆弾を抱えたままだったので、ロビンソンのドーントレスは岩が落ちるように海へ向かって急降下した。激しい気流で停まっていたプロペラが回り、奇跡のようにエンジンが再び動き出した。

ゼロ戦は降下して追い掛けてきた。ロビンソンは急降下しながら補助翼を右に動かし、また左に戻した。高度七五〇メートルで時速六〇〇キロの水平飛行に移ったが、依然としてゼロはついてきており、曳光弾が翼に当たった。ロビンソンは急上昇してインメルマンターン(訳注:敵機が背後から迫ってきた時、ループを描くように急上昇し、次ぎに半横転しながら垂直急降下して逆に敵機の背後につく操縦方法。第一次大戦中にドイツ軍のインメルマンがこの戦術を完成させた)を行ったが、数秒でゼロは後ろに食い付いてきて、損傷したエンジンに曳光弾を降り注いだ。テイシャクは撃ち続けて弾がなくなってしまったので、ただ機銃を敵に向けるだけしかなく、それでゼロが騙されるよう願った。

今や両機はラッセル諸島の上空まできており、ロビンソンは椰子の木の先端目掛けて突っ込んだ。ココナッツの木立の中を飛んだので、テイシャクは木のてっぺんが目の高さを通り過ぎるのを見た。それから急降下以来の四五〇キロの速度のまま谷へ突き進み、ジャングルに覆われた丘を昇って島の頂上に出た。テイシャクは突然急降下した時は座席から体が浮き上がり、急上昇した時は逆に座席に押し付けられたりしながら、後ろから翼を傾けて丘を回って斜面を上昇してくる、美しく恐ろしいゼロ戦を冷たくなった機銃越しに見ていた。頂上の稜線に達した時にもゼロは追い掛けてきていた。ロビンソンは前方に厚く白い雲があるのを見付けたので、反対側の斜面を急降下して、速度を上げるために木々のてっぺんを水平に飛んで、スロットルをいっぱいに引っ張って、雲を目掛けて急上昇した。ゼロは依然としてついて来たが、安全な雲までほんの一五〇メートルまでになった時、敵機も明らかに銃弾がなくなり、急上昇してきてしばらくの間横にきて、祝いの挨拶として翼を振ってから去っていった。テイシャクは雲の湿気が直ぐ側まで来た時、ゼロ戦が輸送船団の方へ戻っていくのを見た。

ロビンソンとテイシャクは午後五時三〇分にヘンダーソン飛行場に着陸した。機体に開いた穴を数えたら六八あった。ギブソンは直ぐ前に着陸しており、トーマスとスチーヴンスはロビンソンの次ぎに帰ってきた。第一〇爆撃飛行隊の操縦士達は退屈で取り留めのない話をしながら、飛行隊の指揮官達と自分の分隊の二人の操縦士を待っていたが、結局彼らは帰ってこなかった。

敵の戦闘機がロビンソンとウエークハムの防御態勢を崩した時、前方にいたウエルチとキャラムは群がるゼロ戦と戦いながら急降下地点に近付いていた。さらに一分間絶え間ない攻撃に対抗するために前方の固定銃と尾部の回転銃を撃ち、一緒に横滑りし、急角度に機体を傾けながら、戦い抜けて降下ポジションに着いた。ウエルチは親指を上げてキャラムに合図して、ひっくり返って南へ横風へ向かって急降下した。ジェフ・キャラムは前方からやって来るゼロ戦を固定銃で捕らえるために動き回ったので降下ポジションを通り過ぎた。それで急降下した時、目標を捕らえ直すために背中向きで垂直降下よりももっと深い角度を取らなければならなかった。苦痛に満ちた急降下だった。シートベルトに強く引っ張られ、重力が逆に作用して足を操舵ペダルから浮き上がらせ、手を操縦桿とスロットルから引き離そうとした。しかし高度三、六〇〇メートルで戦闘機と渡り合った後では、どんな急降下でもいいものである。ゼロ戦が上空にいるので、船団は余り激しく対空砲火を撃ってこなかった。それで敵に向かって決死の降下をする数秒の時間は、上空の戦闘と下方の避け難い戦闘の間に平穏に集中できる瞬間だった。

船団の中央の大きい輸送船がジェフ・キャラムのプロペラの向こうで急速に大きくなった。そして照準機に目を当てた時、ウエルチの投下した爆弾が船体の真ん中に命中して爆発し、大きな破片が宙高く舞い上がってひっくり返り、黒い煙が上がり始めた。キャラムのドーントレスが水平飛行に移った時、ヒンソンは兵員で溢れた大きい輸送船の最初の命中箇所のすぐ後ろに二番目の爆発が起こって破片が飛び散るのを見た。それからウエルチのドーントレスが海上を低空で北へ向かっていくのをちらりと目に止めた。数秒間水平に高速で飛びながらキャラムは辺りを見回してウエルチとウエークハムの機を捜した。しかし友軍機の姿は見えず、またゆっくりと捜している時間はなかった。避退進路上にいた数隻の駆逐艦が猛烈で正確な射撃を加え、曳光弾がキャラムの鼻先をかすめて頭上を通り過ぎた。キャラムが急降下して波頭に向かい、曳光弾が近付いた時は横滑りした。しかしコックピットの二メートル前のエンジンで一発が炸裂した。エンジンは跳ね上がって止まった。

キャラムはスロットルをゆるめ、エンジンは再び動き出したが煙が出て、漏れた油がキャノピーを薄い膜で覆った。船団からかなり離れた時、ゼロ戦が一機、真正面から攻撃するために旋回していた。キャラムは翼の固定銃に再装塡して確認し、出力を上げて射撃しながら敵の戦闘機へと向かって行った。キャラムが上昇しながら方向を変えた時、エンジンが激しいバックファイヤーを起こして停止した。ゼロ戦は射撃しながらさっと通り過ぎた。エンジンは止まっても一〇秒ほど飛行を続けられた。キャラムはフラップと機尾のフックをバタンと降ろして、ヒンソンに手足をしっかり踏ん張るように大声で叫んだ。そしてフラップが広がる前に着水した。最初に機尾のフックが引っ張られて警告を与え、胴体の下部がドスンと落ちて平たい石のように滑った。そして時速一七〇キロで着水したドーントレスは三〇メートル走って止まった。キャラムの上体は前へつんのめり、今は無用となった計器盤に頭をぶつけて気絶した。

ヒンソンがキャラムを引っ張り出して耳元で大声で叫んだので、キャラムは意識を取り戻した。長い間機関銃やエンジンの騒音が響いた後なので、辺りは一層静かに感じられた。東から吹く微風で小波が立ち、機首が沈んで機尾が上がったドーントレスを叩いていた。午後の太陽のため翼の付け根は暖かだった。水平線では敵の船の船体が沈んでおり、その上空では小さな点のようなゼロ戦が旋回していた。低くなっている太陽の左側、南方の方を見回すと、遠くに陸地のぼんやりした姿があり、キャラムにはそれがラッセル諸島だと解った。

機体は急速に沈んでいった。キャラムとヒンソンは必死に働いて二つのコックピットの間の胴体の左側にある丸いハッチを開け、膨張式ゴムボートを円筒形の積荷から引っ張り出して翼の上に載せた。キャラムは頭に打撃をうけたため、ぼうっとなって弱っており、また黒い髪から血が少しずつ流れ落ちて顔と首にこびり付いていた。もしキャラムが海軍の航空兵としては合格最低限の体格ではなく、もっと大きかったならば、腰で二つ折りになって、頭のてっぺんではなく顔を一メートル前の計器盤にぶつけていただろう。しかしぼうっとしながらも、まっ黄色のゴムボートを膨らませば、手のあいている怒りに燃えたゼロ戦が急降下して機銃掃射してくることはよく解っていた。

機体が離れていったので、キャラムとヒンソンは翼から暖かい海の中に入った。二人は未だ膨らませていないが、浮力のあるゴムボートに両側から摑まった。ほとんど空になった燃料タンクがある翼が沈むと、機体の残りも直ぐに沈んだ。突き出ていた尾翼が海中にいる二人をかすった。出っ張りがゴムボートの紐に引っ掛かって、ボートが下に沈んだ時、キャラムも海中に引っ張られた。まるで撃ち落とされたドーントレスが敗北の証拠を残すまいとしているようだった。もがき手探りしながら段々深く海中に引っ張られていった時、キャラムは三八口径のリボルバー拳銃のベルトが機体に引っ掛かっているのに気付いた。肺は張り裂けそうになり、水面は遥か頭上高くにある小波の立つ鏡のようだったが、キャラムはベルトを外して、救命胴衣の二酸化炭素の留め棒をぐいと引っ張って浮き上がって、また空気と光のある所に出た。浮き上がる途中で再び気を失ったが、数分後に微風と顔に当たる小波のおかげで目覚めた。

その後は急速に元気を取り戻し、生き残るために頑張らなければならないと決意し始めた。やってくるかどうか解らない救助を待つ気はなかったし、例え救助されても侍の刀で殺されるか、何年間も捕虜収容所で過ごすことになるかもしれなかった。それでその夜、編隊の仲間達が段々望みを無くしながら待っている間、キャラムとヒンソンは靴を脱いで救命胴衣を膨らませて、四〇キロ離れたラッセル諸島目指して泳いだ。

この日の輸送船団への最後の攻撃は第一〇偵察飛行隊のグレン・エステスが指揮して行われた。トーマスの犠牲の多かった攻撃の一五分後に、海兵隊の三機のドーントレスと戦闘機の援護を伴って、エステスはヘンダーソン飛行場を飛び立った。そして目標までよく知っているルートを通って飛行して、大きい爆弾を命中させて、熱帯の早い夕暮れが夜に変わろうとしている時にヘンダーソン飛行場に帰還した。

一四日、真っ暗になって航空作戦ができなくなった時、日本軍の四隻の輸送船は損傷しながらも未だ浮いており、ガダルカナルに向かって進んでいた。炎上している船が数珠繋ぎになって「スロット」は燃えており、燃えていない船はラバウルからのルートに沿って傾いて停まっていた。兵員を乗せた七隻の輸送船は二度と航行できないであろう。

エンタープライズは敵の航空攻撃の範囲外にいて、雨と風が吹く前線に守られて平穏に航海していた。その間キンケイドは搭載機のない空母をどうするのか、ハルゼーの命令を待っていた。ヘンダーソン飛行場では「ビッグE」の操縦士達は次ぎの日の戦闘に備えて、夜は休むことを望んで早くからベッドに入っていた。

「スロット」を一〇キロほど上がった所では、帝国海軍の一隻の戦艦、巡洋艦四隻と駆逐艦一隻の部隊が、ヘンダーソン飛行場を砲撃して明るくなれば再び飛び立ってくるはずの飛行機を破壊するために、ガダルカナルに向かって進んでいた。一方ガダルカナルの北東海岸の一五キロ沖では日本軍の砲撃を阻止せよとの命令を受けて、ウイリス・A・〝チン〟(訳注:中国の王朝　清のこと)・リー少将指揮下の戦艦ワシントン、サウスダコタと四隻の駆逐艦がサボ島に向かって変針していた。

ラッセル諸島の北ではジェフ・キャラムとヒンソンが南十字星と海岸を目指して根気強く泳いでいる時に、一隻の敵の駆逐艦が五〇メートル先の暗闇の中を機関の音を響かせて通り過ぎるのを見た。キャラムは水泳の達人で先頭を泳ぎ、ヒンソンは一生懸命になって数メートル後ろからついていった。

午後一一時一五分頃、ヘンダーソン飛行場の近くにいたアメリカの兵士達は簡易ベッドに座っているか、ジャングルの守備陣地の暗闇の中でお互いに顔を見てささやき合うかしていた。北方からは大口径砲のドカーンという音が轟いてきた。〝チン〟・リーが敵を発見し、水上艦の夜間の戦闘が始まったのである。数分後にはもっと小さい大砲も加わり、砲撃の音は断続的に響いた。ある時は早く激しく、ある時は慎重に間隔を空けて。時々一斉射撃が数回繰り返され、それから長い静寂が続いた。一時間半たって砲撃は止み、それ以後は海兵隊員と敵の偵察兵が飛行場の周囲のジャングルで接触した時に撃つ自動火器の音が時たま響くだけだった。

午前一時にスコールが南十字星を覆い隠した。ジェフ・キャラムは航法を目視から触感に変えて、東から吹く微風がずっと左の頬に当たるようにして、ラッセル諸島に向かって泳ぎ続けた。

ガダルカナルの北の夜の海で巨砲の唸りが消えた時、リー少将は結局三隻の駆逐艦を失い、サウスダコタは砲撃で中破するという犠牲を払いながらも任務を果たした。敵の砲撃部隊は大急ぎで北へと去って行った。日の出と共にヘンダーソン飛行場の蜂の巣が騒がしく動き出した時に、出来るだけ遠くに離れているためである。日本軍は戦艦一隻を失い、二隻の巡洋艦と一隻の駆逐艦は当分の間ドックに入らなければならなくなった。

午前五時、キャラムとヒンソンは依然として泳いでいた。東の空は白み始めていた。穏やかな大波で体が持ち上げられた時、南の方に島の影が見えたが、日没時よりも近付いているようには思えなかった。

午前六時、ヘンダーソン飛行場には飛行機のエンジンの音が騒がしく響き、新しい日の空の戦いが始まった。最初の偵察飛行でガダルカナル島の北西の隅にあるタサファロンガの海岸に敵の生き残った四隻の輸送船が乗り上げているのを発見した。二、〇〇〇人の兵士が武器や装備、糧食を持たずに上陸していた。

この日は殺戮《さつりく》の日になった。一番初めは陸軍の戦闘機が機銃掃射を行った。それから海兵隊とエンタープライズの爆撃機が後を引き継いだ。"スクーファー"・コフィンは六時四五分に一隻の船に五〇〇ポンド爆弾を命中させた。第一〇爆撃飛行隊のゴダード大尉が海岸からジャングルへと続く道の行き止まりで、敵がいそうな場所に一、〇〇〇ポンド爆弾を投下した時は、ガダルカナルではかって見なかったほど大きい炎が舞い上がり、黒い煙が六〇〇メートルの高さまで沸き立った。一六時間経っても未だ燃えていた。エンタープライズの飛行隊は、海岸に乗り上げた船と未だ揚陸していない兵士と装備に対する攻撃任務に何十回も出掛けた。輸送船の周囲の海岸は血で真っ赤になり、ちぎれた体が散乱した。

午前一〇時にジェフ・キャラムは数百メートル前方に珊瑚礁を見たと思ったので、ヒンソンに伝えた。若い銃手は疲れ切っていたので、キャラムに先に行って助けを連れてくれるように弱々しく頼んだ。キャラムは力強く泳いでいったが、一時間余り泳いでも珊瑚礁はなく、一五キロか二五キロ離れた所に島があるだけだった。キャラムはヒンソンの方へ戻ったが、ハワイのカネオへでの訓練の時からずっと一緒に飛行してきたヒンソンの姿はもうなかった。キャラムは悲しみながら泳ぎ続けた。熱帯の太陽がキャラムの頭と顔をあぶり、焼かれた体に塩がこびり付き、死ぬほど疲れ、空腹で喉が乾き、暖かい海(といっても体温よりも一〇度あまり低かったが)で体が冷えた。

八時から一二時までの午前当直の間に、ハルゼーからエンタープライズはヌーメアに戻るようにとの命令が届いた。

午後三時二〇分、隊長スタン・ルーロウとボビー・エドワーズが率いるジム・フラットレーの「グリム・リーパーズ」の一六機は、ヘンダーソン飛行場へ高空から接近してきたゼロ戦一一機と乱戦になり、六機を撃ち落とした。そのためゼロ戦が援護していた爆撃機隊は引き返した。フラットレーはワイルドキャット一機を失った。デイヴ・ポラックの機が戦闘中に燃料がなくなり、ルンガ岬沖に不時着水したのである。救難艇が無傷のポラックを拾い上げた。

一一月一五日に夜の帳《とばり》が降りて来た時、ガダルカナルに対する敵の脅威はなくなっていた。日本軍の輸送船は全て沈められるか大破し、水上艦の大部隊も撃退され、爆撃機編隊も引き返した。そして少数の兵士が補給物資や装備もなしに上陸したが、前からガダルカナルにいた兵士にとってはむしろ重荷になった。

「ビッグE」の第一〇航空隊は残敵を掃討するために更に数日間ヘンダーソン飛行場に残った。ジェフ・キャラムは真夜中まで泳ぎ続けて、何も食べず飲まず、休みもなく三〇時間も海にいたので、完全に消耗して意識を失った。キャラムは頭を救命胴衣の襟の部分に載せて眠り、風と潮の流れのままに漂流した。小さな魚が体の下に集まってきて、キャラムのお腹に鼻をすり寄せ、また時折小さい波が救命胴衣の上を洗っていった。

第一四章――エスプリット、ヌーメア、重巡シカゴ

一一月一六日、エンタープライズはヌーメアの港に戻った。攻撃も受けず、損傷もなく、ガダルカナルを奪還しようとする日本軍の最後の大規模な作戦を防ぐのに大いに貢献して。飛行士の多くにとって、一六日の夜は血まみれの邪悪な匂いがする島で過ごした最後の夜だった。

この日の午前一一時三〇分にトーマス、ギブソン、ゴダード、ロビンソンはキャラムと「スロット」の戦いの生存者を捜すために離陸した。低空、低速でラッセル諸島を飛び回り、海岸、入り江、島と島の間の海峡を調べ、原住民の村で上を見上げた黒い顔の中に白い顔はないか捜した。フート・ギブソンは白人を一人見付けて、ダンガリー（訳注：青デニム製の労働服）と煙草を投下したが、その白人はエンタープライズの第六爆撃飛行隊の人間ではなかった。

トーマス達の四機のドーントレスが午後二時にヘンダーソン飛行場に戻って来た時、ジェフ・キャラムは依然として泳いでいた。それまでずっと太陽の光と海の照り返しに曝されたため、キャラムの顔は陽に焼けて膨れ上がり、目はほとんど見えなくなっていた。キャラムは真っ赤になって塩がこびり付いて膨れ上がった顔の狭い隙間から、どうにかこうにか周りを眺めた。海水が繰り返し顔を洗うので、眼をずっと開けていることは非常に難かしかったが、片目ずつ開けて見た。朝にな

ってしばらくしてから、ココナッツが体にぶつかってきたので、浮力を増すために昼まで抱えていた。また二日間飲まず食わずで泳ぎ漂流したので、残念ながら外皮を割れなかったが、堅い外皮の中にある果肉と果汁は欲しかったからである。午前中ずっと一番近い島に向かって泳いだが、海流が逆のため近付けず、消耗して衰弱したため再び意識をなくした。そして午後三時までに大きいラグーンの中に流れついていた。海岸には原住民の小屋が見えたが、依然として潮の流れが逆だった。飢え陽に焼かれ、半ば目が見えなくなり、疲労の極にありながら、信じられないことにキャラムはもう一度泳ぎ始めた。

午後四時三〇分、ラス・レイサーラーとボビー・エドワーズは飛び立って、擱座した輸送船と揚陸して海岸と近くのジャングルに置いていた物資を機銃掃射した。これがガダルカナルでの一一月の戦いにおける「グリム・リーパーズ」の最後の戦闘任務になった。

ジェフ・キャラムは夕方早く再び気を失った。そして一晩中死者のように海の上で眠った。その間風と海流がキャラムを、二日半かけて泳いでやっと辿り着いた入り江から流し出した。

一七日にエンタープライズの最後の飛行隊がヘンダーソン飛行場を去った。キャラムは依然漂流していた。キャラムはこの日が最後になると解っていた。水も食べ物もなく、救命胴衣を着けただけで、海で三日以上生き永らえた者はいなかった。

キャラムは波穏やかな海で揺られ漂流しながら一二時間眠った。そして午前一〇時の強い陽射しがあお向けの顔をあぶって、閉じた眼の腫れ上がった隙間を貫いた時、目を覚ました。一五分近くかけて片一方の目を開け、その狭い隙間から前方に島があるのを見た。風は後ろから吹いていた。風がそのままで、一日中泳ぎ続けられたら、その島に辿り着けると思った。この三日目に限っては必死になって足で水を蹴り、腕でこいで、傷ついたアメンボのように一センチずつ熱帯の海、――仲間たちが戦い、捜索し、去った海を風下へと進んだ。

〃バッキー〃・リーのドーントレス隊はガダルカナルから引き揚げて、ニューヘブリデスまで八〇〇キロ余りを四時間で帰ったが、同じ時間でキャラムは三キロ島に近付いただけだった。午後六時にドーントレス隊が爆撃機用第一滑走路に着陸した時、キャラムは海岸から八〇〇メートル沖におり、太陽はあと数分で西の水平線に沈もうとしていた。三日間で四〇キロも海上を漂流することに耐えさせた生への強い意思が、痛めつけられた体に最後のアドレナリンを生じさせた。キャラムは前方に見える椰子の木立に向かって力強く泳ぎ出した。風は依然として背後から吹いており、潮の流れはなかった。

午後七時頃、キャラムは珊瑚礁の天辺を蹴って、裸足の足を切った。脚を下ろすと水の深さは腰までしかないことが解ったが、立つことが出来なかった。それでよろめき手足をばたさせ、半分泳ぎ半分歩きながら進み、最後の数メートルは足の高さぐらいの深さしかなかったので這っていった。七三時間も海上を漂った後、やっと海岸の温かい砂の上に倒れ込んだ。波打ち際から一メートルあまりの所に、午後のスコールでできた泥混じりの水たまりがあった。キャラムは獣のようにその中に顔を突っ込んで水を飲んだ。それからあお向けに寝転んで一晩中眠った。暖かい雨が降り注ぎ、海の水が足まで押し寄せてきたが、全然気付かなかった。

エンタープライズは一一月一八日の朝にヌーメアの港に錨を下ろした。修理作業が再開され、また通常の補修作業で艦体についた余分なものをハンマーで削ぎ落とし、ペンキなどをワイヤーブラシでこすりとった。また。第一〇航空群は輸送機と「ビッグE」の搭載機によってニューヘブリデス諸島に分散しており、母艦へ戻る途中だった。ジョン・クロメリンは海兵隊へ転属したり、戦闘で失われたワイルドキャットやドーントレスをどう補充するかについて、指揮下の隊長達と話し合っていた。南太平洋方面軍司令官兼南太平洋部隊指揮官ビル・ハルゼーはガダルカナルの第一海兵師団の負担を軽減し、また島にいる孤立した日本軍部隊を掃討することを計画していた。

同じ日の朝ジェフ・キャラムは漂流による苛酷な試練から回復し始めていた。キャラムはカッと照りつける太陽で目を覚ました。そしてもう一つ真水の水溜りを見付けたので、裸になって体に付いた塩を洗い落とし、飛行服と下着からも塩を洗い流した。その時背後で声がしたので振り向くと、黒人が立っていた。粗いもじゃもじゃした髪の毛を生やし、唇が不自然なほど赤く、子供を六人連れていて、数歩離れた所からキャラムを探るように見ていた。キャラムは自分の国籍をはっきり示したかった。たとえ肌の色では充分ではないにしても、他の方法で自分が日本人でないことを証明したかった。水溜りの側の岩からIDカードを拾い上げて、その原住民に見せた。それから飛行服を手に持って、左の胸ポケットの上に大きく刷り込まれた「USN」（訳注：アメリカ海軍の頭文字）の文字を指し示しながら言った。「俺達は友達だろう」。その呼びかけに子供の一人が答えた。「そう、友達だ」。キャラムが示した国籍は、明らかに満足して受け入れられた。「僕達と一緒においでよ。あんたらの飛行機がそのうちやって来るよ」。原住民はそう言って、丸木船のカヌーに乗せて、一時間かけて自分達の村に連れていった。

そこでキャラムは焼いたタロイモと魚、ココナッツをごちそうになり、屋根にシュロの葉を葺いた小屋に案内された。そこで何日も眠った。目を覚ましたのは食べる時だけで、その他の時間はずっと眠りぱなしだった。肘と膝の折り曲げる箇所は、長時間泳いでいる間海水に浸って柔らかくなって、そこが飛行服とこすれ合い、また首の周りの肉も救命胴衣の堅いゴムの縁でこすれたので、皮膚が破れ、蝿や蚊がその皮膚がむけ肉が出た箇所にたかった。キャラムは充分休んだ後でそれに気付くと不愉快になり、また伝染病にかかることを心配した。しかし原住民と同じように毎日海水に充分浸かったので、きれいな塩水が徐々に皮膚のむけた箇所を治癒してくれた。

人口八〇人くらいのその村の長はキャラムに好意をもったようで、蚊帳、新品のパジャマ、剃刀、トイレットペーパー、それに壊れた鏡の破片をキャラムにくれた。また魚をとってキャラムに食べさせてくれた。そしてピジン英語(訳注:パプア・ニューギニアの準公用語となっている、メラニシア系の英語を土台にしたピジン語)で一番大事な二つのことをキャラムに教えた。一つは、近くの村に一三人の日本兵がいるということで、その日本兵は数週間前日本軍の占領部隊が引き揚げる時に、輸送船に乗りそこなったのだった。二つ目は、別のアメリカ人の操縦士が近くの島にいるということである。村の長は自分達は日本兵は嫌いだとはっきり言った。日本軍は短い占領期間中に原住民の家畜と蓄えた食糧を奪い、自分達を飢えさせるか、極めてひどい状態に追いやった。一三人の日本兵はその村で孤立しており、村人は略奪を免れるために、毎日食べ物を渡しているということである。

三日目にもう一人アメリカ人がキャラムのいる村にやって来た。名前をハーストといい、二等軍曹で、ワイルドキャットの操縦士だった。ヘンダーソン飛行場から第一二一海兵戦闘飛行隊と一緒に飛び立ったが、ラッセル諸島上空で撃墜されたのだった。

二人が駐屯軍を結成した数日後(キャラムは自分をCOMUSFORI──アメリカ軍ラッセル諸島方面軍指揮官──に任命した)、二隻のカヌーに乗った一三人の日本兵が村に現れ、海へ出る途を尋ねた。その前に警戒すべき兆候がたくさんあった。一行が近付いてくるのが何キロも先から見えたし、もじゃもじゃ髪の原住民が被らない大きい麦藁帽子を被っていたので、キャラムとハーストは二隻のカヌーが出て行くまで、ジャングルの中に隠れていた。

一週間が過ぎた。キャラムはタロイモ、さとうきび、ココナッツ、魚、鶏肉、米、最後の数日には牛肉も食べて体力を回復した。タロイモは朝、昼、夜の食事にいつも出てきた。キャラムは原住民の唇と歯が真っ赤なのは、びんろうの木からとれる少し麻酔性のあるガムを噛んでいるためだと解った。また大人だけが衣服を着けていた、それも腰巻だけを。男達は髪の毛を大きいボールのように丸く切っていたが、女達は明らかに生まれてから髪を切りもしなければ、梳《す》きもしていなかった。村の年頃の少女達は大きい小屋に一緒に住み、青年達も少し離れた小屋に一緒に住んでいた。そして結婚した時に始めてその共同生活所を卒業した。キャラムとハーストはその二つの小屋を「ボーイズタウン」「ガールズタウン」と呼び、そしてこの言葉は広まった。もし二一世紀に語彙《ごい》論の学者がラッセル諸島のメラネシア人の方言を採集しに来て、この二つの言葉に出くわした時は、ラッセル諸島が数ヶ月間戦闘地域の中にあり、アメリカの兵士が海岸に流れ着いたり、パラシュートにぶら下がって空から降りてきたことを思い起こすであろう。

一一月二六日に一隻のカヌーが他の島からの伝言をもたらした。小さい水上機が海兵隊の少佐"インディアン・ジョー"・バウアー（訳注：ガダルカナルのカクタス空軍の戦闘機隊司令官、死後議会名誉勲章を贈られた）を捜すために着水した。そしてあるラグーンを指定して、キャラムとハーストを収容するために二日後にカタリナ飛行艇がそこに着水すると言ったと。

キャラムがいた村の住人は飛行艇に乗り遅れないように、二人の操縦士を一日前にそのラグーンのある小さい島の村に連れて行った。しかし日本兵は一行の到着を知り、午後五時にアメリカ兵を捕まえるためにその島に上陸すると伝えてきた。

キャラムとハーストは敵の捕虜になる気はなかった。そして原住民が手助けをした。村のどこかから日本軍の七・七ミリ口径の小銃一丁と薬包三つが出てきたし、また至る所からジャングルを切り開くためにずっと使用してきた長い鉈が集まった。COMUSFORIは連合国の一員であるラッセル諸島の原住民と共同作戦を練って、海岸から村に通じる踏み分け道に沿って巧妙な必殺の待伏せ攻撃を配置した。一丁だけの小銃を黒く強い手の中の鋭い刃の付いた五〇の鉈《なた》が援護した。敵は二隻のカヌーで予想時間通りに現れ、浜辺に向かって進んできた。しかし明らかに村が静かな様子や付近に大人の男がいないのが気に入らないようだった。それで櫂を逆にしてカヌーを戻し、あからさまに疑惑を抱いて小さい島の周囲を二度回り、それから帰っていった。

次ぎの日の午前九時頃一機のカタリナ飛行艇がラグーンの上を低く旋回して、そして水面を滑って着水した。キャラムとハーストはカヌーに乗っていき、ガンブリスター（訳注：胴体から突き出ている透明の半球形のもの）から機内に乗り込んだ。カヌーが戻るために充分離れると、カタリナは直ちに離水した。そして一時間もかからずにヘンダーソン飛行場の海峡の対岸にあるツラギに到着した。

キャラムが生きていたという知らせがヌーメアのエンタープライズに届いた時、編隊の仲間達は大喜びで、分配されていたキャラムの私物を集めて元に戻した。これはかなり簡単だった。キャラムの衣服は他の者にはあまりにも小さすぎたからである。

第一〇偵察飛行隊がヌーメアへ戻る途中、エスプリットサントのマーストンマットを敷いた第一爆撃機用飛行場に（港から八キロ離れていた）到着した時、隊員は衣服は汚れ疲れ切っていた。昼も夜も同じ服を着て、三日の間たくさんの戦闘に従事し、睡眠は少ししか取っていなかった。髭を剃らず、洗濯もせず、目は血走り、いらいらして神経質になっていた。全員以前に第一爆撃機用飛行場で暮らしたことがあり、ヘンダーソン飛行場よりほんの少しましでしかないことを知っていた。アメリカ軍の増援部隊がニューヘブリデス諸島に集結し始めていたので、風呂に入り、清潔な衣服が手に入り、腹いっぱい食べられ、おいしいウイスキーが飲め、そしてゆっくり寝られる施設が何かあるはずだった。〝バッキー〟・リーとグレン・〝テーター・ヘッド（訳注：じゃがいも頭の意）〟・

エステスが空いていたジープを一時借用して捜しに出掛けた。

ジャングルの縁にある狭く埃っぽい道を当てもなく二時間走ってから、二人は捜していたものを見付けた。丘の上の公園のような空き地に、Aコーンのバトラーハット（訳注：寝台、トイレ、水道を備えた、八～一〇人くらい収容できる小屋）、作業場、テントが散在していた。Aコーンとはアメリカ本国で訓練を受け、指示された所ではどこでも仕事に取り掛かれるように送り出されてきた、人員、設備一体となった修理基地である。この基地は「レッド・ツー」と呼ばれていた。

バトラーハットの側面の網戸越しに白い布で覆われたテーブルと銀の食器、清潔なシートのある寝台が見えた。建物の一つは明らかに洗濯場で、別の建物は浴場だった。バッキー・リーは五分間捜して指揮官を見付け、自分の飛行隊の窮状を訴えた。Aコーンの隊長クーパー中佐と偵察飛行隊の隊長は意見が一致し、飛行隊員は全員、Aコーン「レッド・ツー」の任務に差し支えのない限り、そのお客として招待された。

「我々は同じ軍服を着ているのではないかね」。クーパー中佐はリーに言った。「ここを出れば、我々は用心しなければならない。戦闘経験を積んだ者と会うことは私の部下にはいいことだろう。ここでは貴官達は戦争のことを忘れられるだろう」。

丘の上の基地の門は第一〇偵察飛行隊に大きく開かれた。士官と兵士全員にカーキ色の新しい軍服二着と洗面道具が支給された。「ビッグE」の疲れきった飛行士は三日間リネンを敷いたテーブルで腹いっぱい食べ、風呂に入り髭を剃り、清潔なシートでたっぷり眠った。それで活力と陽気さが戻ってきた。また本国製のおいしいウィスキーもあり、熱帯の涼しい夜に喉を潤し、舌を滑らかにして、高ぶっていた神経をリラックスさせた。三日目にリーは隊員を率いてニューヘブリデス諸島沿いに南下して、ニューカレドニアの南西の隅を横切って、エンタープライズが停泊しているヌーメア港へと飛行した。

一九四二年の一一月の終わりまでにエンタープライズの乗組員の暮らしぶりはすっかりヌーメアの型にはまっていた。輸送船や上陸用舟艇で補充の飛行機が二機、四機、或いは六機と少しずつ届いている間、飛行隊員はトンツータの草原の飛行場沿いの海岸に住んで、新しい飛行機の不具合を取り除き、また地上の標的や牽引した吹流し型標的を相手に訓練していた。「ビッグE」がガダルカナルまで行って日本軍を撃退し、ヌーメアへ帰ってくるまでの一週間の間に、シービーズ（訳注：アメリカ海軍の戦闘訓練を受けた建設部隊）が四人用テントに木の床を貼り、それに二〇〇リットルのドラム缶をはめ込んで野外のシャワー設備を作っておいてくれた。それでもはや埃にまみれて川まで水浴びに行く必要はなくなった。地面を這ってから小屋に入ることは、テントの床を高くすることである程度しんどくなった。航空隊隊長のディック・ゲイネスは現地の管理者の抗議にもかかわらず、トンツータの肉の貯蔵庫を何百箱ものオーストラリアビールでいっぱいにした。そして汗まみれ埃まみれの日中の仕事の後のその冷えたビールのおかげで、ゲイネスは飛行場にいた航空隊員全員の尊敬を獲得した。

一方、エンタープライズの艦上では修理作業が休むことなくずっと続いていた。敵の眼前の脅威がなくなったので、ハーディソン艦長は前部エレベーターをテストする許可を出した。エレベーターは動いた。これで航空作戦は通常通りの早さで出来るようになった。毎日サンタクルーズ沖海戦で被った損傷を直して、さらに補修を行い、水密区画ももっと増やし、艦内の各種のシステムをもっと拡張して修復した。複雑な機械類を装備し海水に浮かぶ鋼鉄の軍艦は、錆《さび》と腐食に対して絶えず戦わなければならなかった。ハンマーとワイヤーブラシで錆やペンキをこそぎ落とした。そして錆が取り除かれるに伴い、鉛丹（訳注：酸化鉛から作る顔料）の斑点と亜鉛クロム酸塩の黄色が現れては消え、基本の塗料が塗られ、その上に灰色の戦時迷彩が塗られた。

艦体の横腹に足場が組まれ、ダンガリーの服を着た水兵達が厚手のカポック（訳注：パンヤ、熱帯に産するカポックの木の果皮の内壁に生じる軟毛、詰め物に使う）を詰めたライフジャケットと命綱を着用して、あちこちの痛んだ箇所を修理した。金曜日にはベッドで使うシーツ、毛布などが救難索に連なって空中に干された。そして「全艦大掃除の日」が実施され、全ての区画で雑巾、ブラシを使って掃除し、金具を磨いた。毎日上陸許可をもらった水兵の一団が白い服を着て、甲板昇降口階段を列をなして降りて行き、幅広のフィフティーフットモーターランチ（訳注：軍艦搭載の大型モーターボート）に乗り込んだ。そして艇長が鉦をカランと一つ鳴らして、ヌーメアへと向かった。別のフィフティーフットモーターランチはダンガリー服を着た水兵達を湾の対岸の白い海岸へ運んだ。そこでソフトボールの試合をしたり、泳いだりし、午後遅くに冷えたビールで喉を潤した。

それから戦争開始から一周年の三日前に、エンタープライズは再び出港した。航空隊は母艦に戻り、北西へ進路をとって珊瑚海へ向かった。

ビル・ハルゼーはこの一年間、日本人の心理に関してある程度学んだ。それでハルゼーは思った、日本軍はもし出来るならば、このパールハーバー奇襲の最初の記念日に大規模な攻撃を仕掛けてくるだろう。もしそうなったなら、自分の指揮下の唯一隻の空母は港で虫干しをしながら錆を落としてはいないことを知るであろう。

一九四二年一二月七日、エンタープライズは歴戦の航空隊員を全て乗せて、武器・弾薬も完全に備え、敵がどんな攻撃をしてきても対処できるように準備をして、珊瑚海の真ん中で行動していた。

しかし日本軍は何も仕掛けてこなかった。「ビッグE」は更に二〜三日待機した後、一一日にニューヘブリデス諸島のエスプリットサントに入港した。第一〇航空群はマーストンマットを敷いた第一爆撃機用滑走路と、海岸沿いの椰子の木が連なる戦闘機用滑走路に戻り、飛行場の端にあるじめじめしたかまぼこ型兵舎とテントで暮らした。

「ビッグE」は一ヶ月間近く微風に錨を吹かせながら、エスプリットのセゴンド海峡を南向きの穏やかな潮流と共にジグザグに進んだ。

同じ頃日本軍の空母は北西三、二〇〇キロの、カロリン諸島のトラック島にある、謎めいて難攻不落と噂されている基地を根拠として、操縦士を空母からの作戦ができるようにしようと必死の努力をしていた。敵の艦艇が出港する度に、見張っていたアメリカの潜水艦がその動きを報告した。それでエンタープライズは錨を揚げて、航空隊を艦上に収容し北へと進み、サンタクルーズ島とソロモン諸島を過ぎて、トラックとガダルカナルの間で警戒に当たった。ドーントレスとアヴェンジャーは飛行距離一杯まで捜索を行い、戦闘機は上空警戒に当たった。インディペンサブル・リーフで水上機への燃料補給を行っている敵の潜水を攻撃するために、早朝に二度攻撃隊が飛び立ったが、二度とも低い珊瑚礁と砕け散る波と何もない海を見ただけだった。しかし最初の攻撃の二日後に上空戦闘哨戒に当たっていた「グリム・リーパーズ」のルイス・ガスキル少尉が部隊の僅か二四キロ西で一式陸攻一機を撃墜した。

この北方への出撃をエンタープライズの乗組員は喜んだ。飛行隊員は第一爆撃機用飛行場と海岸沿いの戦闘機用飛行場よりも、空母の狭苦しい居住区の方を好んだからである。夜飛行場の開け放ったかまぼこ型宿舎で裸に近い姿で寝ていた隊員は、鼠が鋭いつま先で胸の上を走り過ぎたり、その歯で指をかじったりするので安眠を妨げられた。また朝靴を履く前に、蠍《さそり》や蜘蛛をその中から追い払わなければならなかった。それに加えてエスプリットからしばしば出撃したことは、エンタープライズの乗組員に――航空隊員とそれ以外の乗組員の両方共に――必要とし始めている、本国から何ヶ月も離れていることの正当な理由を与えた。もしこの遠く離れた熱帯の港で錨につながれて揺ら揺らしたり、一時的にいる陸上の飛行場から日常の訓練飛行を行うのなら、どうして本国の港で同じように出来ないのか？　本国では夜間に自由時間があるし、家へ帰れる休暇もある。

エスプリットのクリスマスはクリスマスの感じはしなかった。気候は暑くむしむししていた。へこんだ箱と束になった手紙を詰め込んだ郵便袋が八四個届いた。乗組員は小さいココナッツ椰子の木でクリスマスツリーを作った。スピーカーからキーキーという音が混じったクリスマスキャロルが流れた。格納庫甲板で並んでいる飛行機の一部を動かして作った狭いスペースで、駐機している飛行機に囲まれながら、宗教儀式が行われた。海岸ではドラム缶二つ、厚板二つとテーブルクロスを使ってクリスマスの礼拝用の祭壇が作られた。

一二月の中頃、エンタープライズは短期間サラトガを基幹とする部隊と一緒に行動した。サラトガは八月に魚雷が命中した後修理しており、やっと任務に戻って来たのだった。エンタープライズの乗組員が手のひらに汗を滲ませ胃を痛くしながら、サンタクルーズの水平線で炎上しているホーネットを見守って以来、初めてみる味方の空母だった。

一月二八日、エンタープライズはエスプリットサントのセゴンド海峡を通って出港し、戦闘活動に移った。前回の戦闘から九週間以上経っていた。ミッドウェー海戦の一ヶ月前の珊瑚海海戦で沈没したレキシントンを指揮していたフレデリック・C・シャーマン少将が「ビッグE」に将旗を掲げた。ハルゼーの命令で兵員と装備を満載した四隻の輸送船が無事にガダルカナルに到着できるようにしなければならなかった。この任務を達成するために、「南ソロモン諸島に進出してきている日本軍部隊を撃破」しなければならなかった。シャーマン少将指揮下の部隊は第一六機動部隊と呼ばれ、エンタープライズ、サンディエゴと五隻の駆逐艦から構成されていた。

一月の下旬までにアメリカ海軍の各種部隊がソロモン諸島近くの海域にいた。サラトガは第一一機動部隊の旗艦として一ヶ月前に戻ってきていた。〝チン〟・リー少将は三隻の新鋭戦艦を率いて珊瑚海で行動していた。二つの巡洋艦部隊も洋上に出ていた。全部で五つの機動部隊がオーストラリアの北東海域に展開し、北へ向かって進んでいた。そしてその任務は同一だった。もし輸送船がガダルカナルを出航して帰還の途に就いたなら、悪臭のする島を去る最後の海兵隊員を船上に収容しているはずだった。エンタープライズが上陸を援護した去年の八月からずっとガダルカナルにいた海兵隊員が、今やそこを去って、日本軍の捕虜収容所ではなく故郷へ帰ろうとしていた。それは海兵隊員自身の戦闘能力と、東ソロモン海、サンタクルーズ、そして「スロット」の南端でエンタープライズが与えた支援のおかげだった。

山が高く深緑色をしたエスプリットサント島とマレクラ島の間のブーゲンヴィル海峡で、第一爆撃用飛行場から飛来した第一〇航空群の七四機は着艦した。そしてエンタープライズは西へ向きを変えて珊瑚海の中央へと向かった。

二九日の夕方には事態は平穏そうだったので、ハルゼーは第一六機動部隊と第一一機動部隊に翌朝合流して合同訓練を行うよう命じた。それでエンタープライズは合流地点へ向かうため南西へ進路を変えた。しかし真夜中を過ぎて直ぐにシャーマン少将は指揮下の艦へ直ちに進路を変え、速度を上げるように命じた。気楽で平和な航海は終わった。

「告示……第一八機動部隊は一月二九日から三〇日にかけての夜間にガダルカナルの南方で敵の爆撃機と雷撃機の攻撃を受く。……シカゴは損傷して、ルイスヴィルに曳航されている。二九日二一時一五分緯度一〇度三三分、経度一六〇度〇七分の地点で進路一五〇度。……我が部隊は索敵を行い、また第一八機動部隊に対して日中上空援護を行う。……この上空援護には一八機の戦闘機を当てる。……日中は六機の戦闘機が第一八機動部隊の上空を哨戒するようにする。……日の出と共に四機の偵察機と最初の戦闘機分隊を発進させる。……第一六機動部隊上空の内側と近距離の哨戒を続ける。また甲板に戦闘哨戒機を待機させる。……作戦命令二－四三」

シャーマン少将の作戦命令二‐四三が実行に移された時、エンタープライズは損傷した重巡シカゴの約五六〇キロ南の少し西寄りの地点にいた。第一六機動部隊は二八ノットで北へと向かった。

午前六時直前、夜明け前の暗がりの中を最初の飛行機が「ビッグE」の甲板を飛び立った。ドーントレスの二つの偵察分隊の〝フート〟・ギブソン、レッド・フージャーヴァーフ、ブエル、そしてフリッセルはシカゴを見付けるために扇型に広がって飛行した。七時一五分にギブソンが損傷した重巡を発見した。レンネル島の東端の約五五キロ北の地点だった。シカゴは艦尾が下がっており、幅の広い虹色の油を川のように流していた。ルイスヴィルは長く伸びた錨鎖と牽引ケーブルでシカゴを引っ張り、約四ノットでエスプリットへ向かって南東へ慎重に進んでいた。ウィチタは両重巡の右舷をゆっくりと走り、三隻の軽巡洋艦は左舷の前後を警戒していた。また駆逐艦八隻が巡洋艦の背後に展開していた。そして高い艦首と低い艦尾の海軍のタグボートが牽引を引き継ぐためにルイスヴィルへ近付いていた。

フートは直ちに発見した部隊の位置をフラトレーの戦闘機隊に打電した。それからワイルドキャットの無線周波数を書いた通信文を入れた小袋を投下するために、急降下ブレーキを出して砲手にアメリカ軍のマークを見せながら、ゆっくりとルイスヴィルの上空へ降りていった。八時にフートとフージャーヴァーフが護衛空母を捜すために去った時、第一〇戦闘飛行隊の四角い翼のワイルドキャット六機が巡洋艦部隊の上空に現れた。

ギブソンは三〇分飛んだ所で、細いアイランドと高い舷側を備えたずんぐりした小型空母を二隻見付けた。二機のドーントレスの四人の搭乗員は興味を持ってこの奇妙な船を上空から見つめ、短く幅の広い甲板と不安定な動きに気付き、自分達が三〇ノットで走り、砲身で縁取りをした長い甲板を持つエンタープライズに所属していることを喜んだ。ギブソンはもう一度小型空母の戦闘機の無線周波数を知らせるよう要請した通信を投下した。それから返事がアイランドの上部から発光信号で送られてくるのを見ながら、ゆっくりと旋回した。
シャーマンは指揮下の部隊を、戦闘機隊が短時間の飛行で済み、またレーダーと無線で戦闘機隊を誘導できるくらい近くシカゴへ接近させようとした。しかしまた損傷した巡洋艦に止めを刺そうとやって来る敵機に見つからないくらいは離れていなければならなかった。最善の判断が必要だった。

午前八時三〇分、エンタープライズの上空高くを旋回していた四機編隊の上空戦闘哨戒機が西方約三〇キロに動いている点のような一機のゼロ戦を認めた。ワイルドキャットは全速力でその方向へ向かったが、ゼロ戦はワイルドキャットを尻目にかけて上昇して逃れ去った。海上の空戦での余りにもお馴染みのパターンで、これは敵の攻撃がやって来る前兆だった。高速で軽快、戦闘を避ける単機の戦闘機は偵察機でしかあり得なかった。ソロモン諸島の上の方の基地にいる敵機は空母を攻撃し、不具の巡洋艦を仕止めるために発進しているに違いなかった。

午前が過ぎ去った。昼に航海士が六分儀を持って艦橋の外に出て、レーダーの及ぶ距離とレンネル島からの方位で緯度を調べた。午後も南方の海を進んだ。太陽は厚い雲の上をゆっくりとオーストラリアの方へ沈んでいった。戦闘は未だ起こらなかった。シカゴは一時間に六キロの割で這うように危険から遠去かっていた。タグボートのナバホがルイスヴィルから曳航を引き継いでから既に五〇キロ進んでいた。朝までにレンネル島に沿ってもう五〇キロ進めるはずであり、そうなればレンネル島は見えなくなるであろう。広い大海原では発見される可能性も減るだろう。この間もシカゴの修理班はスクリューを回せるよう休みなく働いていた。

午後三時頃、ハルゼー中将は損傷していない巡洋艦はニューヘブリデス島のエフェテへ向かうよう命令した。それで六隻の駆逐艦と一生懸命曳航しているナバホを残して、巡洋艦は去った。

四時一五分に、上はシャーマン少将、ハーディソン艦長から下は駆逐艦のコックまで、機動部隊の全員が一日中待ち望んでいた知らせが届いた。暗号室の無線機がガダルカナルの無線局の通信をカタカタと音を立てながら点と線で吐き出した。

「敵味方不明の一一機の双発機あり。方位二六八度、距離二〇〇キロ、進路一五〇度」

進路一五〇度は真っ直ぐにエンタープライズ目指して進んでいることを意味していた。レーダー室ではスタン・ルーロウが戦闘機管制士官に助言を与え、手伝いをしていたが、両者は敵機が五五分で部隊の上空にやって来るだろうと予測した。

午後四時一〇分、「グリム・リーパーズ」の指揮官であるウイリアム・R・"キラー"・ケイン中佐に率いられてシカゴの上空を哨戒していた戦闘機隊は、陸上を基地とする日本軍の双発爆撃機の見間違えようのない機影が、レンネル島の北方から高々度を単機で近付いてくるのを見付けた。ケインはウイッケンドール、ボーレン、レダー、ドナホーを分派して追撃させた。敵機は三菱の一式陸攻で、南へ進み、それからシカゴ、引き揚げていく巡洋艦群、そしておそらくエンタープライズを中心とする機動部隊もよく見えるようにとレンネル島の東端を回って南西へ向きを変えた。追撃に向かった四人の少尉はスロットルを限度いっぱいまで押し、座席の右に三つ、左に三つある機関砲の充塡用レバーを上げた。一式陸攻は速度を上げ、方角を変えて去った。四機のワイルドキャットは背後から非常にゆっくりと距離を詰めていった。エンジンが最大出力で唸りを上げる中、操縦士は皆、機首をちょっと上げて最大射程距離で射撃をした。曳光弾が煙を引きながら飛び出し、長くほぼ平行な弾道で徐々に一点に集中していったが、また少し分かれた。何発かは命中したように見えた。

距離が少し縮まった時、もう一度発砲した。一式陸攻の機体から破片が一つ飛んで後ろに落ちていったが、敵機は依然として高速で飛び続けた。再度射撃を加えた。今度は右側のエンジンから一筋の煙が流れ出し、見る間に太くなった。ワイルドキャットの操縦士達は後ろから陸攻のプロペラの回転が鈍るのを見た。そして右側のエンジンが出力を失ったので、速度が落ち進路を外れていった。ワイルドキャット隊は今や急速に接近し、短い距離で慎重に狙いを定めて射撃を加えた。敵機の尾部の銃手は二〇ミリ機関砲でゆっくりとしたローマ花火（訳注：円筒の中に火薬を詰めたもので、吹き出る火花の中から次ぎ次ぎと火の玉が飛び出る）の火花のような射撃で反撃してきた。先頭にいたハンク・レダーは二〇ミリ機関砲の射撃をものともせずに突っ込んでいき、六丁の一二・七ミリ砲弾を陸攻の翼と胴体に叩き込んだ。穴の開いた翼のタンクからガソリンがぱっと噴き出した。それから煙の出ていたエンジンから炎が上がって翼を包み、燃料に燃え移った。一秒で一式陸攻は赤い火の玉となり、三、〇〇〇メートル下の海へ落ちていった。四人の少尉はエンジンの混合比を薄くして出力を落とし、シカゴに戻るために反転した。南西に六五キロもきていたのだった。

午後四時二四分にエンタープライズのレーダーは距離一〇〇キロ、方位三〇〇度にやって来る雷撃機隊を捉えた。高速で真っ直ぐにこちらに向かってきていた。レーダースコープの細い針が画面を一周する度に、束になった輝点は中心へと近付いてきていた。中心点はすなわち「ビッグE」のマストの上で回っているレーダーアンテナである。

エンタープライズは総員配置態勢に入った。総員配置のベルが鳴り響き、乗組員が自分の持ち場へ走っていく足音と入り混じった。艦長が送話機を受話機に留めてプラクに突っ込んだ時、報告が既に入ってきていた。

「上空管制班、準備完了」

「後部操舵室、準備完了」

「第一グループ五インチ砲塔、準備完了」

「全修理班、準備完了。待機態勢」

「機械作業所、準備完了」

艦底では速度が二七ノットに上がった時、タービンの唸りが更に一オクターヴ甲高くなった。シャワーを浴びていた若い機関大尉は総員配置のベルで、石鹸の泡を少し付けたままで熱い鉄格子の上の持ち場に決然として就いた。一〇機の戦闘機が更に空に舞い上がり、配置位置に向かった。そしてこれまで何度も行ったように、エンタープライズの乗組員は戦闘配置に就いてやって来る敵を待ち構えた。

今や副長になったジョン・クロメリンは素早く上甲板に上がった。そして砲術長の肩に手を置いて、一二機の敵機のうち対空砲で何機撃墜できそうかを尋ね、アイランドの一階のハッチに集まった修理班を監督している一等シップフィッター（訳注：板金工）と二言三言話しをしてから、オルリーン・リヴダールが新しい五インチ砲用近接信管についてどう思っているかを知るために上の指揮所へ昇り、また主任機関士に下の方は全てうまくいっているか艦内電話で訊いた。

エンタープライズが戦闘準備を整え、一六門の五インチ砲を備えたサンディエゴが駆逐艦の輪型陣の真ん中にいる「ビッグE」にさらに近寄ってきた間にも、一二機の雷撃機は時速三〇〇キロで、毎分五キロずつ迫ってきた。進路は変わらずに、距離だけが着実に減少してきた。一〇〇キロ、九〇キロ、八〇キロ、七〇キロ。真っ直ぐエンタープライズに向かって来た。レーダースコープの黄白色の輝点は、珊瑚海でレキシントンを撃破し、ミッドウェーでヨークタウンを屠り、サンタクルーズでホーネットに致命傷を与えた日本軍の魚雷の弾頭だった。「ビッグE」の大砲は北西を向き、何十もの双眼鏡は曇り空のその方角を注視した。

四時三五分に戦闘機管制士官は、六機のワイルドキャットと共にシカゴ上空を哨戒していたマクレガー・キルパトリック大尉に無線で知らせた。

「方向一九〇度、距離三五キロ」

キルパトリック率いる六機のワイルドキャットはスロットルをいっぱいに開けて南へと向きを変え、四時四〇分に指示された場所に着いた。一二機の黒っぽい双発の一式陸攻が翼の端と端が触れ合うように横に並んで、「ビッグE」に向かって高速で降下していた。レンネル島のすぐ西で、高度一、八〇〇メートルを降下していた。

キルパトリック隊は敵の編隊よりも一、二〇〇メートル上空にいたので、攻撃地点に就くために頑丈なワイルドキャットは急降下して速度を上げて突進した。指揮官のキルパトリックは自分の編隊で出来るだけ多くの敵機を仕留めなければならないことはよく解っていた。キルパトリックはまるで訓練をしているかのように冷静に落ち着いて、〝フラッシュ〟・ゴードン、リップ・スラグル、スチーヴ・コウナ、ホワイティ・フェイトナーを敵編隊の右側面の上空に送り、自分はボブ・ポーターを連れて敵の左側面に向かい、上空の側面からの連続した十字攻撃の準備をした。もしうまくいけば「ビッグE」の脆弱な横腹の一五キロ手前で敵の編隊を焼け焦げたアルミニュウムの塊に変えることができるだろう。

下の方では敵編隊はシカゴを左側に見て既に数キロ過ぎていたが、隊長は危険が迫っているのを敏感に察知して、不意に標的を変えた。エンタープライズの手前二七キロの地点で一二機の一式陸攻は時速三七〇キロ以上で左へ急旋回し、損傷した巡洋艦を仕留めるために引き返した。

これでエンタープライズは安全になったが、曳航されて四ノットで這うように進んでいるシカゴは深刻な脅威に曝された。前方から敵編隊の右側への攻撃の準備をしていた四機のワイルドキャットはかなり後方に取り残され、後ろから追っていった。しかし赤ら顔の屈強で小柄なマクレガー・キルパトリックと僚機のボブ・ポーターは前方にいたので攻撃位置に就いた。二機のワイルドキャットは飛び上がって宙返りし、上空からの降下に入った。そして高速で急降下の旋回をして、光っている黄緑色の一式陸攻へ突っ込み、照準器の中に捕らえ、丸い機首を前進させながら弾丸を発射した。一二・七ミリ機関砲弾は陸攻の翼と胴体に命中し、二機が炎上して墜落した。エンタープライズの艦上では見張員が双眼鏡で周辺を見回していたが、北西の方角を注視して、当直士官に「三四八度の方角に黒い煙、飛行機が一機墜落している模様」と報告した。キルパトリックとポーターは機体を引き揚げたために重力が胃に掛かるのを感じながら、陸攻の編隊の下を左から右へ通り過ぎ、スロットルを力いっぱい押して上昇して、敵編隊の右側前方の高い位置に戻った。そして再び急降下攻撃を掛けた。白い硝煙が背後に流れた。キルパトリックの獲物は引っ繰り返って海へ落ちていった。ポーターの獲物は煙を上げながら、速度が落ちて後方に離れた。

無傷の八機の一式陸攻と損傷を受けた一機は、シカゴを取り巻いた駆逐艦の輪を越えてから魚雷を投下した。全ての艦から五インチ砲が炸裂し、曳光弾が長い尾を引いて海面近くに黒煙と十字砲火を浴びせた。敵編隊の直ぐ後ろから全速力で追い掛けていたキルパトリックの戦闘機隊は背後から浅い角度で攻撃を掛けた。ジミー・フラットレーはラス・レイザラー、クリフ・ウイット、ピート・ションクと共に、雷撃機を切り裂く「味方」の対空砲火をものともせずに、長い最大出力の浅降下を行って突っ込み、最後に駆逐艦のマストを越えながら射撃を加えた。一機が目標のかなり手前で海に落っこちた。さらに三機がシカゴの近くでばらばらになって落ち、海の上で短時間炎上していた。対空砲火は後方に一〇機のワイルドキャットを従えた黄緑色の一式陸攻をさらに追い掛けて、シカゴ越しに砲撃を続けた。その結果三機が海上三メートルで撃ち落とされ、とんぼ返りして水飛沫を上げた。一機は燃料を噴き出しながらよろめくように飛行した。明らかに無傷の一機は波頭をこするような低空で大急ぎで北西へ去っていった。

戦いが駆逐艦の輪型陣の外へ移り、飛行機のエンジンの唸りと砲火の轟音が静まった時、既に戦死した日本軍の操縦士の投下した魚雷がシカゴに命中し始めた。機動部隊の水兵は爆発の衝撃で甲板がゴツンと動くのを四回感じ、同時にシカゴの右舷から致命的な水飛沫が上がるのを見た。シカゴの艦上では甲板長が命令を甲高い声で伝えた。「総員退去」。シカゴの右舷前方にいた駆逐艦に五本目の魚雷が命中し、海上に停止した。攻撃から二〇分後にシカゴは右舷に横転し、艦尾から三、五〇〇メートル下の海底へ沈み始めた。一、〇〇〇人以上の士官と水兵は荷物用の網と梯子を伝って降りて、他の艦のホエールボート（訳注：昔捕鯨用に使った両端がとがった細長い船。現在は海難救助用に使用）によじ登った。損傷した駆逐艦は自力で修理して進めるようになった。レンネル島沖のきれいだった海は今や、シカゴの油と残骸、それに日本軍の航空兵の死体が散乱して汚れていた。

エンタープライズの戦闘機隊がシカゴ上空で日本の雷撃機と戦っている間に、四隻の輸送船はガダルカナルで積荷を降ろしていた。そして翌日輸送船団はヴァンデグリフト少将の海兵隊の最後の部隊を、六ヶ月間戦った血まみれの島から連れて帰った。

レンネル島沖海戦は終わった。エンタープライズはエスプリットサントに帰り、哨戒・訓練・待機の通常任務に戻った。

二月の初めにガダルカナルの陸軍の司令部の将軍からハルゼーに通信が届いた。

「ガダルカナルの組織的な抵抗は終わった」

悩みの種だった島での長く苦しくきわどかった戦いは終わった。エンタープライズは最初の上陸作戦を援護し、東ソロモン海、サンタクルーズ、「スロット」で敵の強烈な反撃を叩きのめし、未だ無事で護衛の任に就いていた。アブラハム・リンカーンとジョージ・ワシントンの誕生日（訳注：二月一二日と二月二二日）とセント・パトリックの祝日（訳注：三月一七日）にも依然としてそこにいた。

「そこ」は大体エスプリットサントだった。熱帯の微風の中や、哨戒していたソロモン諸島の海で「ビッグE」の錨の回りにいた艦艇と共に「そこ」にいた。

二月八日の朝、ガダルカナルの無線局は偵察に出ていたB－一七から、日本軍の空母機動部隊が四五〇キロ北東にいるという報告を受け取った。その時ちょうど海上に出ていて、ガダルカナルのかなり南にいたエンタープライズの第一〇航空群は直ちにヘンダーソン飛行場に行くよう命じられた。三時間三〇分掛かって戦闘機と急降下爆撃機と雷撃機の編隊はよく知っている傷だらけで埃まみれの飛行場に着陸した。そして地上をゆっくりと給油地点へ進んだ。第一〇航空群の飛行機が給油を受け、編隊の指揮官が攻撃計画を練っている間に、偵察に出ていたB－一七が帰ってきた。誰も日本軍部隊を見なかったし、敵発見の報告を送った者もいなかった。近くにいた唯一の敵は利口な無線発信者で、偽の通信を送って戦争中で最大の欺瞞作戦を成功させたのだった。（訳注：二月七日の夜日本軍はガダルカナルからの最後の撤退を行っているが、それと関係があるのであろうか）

二月一三日の夕方早くにジェームズ・H・フラットレー少佐は第一〇戦闘飛行隊の隊長の任を離れ、アメリカ本国に戻るためにエンタープライズを去った。やせ形でひたむきなジミー・フラットレーは航空関係では「リーパー・リーダー」として敬意を込めて知られており、第一〇戦闘飛行隊の生みの親だった。フラットレーは第一〇戦闘飛行隊を編成して訓練し、自分の徹底的かつ攻撃的な精神を注入し、戦闘においては勝利へと導いた。その後をW・R・″キラー″・ケイン少佐が引き継ぎ、フラットレー少佐と全く同じような有能さで飛行隊を指揮した。月日の経過と共に何人も隊長は変わるだろう。しかし時間が過ぎ隊員が全く入れ替わっても、第一〇戦闘飛行隊はジミー・フラットレーの子供であり、その精神を受け継いでいた。「グリム・リーパーズ」が何百という敵機を撃墜し、敵の艦船と施設を機銃掃射し、アメリカ軍の兵士の命と艦船を救ったという名声は、砲弾の中を突進しフラットレーを見たこともその声を聞いたこともない操縦士にと同じくらい、フラットレーにも帰せられるのである。

三月に俳優のジョー・E・ブラウンがやって来た。ブラウンは思いやりのある人間で、慰問のため遥か遠くの太平洋の片隅まで来たのである。ジョン・クロメリンがピス・ヘルメット（訳注：植物の髄で作る軽いヘルメットに似た形の日よけ）を揺り動かしながら、格納庫甲板に座った水兵達の間を通ってブラウンの許へ歩いていった。汗で黒ずんだダンガリー（訳注：青デニム製の労働服）を着た水兵達の中にエレベーターを上げてあり、それがステージになっていた。カーキ色の制服とダンガリーを着た士官と水兵、白の制服を着込んだ食堂の給仕とコックは皆、戦争のことや家庭や恋人と長い間離れていることを忘れ、腹を抱え顔の筋肉が疲れるほど笑い転げた。

数日後かまぼこ型宿舎は飛行隊の隊員で混み合っていて、雨が金属製の屋根に音を立てて降り注いでいたが、その中で準公式だが非常に深刻な小さい儀式で命令が読み上げられた。〝バッキー〟・リーが第一〇偵察飛行隊の指揮を副隊長のビル・マーティンに引き渡したのである。リーと第一〇偵察飛行隊の隊員との絆は、誇りと忠誠心と愛情が一体となったもので、真実であるが、述べれば嘘と思われるだろう。ビル・マーティンはとても言葉では言い表せないと言った。〝バッキー〟・リーは航空隊を指揮するために本国へ帰り、マーティンが第一〇偵察飛行隊の隊長を引き継いだ。〝バッキー〟・リーは「スロット」での自分の飛行隊の戦闘報告書で、推薦状としてこう記した。

「アメリカ海軍のW・I・マーティン大尉は戦闘の中ではっきりと能力、リーダーシップ、臨機応変さ、そして積極果敢さを示したので、飛行隊の指揮を任されるべきである」

こうしてマーティン大尉は最も愛する飛行隊を指揮することになり、エンタープライズはマーティン大尉ともっと深く付き合うことになった。

三月一七日、「ビッグE」が海上で夜間着艦と他の訓練を行った時、ドーントレス六機を失った。

六機は少し遠くの哨戒を割り当てられ、哨戒の終わりにマーティン大尉と合流し、第一爆撃機用飛行場に戻ることになっていた。しかしどういうわけか六機の操縦士は合流地点を間違え、そこを捜すために一時間も燃料を消費した。そしてちょうどその時にエスプリットへの進路には真っ黒な暴風雨が立ち塞がっていて、それを突き抜けることも迂回することも出来なかった。トム・ラムジー大尉はこの編隊の指揮官で、グレン・エステは第二分隊を率いていた。母艦へ帰るには燃料が足らず、嵐を突き抜けて第一爆撃機用飛行場にも行けないので、ラムゼーは操縦士達に飛行機をコントロールできる間に不時着水するよう指示した。

一機のドーントレスはまるで救助のために派遣されて来たかのように現れたアメリカの駆逐艦コニーの側に手際よく着水した。他のドーントレスはエスプリットサントの南隣にあるマレクラ島の南西海岸に沿って、燃料計の針をにらみながら南へ飛行した。そして噂に聞くフランス人の看護婦がいるフランスの病院に収容されることを期待した。もし不時着水しなければならないのなら、——といっても必ず着水しなければならないのだが——、出来るだけ楽しいものにしたかったのだが、その病院は見つからなかった。エステス、ルーシャー、ブロックはマレクラ島の沖にたくさんある小さな島の一つであるハンビ島のラグーンの波静かな海面に着水した。ラムゼーと僚機はさらに数キロ飛行してから着水した。エスプリットの無線局はラムゼーの意図（病院のことも併せて推測して）を受信していた。そして数日内に全ての操縦士と搭乗員は母艦に戻った。

スウェード・ヴェジタサは訓練航海の間新しい戦闘機に乗っていた。機首が長く、ガルウイング（訳注：くの字型に折れた翼）で、尾部が尖っており、大きい剣のようなプロペラを三枚備えていたので、かろうじて甲板が見えるくらいだった。これはチャンス・ボート・コルセアで、エンタープライズの乗組員は初めて見るものだった。ジミー・ダニエルスは五回の着艦訓練の間、ヴェジタサに合図を送った。

四月一二日の月曜日戦時中に絶えず武器を扱うことから生じる馴れから、二人の水兵が第一爆撃機用飛行場での映画上映に際して、一〇〇ポンド（四五キロ）爆弾を座席にするために引きずって持っていった。映画は午後七時から上映する予定だったが、他にすることもないので、士官と水兵はいい席を取るために早くから集まってきていた。六時三五分に一人の兵站兵が爆弾から煙が出ているのに気付いた。誰かが爆弾を掴んでスクリーンの後ろにある土手に投げつけ、そこで爆発した。破片が早くから来ていた観衆に飛び散った。一六人が死亡し、三〇人以上が手足を失う大怪我を負い、爆風の方へ顔を向けた者は顔がめちゃくちゃになった。第一〇偵察飛行隊のバッド・ルーシャーとボビー・エドワーズは並んで座っていたが、ルーシャーの腎臓の近くに破片が飛び込み、エドワーズは側頭部に二〇センチもの切り傷を負った。しかし二人とも命は取り留めた。エンタープライズの航空隊の多くの飛行士が負傷したが、その中にバッド・ルーシャーの後部座席に乗るJ・E・クリスウエルもいた。

三日後、第一爆撃機用飛行場から夜明け前に離陸しようとした第一〇偵察飛行隊の一機のドーントレスが、壊れて放置されていたトラックに翼をぶつけて損傷した。ドーントレスは一時間も激しく燃えたので、塔乗員を救助しようとしたグレン・エステスや他の者は近付くことすら出来なかった。死亡した操縦士はトム・ケリー少尉で、新しく飛行隊に配属されたばかりだった。後部座席で焼死したのはJ・E・クリスウエルで、爆弾の負傷から回復して、再び飛行機に乗れるようになったが、いつも一緒に乗っていた操縦士は未だ任務に就けなかったので、他の操縦士の飛行機に乗ったのだった。

四月一六日にサミュエル・P・ジンダー艦長がエンタープライズの指揮を引き継いだ。新艦長は「諸君はまもなく褒美《ほうび》として〝ヤード期間〟をもらえるだろう」と告げた。これは多分本国で数ヶ月間過ごせることを意味していた。それで整列していた白い制服の乗組員から思わず歓声が上がったので、港の中の一キロほど離れた所にいた小さい船に乗っていた者が思わず振り返ったほどだった。そして遂にレンネル島以来艦内中で囁かれていた噂が一部確信に変わった。つまりエンタープライズはもはや孤軍奮闘しなくてもよい、サラトガと「ジープ空母」(訳注:小型の護衛空母のこと)がすぐそこまで来ているし、イギリスの空母もこっちに向かう途中だという噂である。噂はますます大きくなり、ガダルカナルを最終的に確保すると共に声高に叫ばれ、ずっと抱いている家へ帰りたいという切実な気持ちと直接結び付いてるから、乗組員は皆飢えたように噂に飛びついた。そして生き残ったことに感謝したのだった。

ジンダー艦長の言葉は正しかった。数日後多数の艀《はしけ》が舷側にやって来た。そして労働者が爆弾、弾薬、予備の部品や物資を船から降ろす作業に取り掛かった。これらのものは戦闘地域にいる場合は必要なものだった。転がして運ぶ金属の輪の中に入った爆弾と、分厚い缶に入った弾薬を積んだ艀は次ぎ次ぎと岸へ牽引されて行った。エンタープライズは何トンも軽くなり少し艦体が浮き上がったので、航海に適する喫水になるようにバラストを入れ戻した。

五月一日午前一〇時、休日の気分が漂う中で、エンタープライズの楽団が「カリフォルニア、ヒア　ウイ　カム」(訳注:カリフォルニアへ着いた)を演奏する中、「ビッグE」はエスピリットを出港してパールハーバーへ向かった。数隻の駆逐艦が前方に弓形の警戒線を張り、第一〇航空群のドーントレスとアヴェンジャーは潜水艦を捜して近くの海上を飛行した。そしてケインの「グリム・リーパーズ」は敵の空襲がないとはっきり解るまで上空戦闘哨戒を続けた。

エンタープライズを幸福な気分が包んでいた。全員がパールハーバーまでの日数を数え、そこで報告し、燃料の補給、物資の搭載を行い、本国へ出港するのに二~三日掛かると計算した。サンフランシスコに着いてゴールデンゲートブリッジの下を通るまで五日だった。休暇と上陸許可とふさわしい時と場所で少し適切に自慢する機会。しかし最初に世界で最も偉大な軍艦の白い制服を着た乗組員のパレードがマーケット通で行われるだろう。その間は市民達が歓声を送り、酒をおごるために待っている。女性達も歓声を送って待っているだろう。

ジョン・クロメリンは乗組員を幾つかの組に分けた。そして乗組員は毎日飛行甲板で行進の練習をした。水兵達は今までボイラーの目盛を見たり、射撃管制装置の修理をしたり、光や無線の点と線を送ったり受け取ったりすることばかりしてきたので、新兵訓練所以来、分隊右、分隊左という行進はしたことはなかった。それで左足からきれいに行進を開始し、隊列を整えて楽団の演奏に合わせて足並みを揃えて歩くことを改めて練習した。最初は全然だめだったが、パールハーバーまであと一日という時には整然として足並みが揃い、どこの都市でも行進できるようになった。

五月八日の朝、第一〇航空群は「ビッグE」からこの航海の最後となる発進を行った。数時間後にパールハーバーの入港管理所の大きな信号用サーチライトがエンタープライズに連絡を送った。青白い光の点と線の明滅で送られたメッセージは海軍の専門的な言葉遣いで、一つの機動部隊の解散と新しい機動部隊の結成を告げていた。しかし本当に伝えたかったことは、「貴艦は新しい航空群の訓練のためにパールハーバーに六週間停泊する。第一〇航空群は到着後エンタープライズの所属を離れる」ということだった。

信号係はそのメッセージをジンダー艦長に報告した。艦長はジョン・クロメリンを呼んだ。クロメリンの赤ら顔はさらに赤くなり、その言葉は礼儀正しくなく控えめでもなかったが、数分後には艦内伝達装置で乗組員に伝えた。クロメリンは事実をありのままに伝え、落胆しないようにと言った。ゴールデンゲートブリッジはたった三、五〇〇キロばかりの所だったが、いつかはそこに行けるだろう。二年間戦闘を体験した者にとって一～二ヶ月の訓練は深刻な違いはあるのだろうか？

違いはある、それもおおきな違いが。本国へ戻る航空隊の隊員にさえも。「ビッグE」と共に意気揚々としてアメリカ本国に帰りたかったのだから。しかしほんの少数がそう言っただけで、乗組員はこの悲しい知らせを受け入れた。軽食堂越しに大きな看板が直ぐに現れた。
「全ての乗組員は病気予防のため船内の医務室に行け」

エンタープライズはフォート・カメハメハとホスピタル・ポイントを過ぎて狭い海峡をゆっくりと通過し、活気に溢れる再建されたパールハーバーに入った。ここを出てから九ヶ月以上経っていた。九ヶ月前にはガダルカナルという島を知っている者はいなかった。

一九四三年五月二七日、飛行甲板の一角に正方形の白い布を敷き、その真ん中にミッドウェーでの勝利を演出し、指揮下の艦隊を敗北に近い状態から防御へ、さらに攻撃へと導いたアメリカ太平洋艦隊司令長官ニミッツ大将が立って、アメリカ大統領に代わって文書を読み上げた。その場所はサンタクルーズ海戦で第二修理班を吹き飛ばした爆弾が命中した地点を示す継ぎ当ての鉄板の一〜二メートル後ろで、東ソロモン海海戦で三九名が即死した五インチ砲塔を取り外した場所を覆うように、右舷後部に新しく作った甲板の一〜二メートル前であった。

読み終わってからニミッツ長官はその文書をジンダー艦長に渡した。ジンダー艦長は乗組員が読みたい時にいつでも読めるように、後にアイランドの掲示板に一語ずつ正確に写させた。その文書は大統領の部隊感状で、航空母艦に与えられたものとしては初めてだった。その感状には以下の通り書いてあった。

「一九四一年一二月七日から一九四二年一一月一五日まで太平洋戦域に於いて、敵日本軍部隊に対して繰り返し戦闘を行い、絶えず困難な任務を遂行し、目覚しい功績を挙げたことを表彰するものである。エンタープライズとその航空隊は戦争の最初の一年間に於いて、ほぼ全ての大規模な空母の戦闘に加わり、戦闘地域にある敵の海岸施設をもれなく広範囲に破壊し、単独で日本の三五隻の艦艇を沈没させるか損傷を与え、日本の飛行機一八五機を撃墜した。その積極果敢な精神と優れた戦闘能力は、エンタープライズをアメリカ合衆国の防衛に於ける防波堤として雄々しく確立した士官と水兵に捧げる賛辞に相応しいものである」

そしてその次ぎにエンタープライズの乗組員がよく覚えている戦闘を列挙してあった。

ギルバートとマーシャル諸島への急襲　一九四二年二月一日
ウェーキ島攻撃　一九四二年二月二五日
南鳥島攻撃　一九四二年三月四日
ミッドウェー海戦　一九四二年六月四日〜六日
ガダルカナル占領　一九四二年八月二八日
スチュワード諸島の戦い（東ソロモン海海戦）　一九四二年八月二四日
サンタクルーズ海戦　一九四二年一〇月二六日
ソロモン諸島の戦い（「スロット」の海戦）　一九四二年一一月一四日〜一五日

東京初空襲のことは書かれてなかったが、これはドゥーリトル隊のB－二五がどこから発進したか敵が未だ摑んでいなかった可能性があったからである。

ニミッツ長官が艦を降りた後、エンタープライズは任務に戻った。新しい航空群に戦闘訓練をしなければならなかった。

【訳者紹介】
井原裕司（いはら・ひろし）
1948年11月、大阪に生まれる
1972年３月、京都大学文学部卒業
戦記雑誌「丸」に執筆。
訳書「戦艦ウォースパイト」（元就出版社）
訳書「ガダルカナルの戦い」（元就出版社）

「ビッグE」空母エンタープライズ〈上巻〉

2007年８月15日　第１刷発行

著　者　エドワード・P・スタッフォード
訳　者　井　原　裕　司
発行人　浜　　　正　史
発行所　株式会社　元就《げんしゅう》出版社
〒171-0022 東京都豊島区南池袋4-20-9
サンロードビル2F-B
電話　03-3986-7736 FAX 03-3987-2580
振替　00120-3-31078
装　幀　純　谷　祥　一
印刷所　中央精版印刷株式会社
※乱丁本・落丁本はお取り替えいたします。

ISBN978-4-86106-157-8　C0031

エドウィン・P・ホイト　井原裕司・訳

ガダルカナルの戦い

アメリカ側から見た太平洋戦争の天王山。日米対照ガ島攻防戦。

日米戦争の凝縮された戦争ガダルカナル。米軍の物量と合理主義の前に敗れ去った日本軍の体質と戦略戦術の思想。青い目が捉えた死闘の全貌。

■定価二一〇〇円

V・E・タラント　井原裕司・訳

戦艦ウォースパイト

第二次大戦で最も活躍した戦艦

「世界の海を舞台として戦われた第二次大戦の幾多の海戦において、もっとも華々しい活躍をした軍艦の艦名を唯ひとつだけ挙げよ、と問われた場合、その答は本書の主人公たるイギリス戦艦ウォースパイトである」（三野正洋）

■定価二一〇〇円